Einfach GEN:ial

**Brigitte Zarzer**, Jg. 1965, studierte Philosophie und arbeitet als Gesundheitsredakteurin in Wien sowie als Korrespondentin für das Internet-Magazin Telepolis.

TELEPOLIS
magazin der netzkultur

→ www.telepolis.de

Das Online-Magazin Telepolis wurde 1996 gegründet und begleitet seither die Entwicklung der Netzkultur in allen Facetten: Politik und Gesetzgebung, Zensur und Informationsfreiheit, Schutz der Privatsphäre, wissenschaftliche Innovationen, Entwicklungen digitaler Kultur in Musik, Film, bildender Kunst und Literatur sind die Kernthemen des Online-Magazins, welche ihm eine treue Leserschaft verschafft haben. Doch Telepolis hat auch immer schon über den Rand des Bildschirms hinausgesehen: Die Kreuzungspunkte zwischen realer und virtueller Welt, die »Globalisierung« und die Entwicklung der urbanen Kultur, Weltraum und Biotechnologie bilden einige der weiteren Themenfelder. Als reines Online-Magazin ohne Druckausgabe nimmt Telepolis damit eine einzigartige Stellung im deutschsprachigen Raum ein und bildet durch seine englischsprachige Ausgabe und seinen internationalen Autorenkreis eine wichtige Vermittlungsposition über sprachliche, geografische und kulturelle Grenzen hinweg. Verantwortlich für das Online-Magazin und Herausgeber der TELEPOLIS-Buchreihe ist Florian Rötzer.

Brigitte Zarzer

# Einfach GEN:ial

## Die grüne Gentechnologie: Chancen, Risiken und Profite

Heise

Brigitte Zarzer
brigitte_zarzer@yahoo.de

Reihenherausgeber: Florian Rötzer, München, fr@heise.de

Copy-Editing und Lektorat: Susanne Rudi, Heidelberg
Satz & Herstellung: Birgit Bäuerlein
Umschlaggestaltung: Hannes Fuss, Bad Homburg
Druck und Bindung: Koninklijke Wöhrmann B.V., Zutphen, Niederlande

Bibliografische Information Der Deutschen Bibliothek
Die Deutsche Bibliothek verzeichnet diese Publikation in der Deutschen Nationalbibliografie; detaillierte bibliografische Daten sind im Internet über http://dnb.ddb.de abrufbar.

ISBN 3-936931-30-5
1. Auflage 2006

Für meine Familie, Freundinnen und Freunde

# Wohin geht die Reise?

Im Mai 2004 ließ die Europäische Kommission den GV-Mais Bt11 zu und beendete damit praktisch das fünfjährige De-facto-Moratorium für gentechnisch veränderte Lebensmittel in der EU. Indes haben viele Mitgliedsstaaten die EU-Vorgaben in nationales Recht umgesetzt. Ein wenig nationaler Spielraum bleibt den Ländern noch, doch ein generelles Verbot ist nicht mehr möglich.

Der formale Fall der störrischen Festung Europa und die inzwischen zehnjährige kommerzielle Erfahrung mit der grünen Gentechnik im freien Feld legten die Überlegung nahe, ein Buch zu diesem Thema zu verfassen. Treue Telepolis-Leserinnen und -Leser kennen wahrscheinlich meine Berichte, die sich vorzugsweise mit den Praktiken des Marktführers Monsanto, rechtlichen und politischen Fragen auseinander setzen. Das Buch sollte darüber hinausgehen und den Status quo abseits des journalistischen Tagesgeschäfts ausloten. Denn während die Menschen im medizinischen Bereich – Stichwort rote Gentechnik – viel eher bereit sind, Risiken einzugehen, lehnt die Mehrheit gentechnisch veränderte Nahrungsmittel nach wie vor ab. Konflikte sind damit vorprogrammiert.

Die Sichtung des Materials zu dem kontrovers diskutierten Thema erwies sich als eine nicht eben einfache Aufgabe. Letztlich türmten sich Berge an Pro- und Contra-Studien, Hunderte Artikel und Interviews in meinem Arbeitszimmer. Dem Anspruch folgend, ein Buch für den interessierten Laien, aber auch für den gesellschaftspolitisch aufgeschlossenen Fachkundigen zu schreiben, versuchte ich das Material auf die wesentlichen Fragen herunterzubrechen.

Was steckt hinter der grünen Gentechnik, was gibt es am Markt, welche Erfahrungen hat man inzwischen gemacht und wer profitiert davon? Welche Umwelt- und Gesundheitsrisiken könnten auf die Gesellschaft, auf den Konsumenten zukommen? Und wo gibt es nützliche und lukrative Bereiche? Neben Hintergrundinformation liegt ein besonderes Gewicht auf Fallbeispielen, welche die trockene Materie begreifbar machen. Schließlich findet die grüne Gentechnik nicht nur auf dem Papier oder in den Labors statt, sondern landet in der Natur und demnächst vielleicht auch auf unseren Tellern.

Mein journalistischer Background, meine philosophische Ausbildung prägen die Texte ebenso wie eine sozial-ökologische Werteorientierung. Die LeserInnen möchte ich auf der Reise durch die weiten Gefilde der grünen Gentechnik begleiten und hoffe, dass die Lektüre Spaß macht, zum Nachdenken und zur Diskussion anregt.

## Dank

Dank an Florian Rötzer, der dieses Buch anregte, und an all jene, die mir für Interviews zur Verfügung standen – insbesondere Dr. Jorge Fernandez-Cornejo vom US-Landwirtschaftsministerium, Prof. Michael Duffy, Agrarwissenschaftler an der Iowa State University, und Dr. Rene Van Acker, kanadischer Pflanzenwissenschaftler an der Universität Manitoba, die mir halfen, die Situation in den USA und Kanada einzuschätzen. Besonders hervorzuheben ist der Beitrag des österreichischen Risikoforschers Dipl.-Ing. Werner Müller, den ich für den *technical review* gewinnen konnte. Georg Zagler trug wesentlich zur Titelfindung bei. Und schließlich gilt mein Dank auch allen involvierten VerlagsmitarbeiterInnen, die mich mit Engagement betreuten – speziell Susanne Rudi, die das Lektorat übernahm.

*Brigitte Zarzer*
Wien, im Oktober 2005

---

Hinweis: Bei den zitierten Artikeln wurde, soweit ermittelbar, der Autor angegeben. Im Falle von selbst verfassten Telepolis-Artikeln jedoch nicht.

# Kleines Glossar zum Einstieg

*Grüne Gentechnik*: Gentechnik bei Pflanzen (im Gegensatz zur roten Gentechnik: Gentechnik im medizinischen Bereich)

*Agro-Gentechnik*: grüne Gentechnik in der Landwirtschaft

*GVO*: gentechnisch veränderter Organismus (engl. GMO: Genetically Modified Organism)

*GVP*: gentechnisch veränderte Pflanze/n (engl. GMP: Genetically Modified Plant)

*Bt-Technologie*: macht GVP resistent gegenüber Schadinsekten (Insektenresistenz, Bt = Bacillus thuringensis)

*HT-Technologie*: macht GVP unempfindlicher gegenüber Unkrautvernichtungsmittel (Herbizidtoleranz)

*GV-Anbau, -Farmer etc.*: wird der Einfachheit halber für Systeme und Landwirtschaftsformen verwendet, die Gentechnik einsetzen

*Genom*: Bezeichnung der Gesamtheit der Erbinformation

*DNA*: der chemische Träger der Erbinformation (Desoxyribonukleinsäure, engl. -acid)

*Gen*: Teil der Erbinformation, der für die Ausprägung eines Merkmals verantwortlich ist. Es handelt sich hierbei um einen Abschnitt auf der DNA, der die genetische Information zur Synthese eines Proteins oder einer funktionellen RNA (z.B. tRNA) enthält.

*RR-Soja*: Roundup-Ready-Soja, eine herbizidtolerante Sorte aus dem Hause Monsanto

*FDA*: Food and Drug Administration, Lebensmittelbehörde der USA

*USDA*: US Department of Agriculture, amerikanisches Landwirtschaftsministerium

*EFSA*: European Food Safety Authority: europäische Agentur für Lebensmittelsicherheit

*NGO*: Non Governmental Organization, Nicht-Regierungs-Organisation

# Inhaltsverzeichnis


**1 Vom Stand der Dinge** **1**

1.1 Status quo . . . . . 1
1.2 Geschichte und Basics . . . . . 5
1.3 Die Wunde im Genom . . . . . 7
1.4 Der erste Flop: die Anti-Matsch-Tomate . . . . . 11
1.5 Zwei kommerzielle Systeme . . . . . 13
1.6 Der Mais als Insekten-Killer . . . . . 14
1.7 Alles ready, alles fertig . . . . . 17
1.8 Pflanzen mit Ablaufdatum . . . . . 20

**2 Landwirtschaft unter Druck** **23**

2.1 Von den USA nach Europa . . . . . 23
2.2 Der Kampf um reines Saatgut . . . . . 24
2.3 Künstliche Verknappung von Futtermitteln . . . . . 27
2.4 Kostspieliges Nebeneinander . . . . . 29
2.5 Versicherungen blocken ab . . . . . 31
2.6 Öko-Landbau: Gefährdete Alternative? . . . . . 33
2.7 Erträge im Vergleich . . . . . 35
2.8 Erfolgreiche Biozüchter . . . . . 38

**3 Die Anwenderländer** **41**

3.1 USA: Zwischen Technikbegeisterung und Unwissenheit . . . . . 41
3.2 Die gerettete Hawaii-Papaya . . . . . 44
3.3 Kanada: Zwischen Ernüchterung und Verweigerung . . . . . 47
3.4 China: Zwischen Euphorie und Vorsicht . . . . . 50
3.5 Lateinamerika: Vom Fluch der Gentech-Soja . . . . . 53
3.6 Indien: Killing fields . . . . . 57

**4 Wirtschaft und Patente** **61**

4.1 Management by hope . . . . . 61
4.2 Eine Handvoll Player . . . . . 65
4.3 Monsanto macht sich unbeliebt . . . . . 67

4.4 David gegen Goliath ..... 70
4.5 Gen-Piraten unterwegs ..... 71
4.6 Tote Saat ..... 76

**5 Geschenke an die Armen** **79**
5.1 Goldener Reis ..... 79
5.2 Bettler haben keine Wahl ..... 83
5.3 Blickpunkt Welternährung ..... 84

**6 Unerwünschte Nebenwirkungen?** **89**
6.1 Gesundheit und Umwelt ..... 89
6.2 Genfood für Mensch und Tier ..... 89
6.3 Das Prinzip der Gleichwertigkeit ..... 92
6.4 Allergie-Risiko ..... 96
6.5 Antibiotikaresistenzen ..... 98
6.6 Fütterungsstudien ..... 101
6.7 Wer für die EU entscheidet ..... 104
6.8 Wenn Tiere die Wahl haben ..... 107
6.9 Gentechnik auf meinem Teller ..... 108

**7 Labor versus Natur** **111**
7.1 Gentechnik als Umweltplus? ..... 111
7.2 Exkurs: Ökologiefolgen ..... 112
7.3 Den Boden schonen ..... 114
7.4 Weniger oder mehr Chemie? ..... 116
7.5 Weniger Wildkräuter, weniger Schmetterlinge ..... 119
7.6 Wie Raps zum Unkraut wurde ..... 121
7.7 Die vergessenen Bienen ..... 123

**8 Teuer und pannenanfällig** **127**
8.1 Hohe Kosten für Staat und Konsument ..... 127
8.2 Tierfutter in Tortilla-Chips ..... 129
8.3 Als sich die Apotheke vom Acker machte ..... 132

**9 Jobwunder?** **137**
9.1 Visionen ..... 137
9.2 Positive und negative Beschäftigungseffekte ..... 138

**10 Die Schlüsselrolle Europas** **141**
10.1 Gesetze und Machtspiele ..... 141
10.2 Europa: Nahezu gentechfrei ..... 145
10.3 Nationale Spielräume nutzen ..... 150

10.4 Teure Gentech-Visionen aus Brüssel ... 152
10.5 Echte Optionen ... 156
10.6 Nachwachsende Rohstoffe und Industrieanwendungen ... 156
10.7 Molecular Farming ... 158

**11 Rückzug oder Revolte** **161**

**Anhang**

**Literaturauswahl und Links** **167**

**Exkurs: Synthetisches Gen** **169**

**GVP-Anbau weltweit** **171**

**Was gegen Hunger wirklich hilft** **175**

# 1 Vom Stand der Dinge

## 1.1 Status quo

Mitten im Labor – im Zentrum der Gentech-Schmieden, die an den Pflanzen der Zukunft arbeiten – steht eine imposante Maschine: die Gen-Kanone. Vor wenigen Jahren wurde sie noch vorzugsweise mit Schießpulver betrieben. Heute lädt sie mit Helium durch. Es wird geschossen, was das Zeug hält. Hunderte, Tausende, Millionen Male prasseln mit synthetischen Genkonstrukten beladene Wolfram- oder Goldplättchen auf Pflanzengewebe ein. Nur bei einem winzigen Bruchteil – irgendwo im Promillebereich – klappt die Aktion. Wenn die Pflanze erfolgreich getroffen wurde, wenn also das fremde Genmaterial relativ stabil integriert werden konnte, heißt es schnell sein. Die Gen-Ingenieure beginnen zu laufen. Sie retten die wenigen aussichtsreichen Pflanzen in Blumentöpfe, um diese weiter zu bearbeiten und irgendwann – in ein paar Jahren – eine brauchbare transgene Sorte zu erhalten.

Für Gentechniker ist dieser Vorgang ganz normal. Der Labor-unkundige Laie aber wird sich vielleicht an den Kopf greifen und fragen, ob er im Krieg gelandet ist oder doch eher in einer Farce. Tatsächlich hat die Labor-Realität etwas Martialisches und zugleich Banales an sich. Und es scheint, als hätte das auf den Zustand der grünen Gentechnik abgefärbt. Darauf, wie sie uns heute – in die raue Wirklichkeit entlassen – begegnet.

Kriegsähnlich werden emotionalisierte Debatten um die Durchsetzung der neuen Technik geführt. Banal fällt bei genauem Hinsehen der bisherige Output aus. Ohne Zweifel hat die Molekularbiologie in den letzten Jahren Quantensprünge gemacht. Die Forschungsleistungen sollen hier nicht geschmälert werden. Wie aber sieht es in der Praxis aus?

Gut ein Vierteljahrhundert basteln die Gentechniker nun bereits an transgenen Pflanzen. Seit rund zehn Jahren sieht man sie auf den Feldern der USA. Argentinien, China, Kanada machten ihre eigenen Erfahrungen damit ebenso wie etwa zehn andere Länder weltweit. Einige stiegen wieder aus. 2004 Bulgarien und Indonesien. 2005 verbot der indische Bundesstaat Andrah Pradesh nach katastrophalen Missernten GV-Baumwolle des amerikanischen Gentech-Multis Monsanto. Kanada schoss nach zwiespältigen Erfahrungen mit GV-

Raps die Entwicklung von GV-Weizen ab. Und es gibt noch viele, viele weiße Flecken: Europa, Russland, die meisten Staaten Afrikas, Japan ...

Die zahlenmäßig evidente Verbreitung der grünen Gentechnik in den letzten Jahren, welche Befürworter gerne als Beweis für die Qualität der Technik anführen, verläuft weder kontinuierlich noch unaufhaltsam. Soft-Faktoren wie der Mangel an gentechfreiem Saatgut mancherorts, die ungewollte Ausbreitung in der freien Natur oder auch die aggressive Durchsetzungspolitik einzelner Konzerne sind aus Statistiken nicht herauszulesen.

Kommerzielle Bedeutung erlangten gerade einmal zwei Technologien: die Bt-Technologie und die HT-Technologie. Damit wurden Pflanzen entwickelt, die entweder selber Gifte produzieren oder unempfindlich gegenüber bestimmten Chemikalien sind, manchmal auch beide Eigenschaften verbinden. Es existieren zwar viele Patente, aber wenig, was die Industrie zur weiteren Vermarktung gereizt hätte. Dabei gibt es zahlreiche wirklich spannende Optionen für Industrie und Pharma-Branche, die tatsächlich für mehrere Stakeholder, verschiedene Bevölkerungsgruppen attraktiv sein könnten und aus Gründen der wirtschaftlichen Konkurrenzfähigkeit Europas weitaus stärkere Berücksichtigung in der öffentlichen Diskussion finden sollten. Voraussetzung dafür: die Entwicklung sicherer Produktions- und Anbausysteme.

Auf freier Flur dominieren heute aber Bt- und HT-Pflanzen. Diese beiden Systeme wachsen auf geschätzten 80 Millionen Hektar Land, das sind fünf bis sechs Prozent der weltweiten Ackerbaufläche von 1,4 Milliarden Hektar. In der Regel handelt es sich um gentechnisch veränderten Mais, Soja, Raps und Baumwolle. Alle Sorten, als Futtermittel sogar Baumwolle, zielen auf den Nahrungsmittelbereich ab. Sie bieten jedoch bisher keinen erkennbaren Nutzen für den Konsumenten, landen vorrangig in Futtertrögen und nur in geringem Maße in Lebensmitteln – noch.

Die Erfinder sehen grüne Gentechnik grundsätzlich anders. Pestizide sollten eingespart, die Arbeit der Bauern rationalisiert werden. Die Industrie versprach außerdem signifikant höhere Erträge. In gemäßigten Lagen fielen diese – wenn überhaupt – aber nur sehr geringfügig aus. Eigentlich nicht verwunderlich. Wie sollten diese beiden Systeme denn auch gigantische Ertragssteigerungen von bis zu 80 oder 300 Prozent bringen, wie an mancher Stelle zu lesen war? Keine dieser Pflanzen wurde direkt auf Ertragssteigerung hin gezüchtet. Dazu bedarf es aufwändiger Verfahren und Züchtungsprozesse, die sich technisch schwierig gestalten. Bt- und HT-Pflanzen können lediglich indirekt höhere Ertragsleistungen bringen, indem sie Verluste durch Schädlingsbefall oder Unkrautwuchs etwas ausgleichen.

Der Schädling Maiszünsler beispielsweise verursacht jährlich etwa zwischen fünf und zehn Prozent Ernteverlust weltweit. Verluste durch Unkraut belaufen sich auf etwa 12 bis 15 Prozent. Ein Vergleich dazu: In Europa wandern 30 bis 40 Prozent der Lebensmittel in den Müll, in den USA sind es sogar 40 bis 50 Prozent. Ganz zu schweigen von Überproduktionen, die zur Erhaltung guter Weltmarktpreise jedes Jahr irgendwo verschwinden.

In diesem Zusammenhang sei die Kostenfrage erwähnt, die viel zu wenig Beachtung in der Öffentlichkeit findet. Schätzungen zufolge kostet die Grundentwicklung einer GV-Kulturart zwischen 30 und 50 Millionen Euro. Das muss erst einmal eingespielt werden mit ein bisschen Saatgut. Wer bezahlt das? Letztlich der Konsument oder auch der Steuerzahler, der öffentliche Förderungen für GVP-Projekte finanziert. Ein weiterer finanzieller Aspekt: Verstärkter Anbau von GVP in der EU wird zu teils erheblich höheren Kosten konventionell oder biologisch produzierter Nahrungsmittel führen. Warum muss der Konsument hier mitzahlen, obwohl er Genfood gar nicht auf seinem Teller haben will? Immerhin 70 bis 80 Prozent der Bevölkerung lehnen gentechnisch veränderte Lebensmittel ab.

Aber hat denn die grüne Gentechnik bisher gar nichts Gutes gebracht? Natürlich gibt es Länder, in denen Vorteile gesehen werden. In den USA finden viele Bauern HT-Systeme einfach praktisch, weil sie ihre Äcker nicht mehr so häufig spritzen müssen. Aus China ist zu hören, dass weniger giftige Insektizide bei Bt-Baumwolle ausgebracht werden müssen und die Bauern gesundheitliche Vorteile haben. Auf der anderen Seite: Tausende vertriebene Kleinbauern in Argentinien, verschuldete Landwirte in Indien und Indonesien, Streit zwischen GV-Farmern und Nicht-GV-Farmern selbst in den USA und Kanada. Und immer wieder die Klagen über Monsanto. Der amerikanische Multi vertreibt etwa 90 Prozent des gesamten gentechnisch veränderten Saatguts, das heute im Umlauf ist. Er schickt Spione aus und verklagt Bauern wegen angeblichen Gen-Klaus. Er beansprucht Patente auf Saatgut und setzt diese – egal, wie die GV-Pflanzen aufs Feld geraten sind – rücksichtslos durch.

Warum konnte es überhaupt so weit kommen? Eine unglückliche Allianz aus Teilen der Politik, linear denkenden Wissenschaftlern und patentorientierter Industrie hat heute zu einer Situation geführt, für die der ehemalige britische Umweltminister Michael Meacher treffende Worte fand: »Die Menschen misstrauen den Wissenschaftlern, aber noch mehr den Politikern. Außerdem hassen sie Monsanto und George W. Bush und haben den Eindruck, dass die Amerikaner dem Rest der Welt den Anbau von genmanipulierten Pflanzen aufoktroyieren wollen.«

Fazit: Viele Gentechniker haben in ihren Labors nach Lösungen für landwirtschaftliche Probleme gesucht, ohne die Ursachen derselben genauer zu durchleuchten oder Alternativen auszuloten. Das eindimensionale Labordenken fügt sich nur schlecht in das komplexe System Natur, das vielschichtige System Landwirtschaft ein. In ihrer Verliebtheit in die neuen am Reißbrett entworfenen Produkte haben die Befürworter vergessen, dass eine Technik schließlich nur Werkzeug und Option sein kann. Heute wird sie angewandt, um ihr die Natur, die landwirtschaftliche Praxis zu unterwerfen. Dafür kann die grüne Gentechnik an sich nichts. Sinn oder Unsinn einer Technik erschließt sich letztlich immer in ihrer praktischen Anwendung. Das ist heute zu hinterfragen. Macht es Sinn, bestimmte GV-Pflanzen in Anbetracht vieler unabwägbarer Risiken in die freie Natur zu entlassen? Welche, in welchen Situationen, für welche Bereiche, wo, wann und wie?

Eines kann bereits jetzt gesagt werden: Bei jenen GV-Pflanzen, die für die Lebensmittelherstellung bestimmt sind, wurde meist etwas Wesentliches ignoriert, nämlich dass Nahrung immer im kulturellen – vielfach sogar im religiösen – Kontext zu sehen ist. Die Menschen mögen es intuitiv nicht, wenn man an ihrer Ernährungsgrundlage allzu viel herummanipuliert. Sie mögen eigentlich auch keine chemischen Spritzmittel. Sie haben sich lediglich irgendwie damit arrangiert, wurde ihnen doch lange genug eingeredet, dass sie ohne industrialisierte Landwirtschaft verhungern würden. Im Informationszeitalter wird diese Propaganda nicht mehr so einfach zu bewerkstelligen sein.

Trotzdem steht die grüne Gentechnik heute vor den Toren Europas. Aber gerade weil das De-facto-Moratorium gefallen ist, weil den EU-Mitgliedsstaaten ein generelles Verbot von gentechnisch veränderten Pflanzen nicht mehr erlaubt ist und darüber hinaus Europa eine Schlüsselrolle in der globalen Durchsetzung der grünen Gentechnik spielt, lohnt sich die Auseinandersetzung mit den Grundlagen, den Anwendungsbereichen und den bisherigen Erfahrungen. Abgesehen von der Abwägung gesundheitlicher und ökologischer Risiken lässt sich erst aus dem sozialökonomischen Kontext heraus beurteilen, was wir von der grünen Gentechnik erwarten können und wo es vernünftiger wäre, die Finger davon zu lassen.

Last but not least sollte eine vernünftige Risiko-Kosten-Nutzen-Abwägung von der Politik eingefordert werden. Es geht nicht an, dass »Volksvertreter« und hochrangige Beamte in der EU-Zentrale unbehelligt als einseitige Lobbyisten agieren und in den Mitgliedsländern Tatsachen schaffen. In Deutschland ist es bereits so weit. Hier haben diverse Branchenvertreter einen Verdrängungswettbewerb zwischen Gentech-, biologischer und konventioneller Landwirtschaft angezettelt. Das ist der Industrie nicht vorzuwerfen. Marktlogik heißt ihr tägliches Geschäft. Aber können Gesellschaft und Politik tolerieren, dass in dieser Grundfrage Praktiken angewandt werden, als ob es darum ginge, dem Mobilfunk weitere Marktanteile zu sichern und dem Festnetzanschluss den Garaus zu machen?

Die Gesellschaft ist heute herausgefordert, sich einen Überblick zu verschaffen, von Fall zu Fall die Möglichkeiten auszuloten und gegebenenfalls Optionen auch wieder zu verwerfen.

Und weil das alles nicht so einfach ist, zunächst zurück ins Labor, zurück an den Anfang.

## 1.2 Geschichte und Basics

Gentechnische Verfahren gehen weit über die Methoden klassischer Züchtung hinaus. Es können Merkmale aus art- und gattungsfremden Organismen verwendet und damit neue synthetische Genkonstrukte[1] geschaffen werden. Grundlage dafür bilden die Erkenntnisse der Genetik. Diese wissenschaftliche Disziplin führt zunächst zu dem Augustinermönch Gregor Mendel (1822–1884). In der klösterlichen Abgeschiedenheit zählte er nicht nur Erbsen, sondern kreuzte diese so lange, bis es ihm endlich gelang, die Vererbung von Merkmalen mit Hilfe mathematischer Regeln zu beschreiben. Von den Mendel'schen Erbgesetzen hört bis heute jeder in der Schule. Viele andere Facetten der Geschichte der Genetik werden selten gelehrt. In den 1920er Jahren beschrieb ein Forscher namens Phoebus Levine einen Stoff, der offensichtlich Teil der Chromosomen war, und aus Zuckermolekülen (Desoxyribose), Phosphaten und vier so genannten Basen aufgebaut war.[2] Diese Erkenntnisse fanden vorerst wenig Beachtung, was einmal mehr belegt, dass der »aktuelle Stand der Wissenschaft«, die wissenschaftliche Mehrheitsmeinung, auch ab und an wichtige Erkenntnisse übersieht. Noch Mitte des 20. Jahrhunderts war ein großer Teil der Biowissenschaftler davon überzeugt, dass Eiweiße, und nicht etwa die Desoxyribonukleinsäure (DNS, engl. DNA), die Erbinformationen tragen. Der Weltöffentlichkeit wurde Desoxyribonukleinsäure als Trägersubstanz der Erbinformationen erst mit dem berühmt gewordenen dreidimensionalen Modell – der Doppel-Helix – von James Watson und Francis Crick bekannt.[3] Die beiden Männer sind ein Begriff. Dass eine Frau, nämlich Rosalind Franklin, bereits drei Jahre zuvor in Cambridge die ersten Fotos von Röntgenstrukturanalysen der DNA anfertigte und wesentlich zur der Aufklärung jener Struktur beitrug, wird in den Schulbüchern leider oft vergessen.

Die Entdeckung der Restriktionsenzyme (Gen-Scheren), welche die Erbsubstanz spalten, ist ein weiterer Meilenstein. 1972 schließlich erzeugte der amerikanische Biochemiker Paul Berg das erste Mal so genannte rekombinante DNA. Es gelang ihm dabei, Erbsubstanz von verschiedenen Organismen mit Hilfe der Restriktionsenzyme auseinander zu schneiden und anders wieder zusammenzusetzen. Die Gentechnik war geboren – faszinierend und beängstigend zugleich.

Die ersten Experimente der Wissenschaftlergruppe um Berg eröffnete völlig neue Dimensionen. Aber sollte man diese Optionen auch wahrnehmen?

1) Vgl. zum Begriff »synthetisches Gen« auch den diesbzgl. Exkurs im Anhang.

2) Eine (nicht ganz) kurze Geschichte der DNA, Philipp Grätzel von Grätz, Telepolis, ersch. 25. April 2003

3) Die molekulare Struktur von Nukleinsäuren, Artikel ersch. in Nature, 25. April 1953, *http://www.nature.com/nature/dna50/watsoncrick.pdf*

War es korrekt, artfremde Erbinformation in andere Organismen zu übertragen? War es ethisch vertretbar, Erbeigenschaften zu manipulieren? Bakterien konnten mit Viren kombiniert werden und irgendwann würde jemand vielleicht die Erbinformation eines Schweins in Weizen übertragen, menschliche Erbinformation mit einem Mäusegen verbinden oder aus gefährlichen Pockenvirenstämmen noch gefährlicheren Superviren kreieren. Hatte man da nicht eine Art Büchse der Pandora geöffnet?

Aus Sorge um die noch unabsehbaren Risiken für Mensch und Umwelt brach Paul Berg seine Versuche in Stanford ab. Gemeinsam mit einigen anderen Wissenschaftlern schrieb er einen im Wissenschaftsmagazin »Science« veröffentlichten Brief, in dem ein vorläufiges Moratorium gefordert wurde. Für ein paar Monate stand weltweit die Arbeit in den Labors still. Berg selbst leitete ein Komitee, das sich mit den Risiken der Gentechnik auseinander setzte. Hundertvierzig führende internationale Wissenschaftler folgten dem Ruf Bergs und fanden sich 1975 im kalifornischen Asilomar ein. In der Konferenz rangen die besten Köpfe der Forschung um eine Position in der Frage der Gentechnik. Schließlich erarbeiteten sie einen Kompromiss. Das Tool Gentechnik sei zu wertvoll, um es gänzlich zu verwerfen, es sollten aber strenge Richtlinien für die Molekularbiologie erstellt werden. So kam es zu Auflagen und Verboten für bestimmte Versuchsgruppen. Experimente mit Krebsgenen beispielsweise waren vorerst tabu. »Um Risiken auszuschließen, mussten nicht nur besondere Sicherheitsvorkehrungen eingehalten, sondern auch ›entschärfte‹ Bakterienstämme und Plasmide verwendet werden, die anhand detaillierter Experimente entwickelt worden waren und nur im Labor, aber nicht in der freien Natur, zu überleben vermochten.«[4] Die Erkenntnisse der Konferenz von Asilomar flossen später in nationale Gentechnik-Gesetze ein.

Anfang der 80er Jahre wurden die ursprünglichen Richtlinien entschärft. Man war der Auffassung, dass inzwischen viele Risiken abschätzbar und kontrollierbar seien. Im streng abgeschirmten Labor scheint das tatsächlich möglich. Doch mit den Lockerungen expandierte die Gentechnik – wenig hinterfragt – in den landwirtschaftlichen Bereich. Jetzt ging es nicht mehr um die Sicherheit im Labor, sondern um Freisetzungen von genmanipulierten Pflanzen in die Natur. Dazu fanden keine Konferenzen mehr statt, in denen über Risiken ausführlich diskutiert worden wäre. Die Welt, die Wissenschaft hatte sich geändert. Fünfundzwanzig Jahre nach Asilomar trafen einige der damaligen Teilnehmer bei der Jubiläums-Konferenz ein. Sie zeigten sich erfreut, dass wesentliche damals beschriebene Risiken inzwischen abgeklärt seien, kritisier-

---

4) Der Griff nach den Genen, Horst Feldmann, Adolf-Butenandt-Institut der Ludwig-Maximilians-Universität München, *http://biochemie.web.med.uni-muenchen.de/feldmann/gengriff/text.htm*

ten aber die zunehmende Kommerzialisierung. Forscher würden ethische Überlegungen ihrer Karriere zuliebe gar nicht mehr anstellen, lautete ein Vorwurf.

Dieser Trend lässt sich in den letzten Jahren insbesondere im Bereich der grünen Gentechnik verstärkt beobachten. Es gibt kaum noch Gentechniker, die nicht kommerziellen oder politischen Interessen dienen beziehungsweise dienen müssen. Die unabhängige Risikoforschung bleibt auf der Strecke. Die Ethik wird in Kommissionen ausgelagert. Der Politikwissenschaftler Herbert Gottweis beschrieb das Erbe von Asilomar einmal als die Philosophie des »Ja-aber«. In der grünen Gentechnik findet heute das »Ja« bei den Gentechnikern und Molekularbiologen statt und das »Aber« vornehmlich bei NGOs wie Friends of the Earth, Greenpeace, Konsumentenschützern oder bei den wenigen unabhängigen Wissenschaftlern.

Seit den Entdeckungen Bergs geht es nicht mehr ums bloße Erforschen, jetzt bildete sich die neue Zunft der Gen-Ingenieure heraus. Mit Hilfe der Gentechnik konnte in der DNA gespeicherte Information aufgeschlüsselt, das Erbmaterial gezielt verändert sowie diese neue Information in einen so genannten Zielorganismus eingeschleust werden. In der grünen Gentechnik sieht das dann – grob umrissen – so aus: Zunächst wird das gewünschte Genstück eines anderen Organismus mit mikrobiologischen Methoden isoliert und reproduziert. Diese Genabschnitte werden mit Hilfe von Bakterien auf die Nutzpflanze übertragen – zunächst in isolierte Pflanzenzellen oder Blattstücke. Diese wachsen dann zu vollständigen Pflanzen heran. Sie tragen in jeder ihrer Zellen – also auch in Eizellen und Pollen – das neue Gen und vererben es weiter.

Nicht jede Gen-Übertragung ist erfolgreich. Daher werden außer dem gewünschten Genabschnitt auch noch so genannte Marker-Gene eingebaut. Mit ihrer Hilfe lässt sich erkennen, welche Zellen das Gen eingebaut haben und welche nicht. War der Transfer erfolgreich, wird die neue Pflanze in Labor und Gewächshaus getestet. Erst dann kommt sie aufs freie Feld.

## 1.3 Die Wunde im Genom

Trotz des aufwändigen Procedere stimulieren die Potenziale der Gentechnik bis heute die Phantasie von Biologen, Züchtern und Agro-Technikern. Es könnten Pflanzen erfunden werden, die sich selbst gegen natürliche Feinde (Insekten, Viren, ...) verteidigen, Pflanzen, die weniger Herbizide (Unkrautvernichtungsmittel) benötigen oder »bessere« Eigenschaften (mehr Vitamin A, Reifeverzögerung, ...) aufweisen. Von Befürwortern wird der Vorgang der gentechnischen Veränderung häufig als gezielt, einfach, präzise und mit klar kalkulierbarem Ergebnis dargestellt. »In der wissenschaftlichen Forschung kann man heutzutage ganz genau das Gen bestimmen, das für ein erwünschtes Merkmal verantwortlich ist. Man kann es herausholen, kopieren und die Kopie in einen anderen Organismus einsetzen. Dieser Organismus (und seine Nachkommen) werden dann über das erwünschte Merkmal verfügen«, zitiert die Biochemikerin und scharfe Gentech-Kritikerin Mae-Wan Ho aus einer Publikation, die den Verbrauchern »klare und verständliche Informationen über Produkte der Biotechnologie« geben sollte.

Doch so simpel ist der Vorgang nicht. Ho kritisiert die stark vereinfachende Sicht der Genetik, mit der die Öffentlichkeit über die wesentlich komplizierteren Vorgänge und Wechselwirkungen, von denen gentechnisch veränderte Pflanzen bestimmt sind, hinweggetäuscht werde. Zu obigem Zitat schreibt sie: »Dies bringt noch einmal fein säuberlich die Leitvorstellung des genetischen Determinismus auf den Punkt, der zufolge *ein* Gen *ein* Merkmal steuert und der Transfer des betreffenden Gens die Übertragung des entsprechenden Merkmals auf den genetisch modifizierten Organismus zur Folge hat, der dann imstande sein soll, dieses Gen unbegrenzt an künftige Generationen weiterzureichen.«[5]

Fakt ist dagegen: Die bis heute entwickelten transgenen Pflanzen enthalten in der Regel immer ein synthetisch erzeugtes Konstrukt, das in dieser Zusammensetzung nicht natürlich vorkommt. »Es werden einzelne Komponenten/Gensequenzen wie Promotoren, Enhancer, Stop-Module ... aus verschiedenen Organismen verwendet, um ein synthetisches Genkonstrukt mit den erwünschten Eigenschaften zu konstruieren«, erläutert der Risikoforscher Werner Müller.[6] Ob das riskant ist oder nicht steht auf einem anderen Blatt. So zu tun, als wären gentechnische Verfahren das Natürlichste auf der Welt und man hätte genaue Kenntnis über die Funktionsweisen dieser Genkonstrukte in einem anderen Organismus, ist jedoch unlauter. »Die Übertragbarkeit genetischer Information verläuft nicht wie in der Natur nach strengen Regeln innerhalb der Prinzipien der Variation, Selektion und Isolation, sondern geschieht als technisch-rationaler Entwurf außerhalb dieser Funktionszusammenhänge.«[7]

Damit hätte sich auch die leidige Debatte, ob Gentechnik nun Züchtung sei oder nicht, eigentlich erledigt. Freilich geht es bei den Züchtern heute auch nicht mehr so natürlich zu wie anno 1900. Seit den 60er Jahren arbeiten sie mit Zell- und Gewebekulturen, die den grundsätzlich langwierigen Prozess beschleunigen. Die klassische Züchtung könnte genetisch derart unterschiedliche Organismen nicht miteinander kombinieren, ganz abgesehen davon, dass in keiner normalen Pflanze ein künstlich hergestelltes Gen zu finden wäre. Ein

5) Das Geschäft mit den Genen, Mae-Wan Ho, München 1999

6) Vgl. den Exkurs im Anhang: »Synthetisches Gen«

7) Die Verfassungsnorm der Würde der Kreatur, PD Dr. Daniel Ammann, Studienpapier der Schweizerischen Arbeitsgruppe Gentechnik (SAG), Juli 1999

Grenzfall ist vielleicht die Mutationszüchtung, die uns immerhin Hartweizensorten bescherte und eine Weile recht populär war. Dabei wurden Pflanzen radioaktiv bestrahlt – damals sah man noch nicht so genau hin wie bei der grünen Gentechnik. Es gibt aber Stimmen, die dafür plädieren, auch solche Methoden künftig genauer unter die Lupe zu nehmen. Bei radioaktiver Bestrahlung weiß man schließlich auch nicht wirklich, was dabei herauskommen könnte.

Die Erzeugung von GVOs ist jedenfalls wesentlich komplexer als die herkömmlichen Züchtungsverfahren, was ein Blick in die Gentech-Schmieden zeigt. Zur Übertragung eines Genkonstrukts braucht es ein Transportmittel. Genvektor[8] heißt das in der Fachsprache. Als recht brauchbares »Gen-Taxi« hat sich das Bodenbakterium »Agrobacterium tumefaciens« erwiesen, das Tumoren bei Pflanzen verursacht. Diese Methode wird bei zweikeimblättrigen Pflanzen wie Soja, Kartoffeln oder Tomaten genutzt. Auch die eingangs bereits beschriebenen »Gen-Kanonen« kommen zum Einsatz. Sie schießen mit Fremdgenen bestückte Gold- oder Wolframpartikel in die Zellen von Pflanzen. Dieses Verfahren kommt vorwiegend bei einkeimblättrigem Mais, Reis oder Weizen zur Anwendung. Die Effizienz bei allen bekannten Systemen ist sehr gering. Nur ein winziger Bruchteil der Pflanzen nimmt fremde DNA stabil auf.

Wo das Genkonstrukt landet, ist Zufall. Daraus ergeben sich Probleme, die der österreichische Risikoforscher Werner Müller anschaulich beschreibt:

> »Gentechnik verursacht Störungen – Wunden – im Genom. Das heißt: Im Genom verursacht der Beschuss (die Integration) Wunden. Bei großen Wunden (es wurde ein lebenswichtiges Gen getroffen und zerstört) ist die Pflanze nicht lebensfähig. Bei mittleren Wunden kommt es zu Veränderungen in der Wuchsform beziehungsweise im Verhalten (z.B. verringerte Trocken-Stresstoleranz). Wenn das neue synthetische Gen ungünstig liegt, können auch Toxine oder allergene Inhaltsstoffe der Pflanze verstärkt gebildet werden. – Eine Gefahr, die bisher nicht beachtet wird, ist die Frage, welche Region wurde auf der DNA zerstört und welche Funktion hatte sie davor. Bis vor wenigen Jahren ging man noch davon aus, dass die DNA aller Lebewesen überwiegend aus ›Müll‹ besteht und nur ein kleiner Teil des Genoms eine Funktion hat (d.h. Informationen für die Herstellung von Proteinen bereitstellt). Nach dieser Theorie wäre viel Platz auf der DNA der Pflanze, wo man ein Gen hineinschießen kann,

---

8) Gute Beschreibungen gentechnischer Verfahren:
a) *www.biosicherheit.de*
b) Gene und Gentechnik, Dr. Alberta Velimirov, ersch. 2005 in dem Sammelband »Gefahr Gentechnik«, Hrsg. Manfred Grössler, S. 265 ff.
c) Gentechnik: Manipuliertes Leben, Broschüre Umweltinstitut München e.V., Juli 2004

ohne damit Funktionen zu zerstören. Doch dieser Platz wird immer kleiner. Jeden Monat werden neue Daten veröffentlicht, über neue Funktionen im zuvor als Müll deklarierten Teil der DNA. Mittlerweile geht man davon aus, dass mindestens ein Drittel aller Gene beim Menschen von Bereichen der Müll-DNA gesteuert wird. Seit einigen Jahren sagt die Wissenschaft nicht mehr Müll-DNA, sondern non coding DNA beziehungsweise non coding RNA genes.«

Kritiker ebenso wie Befürworter sind sich einig, dass Probleme mit der Instabilität von transgenen Linien nicht wegzudiskutieren sind. So kann es zu ungewollten Veränderungen an der Pflanze kommen oder die Nachkommenschaft zeigt die durch den gentechnischen Eingriff beabsichtigte Eigenschaft nicht mehr. Die Pflanze weist dann zwar die Fremdgene noch auf, hat diese aber inaktiviert. Ein gut untersuchtes Beispiel dafür ist eine weißblühende Petunie, der ein Mais-Gen eingefügt wurde, um sie lachsrosa zu färben. Obwohl das neue Genkonstrukt erfolgreich eingebaut wurde, wiesen manche eine andere als die beabsichtigte Farbe auf. Sie waren weiß oder nur schwach gefärbt. Offensichtlich hatten einige Petunien Mechanismen aktiviert, die das fremde Genmaterial hinderten, die beabsichtigte Wirkung zu entfalten. Bei allen Kreationen, die zum Beispiel pollensteril sein und damit die Gefahr der Ausbreitung in der Natur verringern sollen, erweist sich dieser Mechanismus als großes Problem. Denn es ist ungewiss, ob oder wann die Pflanze den Inaktivierungs-Mechanismus in Gang setzt. Tut sie das irgendwann, kann sie sich wieder verbreiten.

Wie auch immer, sobald eine relativ stabile GV-Pflanze erzeugt wurde, geht es weiter wie im ganz normalen Zuchtbetrieb. In der konventionellen Züchtung wird ebenfalls zunächst die neue Sorte gezogen, aus der nächsten Generation wählt man wieder die besten Pflanzen aus und vermehrt sie. Das geschieht so lange, bis Merkmale stabil sind. Im Schnitt dauert das rund acht bis zehn Generationen, das bedeutet bei jährlicher Ernte acht bis zehn Jahre. Moderne Züchter beschleunigen den Prozess, indem sie auch auf der jeweils anderen Welthalbkugel Versuchsfelder führen und damit zwei Ernten pro Jahr einfahren. Gentechnik gilt nicht als wesentlicher Beschleunigungsfaktor. Denn: »Wie in der konventionellen Züchtung müssen auch unter den transgenen Pflanzen diejenigen ausgewählt werden, deren Eigenschaften optimal und stabil sind. Die Dauer für die Entwicklung einer neuen Sorte wird also durch gentechnische Methoden nicht wesentlich verringert.«[9]

---

9) Gentechnik in der Pflanzenzucht, www.dialoggentechnik.at, erstellt im Auftrag des österreichischen Wissenschaftsministeriums

So weit die graue Theorie. In der Praxis versuchten sich die Gentechniker zunächst an Tabak und bald auch an der Tomate, mit der auch der erste kommerzielle Misserfolg eingefahren wurde.

## 1.4 Der erste Flop: die Anti-Matsch-Tomate

Es war China, das als erstes Land der Welt eine gentechnisch veränderte Tomate zur Vermarktung zuließ. Aber es war ein US-Unternehmen, das den ersten kapitalen Flop mit einer GV-Sorte landete – mit der berühmt berüchtigten Anti-Matsch-Tomate. Die Gen-Ingenieure der kalifornischen Calgene Inc. hatten eine geniale Idee geboren. Sie wollten einen »Paradiesapfel« schaffen, der seinem Namen auch gerecht werden würde und tatsächlich nach etwas schmeckt. Tomaten haben nämlich die dumme Eigenschaft, dass sie lange Transportwege nicht sehr gut verkraften. Deshalb werden sie bereits grün geerntet oder müssen wie bei Rispentomaten sorgfältigst und teuer verpackt werden. Warum also nicht eine Tomate designen, die am Strauch reift, deshalb mit besserem Aroma punkten kann und außerdem noch länger hält. Taufname: »Flavr Savr« – zu deutsch Geschmacksretter.

Für die Entwicklung der Gentech-Tomate bedienten sich die Forscher einer Technik, die in der Branche als »Anti-Sense«-Verfahren bekannt ist. Damit können Pflanzengenetiker in die Stoffwechselaktivitäten einer Pflanze eingreifen und die Bildung verschiedener Enzyme unterbinden. Bei der Anti-Matsch-Tomate wurde konkret die Produktion eines Reifungsenzyms unterdrückt. Vom Prinzip her ist das Verfahren relativ simpel: Die Gen-Ingenieure schleusen eine Kopie von dem Gen ein, das blockiert werden soll. Das synthetische Genkonstrukt weist allerdings eine umgekehrte Orientierung auf. Irgendwie – und die Wissenschaftler wissen bis heute nicht so ganz genau, wie das im Einzelnen funktioniert – blockiert die neu eingefügte Abschrift das unerwünschte Gen. Die Bildung des entsprechenden Enzyms wird verhindert.

Am Reißbrett der Gen-Ingenieure von Calgene sah das alles recht gut aus. Doch die Praxis erteilte ihnen eine Lektion in Sachen Komplexität einer Pflanze. Belinda Martineau, eine Molekulargenetikerin, arbeitete von 1988 bis 1995 bei Calgene und war damals für einen Teil der Forschungsarbeiten zuständig. In einem Artikel und später auch einem Buch beschrieb sie das »kurze, unglückliche Leben« der Flavr Savr und die Pannen während des Entwicklungsprozesses. So musste das Management auf schmerzliche Weise herausfinden, dass »rispengereift« und »transportgeeignet« zwei verschiedene Eigenschaften sind, die nicht durch die Manipulation einer Eigenschaft zu vereinen waren.

Martineau schildert die Szene mit unverhohlener Häme, hatte sie doch offensichtlich vor derartigen Entwicklungen gewarnt: »Der erste Transport-Test mit in Mexiko gepflanzten Tomaten war eine Katastrophe. Man wollte dabei nicht nur testen, ob das Flavr-Savr-Gen es möglich macht, rispengereifte Tomaten über 2000 Meilen auf einem Lastwagen nach Chicago zu fahren, sondern auch, ob das in großen Transportbehältern möglich sei, aus denen man erst vor Ort dann die kleineren Transporte zu den Händlern abpackt. Als der Lastwagen in Chicago ankommen sollte, wurde er von einer kleinen Gruppe von Calgene-Angestellten, unter ihnen Dan Wagster und der kaufmännische Direktor Kenneth G. Moonie, einigermaßen unruhig erwartet. Wie der Test ausgegangen war, war bereits klar, bevor der Lastwagen zum Stillstand gekommen war: was da hinten herausquoll, war reines Tomatenpüree. Die ganze Ladung war jenseits irgendeiner Möglichkeit, davon noch etwas zu retten. Einer der Calgene Angestellten murmelte fassungslos immer wieder: ›Das war's, das war's‹. Zwei andere begannen mit dem Versuch, mit Schneeschaufeln die Sauerei in Abfallbehälter zu füllen. Dan Webster stand in seinem dreiteiligen Anzug da und sah entschieden blasser aus, als vor der Ankunft des Lastwagens. Er philosophierte über Gläser, die halb gefüllt sind: ›Wir sind dabei zu lernen‹, sagte er, ›das ist alles nur Teil des Lernprozesses, in dem wir uns befinden.‹ Kenneth Moonie antwortete darauf nur: ›Alles was wir jetzt lernen, ist nur, wie man diese gottverdammten Tomaten wegschaufelt.‹«[10]

Und das war bloß der Auftakt zu einer Reihe anderer Pannen. Letztlich mussten die Früchte genauso teuer verpackt werden wie die rispengereiften, natürlich gezogenen.

Interessant ist darüber hinaus, dass Martineau vor gesundheitlichen Risiken warnte. Die amerikanische Lebensmittelbehörde FDA ließ Flavr Savr zwar zur Vermarktung zu, nach Meinung Martineaus aber basierend auf einer äußerst dürftigen Sicherheitsprüfung. Die Wissenschaftlerin hatte selbst die meisten Untersuchungen durchgeführt und machte darauf aufmerksam, dass etwa das eingeführte Markergen eine Art »Eigenleben« entwickelt hatte. Dieser und andere Problembereiche seien von der FDA nicht berücksichtigt worden. [11] Später stellte sich dann zudem heraus, dass auch die hauseigenen Wissenschaftler der FDA vor möglichen gesundheitlichen Risiken gewarnt hatten. Man kann nur spekulieren, was die FDA veranlasste, die Tomate dennoch zuzulassen.

10) Food Fight. The short, unhappy life of the Flavr Savr tomato, The Sciences, Vol. 41 (2001) Nr. 2, zitiert nach: Paradeprodukt Paradeiser?, Wiener Zeitung 31.08.2001

11) Ein ausführlicher wissenschaftlicher Disput zu den Risiken findet sich auf Agibioworld.org, *http://www.agbioworld.org/newsletter_wm/index.php?caseid=archive&newsid=1078*

Die Markteinführung 1994 verlief zunächst vielversprechend. Die Amerikaner waren neugierig auf die Wundertomate. In Kalifornien wurde sie zunächst nur in begrenzter Stückzahl abgegeben, so groß war das Interesse. Doch die Marketing-Leute hatten zu viel versprochen. Flavr Savr schmeckte weder übermäßig toll noch hielt sie signifikant länger. Der Konsument war irritiert. Der Rest ist schnell erzählt: 1996 fuhr Calgene die letzte Ernte ein. Bis zu diesem Zeitpunkt hatte das Unternehmen, das für die Entwicklung der Flavr Savr vom Nahrungsmittelhersteller Campbell finanziell unterstützt worden war, bereits 150 Millionen Dollar in den Sand gesetzt.[12] 1997 bewahrte Monsanto die Gentech-Schmiede vor dem Gang zum Konkursrichter und kaufte Calgene auf.

Einige GV-Tomaten wurden seither entwickelt und lanciert, etwa 2002 eine, die auch auf salzreichen Böden wächst, stabiler sein soll und besser schmeckt. Doch von all diesen Erfindungen hört man nichts mehr. Vielleicht ist das Tomaten-Business einfach zu kompliziert. Oder die konventionelle Züchtung war wieder einmal schneller. Es gibt inzwischen zahlreiche Nicht-GV-Sorten auf dem Markt, die wesentlich stabiler sind. Eines zeigte der Fall Calgene jedenfalls ganz klar: Mit GV-Nahrungsmitteln kann man viel, sehr viel Geld verlieren.

## 1.5 Zwei kommerzielle Systeme

Von allen Schöpfungen der Gen-Ingenieure erlangten bisher nur zwei Systeme kommerzielle Bedeutung. Die Bt-Technologie gegen Schädlingsbefall und die HT-Technologie zur Vermittlung von Herbizidtoleranz. Nehmen wir also diese beiden GV-Systeme genauer unter die Lupe. Wie funktionieren sie? Weshalb wurden sie überhaupt eingeführt? Welche Erfahrungen hat man bereits damit gemacht?

Das Bt-System wird am Beispiel von Bt-Mais illustriert, da diese Sorten bereits bald auf Äckern in den EU-Ländern wachsen könnten und in manchen Gegenden schon wachsen. Die Eigenschaften herbizidtoleranter Pflanzen werden anhand der Roundup-Ready-Sojabohne erörtert, zumal nahezu die gesamte GV-Sojaproduktion bereits auf dieses System aus dem Hause Monsanto zurückgeht.

12) Knight Ridder Tribune, 13.04.2002

## 1.6 Der Mais als Insekten-Killer

Schädlingsbefall ist seit jeher das Trauma der Landwirtschaft. Schon das Alte Testament ist voll von solchen Geschichten. Zehn Plagen entsandte Gott, bis der Pharao Moses und seine Gefolgsleute endlich freigab und sie ins Gelobte Land ziehen konnten. Drei davon hatten mit Insekten zu tun: die Plage der Mücken, die Plage der Stechmücken, die Plage der Heuschrecken. Und lange davor erzählt die Bibel bereits von Joseph, dem der Traum die Weisheit von den sieben fetten und sieben mageren Jahren eingegeben hatte. Er, der von den eigenen Brüdern verstoßene, verkaufte Sklave, stieg zum Berater des Pharao auf. Joseph bewahrte durch sorgsamen Umgang mit den Ernten aus den fetten Jahren die Menschen vor Hunger und machte mit dieser Strategie noch gute Geschäfte, zumal die angrenzenden Länder den Ägyptern die gehortete Nahrung, die gehortete Saat abkauften. Angewandtes Vorsorgeprinzip, würde man heute wohl sagen.

Doch zurück zu den Insekten. Schädlinge treten ungeachtet der Bewirtschaftungsform immer auf. Monokulturen leiden jedoch unter einem stärkeren Schädlingsdruck, da sie Nutzinsekten viel zu wenig Spielraum zur Entwicklung lassen. Aber auch konventioneller und ökologischer Landbau haben ihre Probleme mit Schädlingen. Es liegt auf der Hand, dass man sich nach geeigneten Strategien umsieht. Spezielle Anbauformen mit größerer Kulturvielfalt können hilfreich sein oder bestimmte Bodenbearbeitungsverfahren. Die konventionelle Landwirtschaft greift in manchen Fällen auch zur Chemie, um des Problems Herr zu werden. Die Bt-Technologie eröffnet eine neue Option und wird heute vielfach bei Mais angewandt.

In Europa leiden die Maisbauern unter einem unscheinbaren Schmetterling – dem Maiszünsler. Die Larven knabbern zunächst die Blätter an, bohren sich dann in den Stängel oder Maiskolben. In manchen Fällen kann es auch zu einem Knicken des Stängels, zum Abfallen der Kolben oder zu kleinen Kolben kommen. Schätzungen zufolge verursacht dieser Schädling weltweit jährlich einen Ernteverlust von fünf bis sieben Prozent. Was noch schwerer wiegt: Der Zünsler beeinträchtigt die Qualität der Ernte.

Was auf den ersten Blick dramatisch wirkt, wurde von den meisten Bauern Europas aber bis dato weitgehend ignoriert. Die Bekämpfung des Maiszünslers mit Insektiziden ist in unseren Breitengraden kaum üblich, da die Ausbringung des Insektizids sehr aufwändig ist. Als ökologische Alternativen bieten sich Bt-Präparate sowie Schlupfwespen an. Die Bekämpfung mit Bt-Präparaten ist genauso schwierig wie chemischer Insektizideinsatz, da der Maiszünsler ab dem Zeitpunkt, wenn er sich in die Blattader bohrt, vor den Bt-Sprays geschützt ist. Das Ausbringen von Schlupfwespen ist zwar effizient, jedoch arbeitsintensiv, weshalb diese Methode oft nur auf wenigen Flächen mit sehr teurem Süßmais angewandt wird. Die wirkungsvollste und effizienteste Alternative zur direkten Bekämpfung ist eine indirekte Bekämpfungsweise, das Strohschlegeln und sauberes Unterpflügen im Herbst. Der Wirkungsgrad liegt bei zirka 70 bis 90 Prozent. Aufgrund der Intensivlandwirtschaft und um Bodenerosion vorzubeugen verzichten die Farmer in den USA häufig darauf.

In Europa sind es die südlichen Länder wie Spanien oder Griechenland, die unter den Schädlingen am stärksten leiden. In Deutschland ist vorwiegend der süddeutsche Raum von der Plage betroffen. In den USA tritt der erst um 1900 von Europa eingeschleppte Schädling von Kanada im Norden bis Florida und New Mexiko im Süden auf. Doch selbst in den USA erfolgt in der überwiegenden Zahl der Fälle keine direkte chemische oder biologische Bekämpfung des Maiszünslers, da die Kosten den Nutzen übertreffen.[13]

Nachdem viele Bekämpfungsformen umständlich sind oder sogar aus ökologischen Erwägungen heraus nicht wahrgenommen werden, lag es nahe, sich nach anderen Möglichkeiten umzusehen. Hier kommt die grüne Gentechnik ins Spiel. Grundsätzlich umfasst die Bt-Technologie viele verschiedene Toxine, die aus unterschiedlichen Stämmen des Bodenbakteriums Bacillus thuringensis (Bt) hergeleitet werden, wobei jedes Toxin spezifisch gegen eine Gruppe von Insekten wirkt. Es gibt beispielsweise welche, die gegen Schmetterlinge wirken, aber nicht gegen Käfer. Bei der Entwicklung der insektenresistenten Sorten machten sich die Forscher eine Eigenschaft des Bodenbakteriums Bacillus thuringensis (Bt) zunutze. Das Bakterium produziert ein Gift (Bt-Toxin), das für die Larven einiger Insekten tödlich ist. Es zerstört die Darmwand der Schädlinge. Mit dem Einbau des Gens, das für das Toxin aus Bacillus thuringensis verantwortlich ist, erzeugt die Pflanze nun selbst das Gift. In den meisten der heute zugelassenen transgenen Sorten ist das Bt-Toxin-Gen in der gesamten Pflanze enthalten, also sowohl in den grünen Teilen als auch in den Maiskörnern.

Die Bt-Technologie wirft ein weiteres Problem auf. Denn allgemein wird erwartet, dass die Schadinsekten bei zunehmendem Kontakt mit dem Bt-Toxin dagegen Resistenzen entwickeln. Das heißt, die Bt-Pflanzen verlören ihre Wirkung, Bauern könnten dann gezwungen sein, auf weitaus problematischere Insektenvernichtungsstrategien auszuweichen. Um Resistenzen möglichst lange zu verhindern, sind US-Landwirte verpflichtet, neben den Bt-Maisfeldern so genannte »Refugien« mit unverändertem Mais zu bepflanzen. Eine ziemlich umständliche Angelegenheit für Bauern. Es ist also wenig verwunderlich, dass erst kürzlich eine amerikanische Studie zeigte, dass entgegen früherer Erhebungen die korrekte Umsetzung diesbezüglicher Vorschriften bei lediglich 60 bis 75 Prozent liegt.[14]

13) Handbuch zu Monitoring und Resistenzmanagement für Bt-Mais, Werner Müller, Wien 2001

Von 1996 bis 1999 stieg der Bt-Maisanbau in den USA rasch auf 25,9 Prozent der gesamten Mais-Anbaufläche. Danach gab es einen Einbruch, der wesentlich mit zwei Ereignissen zu tun hat. Zum einen schreckte eine Studie auf, die zeigte, dass unter Laborbedingungen auch der Monarchfalter Schaden erleidet. Zum anderen erschütterte der Star-Link-Skandal[15] das Vertrauen in die GV-Sorten. Damals wurde eine nicht für den menschlichen Verzehr zugelassene GV-Sorte in GV-Lebensmittelmais entdeckt. 2001 sank laut dem U.S. Department of Agriculture, Economic Resarch, die Anbaufläche auf 19 Prozent. 2003 hingegen wurden wieder 29 Prozent gemeldet.

In Europa wird Bt-Mais nur in Spanien auf einer nennenswerten Fläche von etwa 80.000 Hektar angebaut. In Frankreich wurde erst unlängst bekannt, dass Landwirte auf etwa 1000 Hektar Land GV-Mais anbauen. In Deutschland gibt es inzwischen auch einige Bt-Maisfelder. Monsanto wollte seinen MON810 kürzlich auch gerichtlich zur völligen Kommerzialisierung freigeben lassen. Das angestrebte Eilverfahren wurde im September jedoch abgelehnt.

Einige deutsche Bauern würden eine Zulassung vielleicht begrüßen, allzu viel sollten sich Landwirte in gemäßigten Lagen aber nicht von dem Bt-Mais erwarten. Denn in den USA verzeichnet man nur minimale Ertragssteigerungen bei Bt-Mais. US-Bauern wollen sich vor allem vor den Eventualitäten eines schweren Schädlingsbefalls schützen. Ihr Hauptmotiv für den GV-Anbau ist also der Vorsorgegedanke und die Gewährleistung von Ertragssicherheit. In amerikanischen Fachmedien und Bauernzeitschriften wird immer wieder betont, zunächst doch den Rechenstift zur Hand zu nehmen, bevor man auf den Bt-Mais umsteigt.

In Ländern, in denen Schädlinge oft 20 oder 40 Prozent einer Ernte vernichten, erscheint die Einführung der Bt-Technologie hingegen verlockend. Ebenso dort, wo Bauern oft direkt Insektiziden ausgesetzt sind, etwa bei Baumwolle, bei der die Bt-Strategie heute ebenfalls eingesetzt wird. Mit Bt-Baumwolle gibt es sehr unterschiedliche Erfahrungen. Indonesien und ein indischer Bundesstaat fuhren Missernten ein. Aus China hört man allerdings, dass Bt-Sorten zwar zu keinen bemerkenswerten Ertragssteigerungen führen, dass viele Kleinbauern aber gesundheitlich durch geringeren Pestizideinsatz profitieren würden. Alternativen zur grünen Gentechnik gibt es aber auch bei Baumwollanbau. In Ägypten halten Landwirte die Schädlinge mittels Streifenanbau aus Baumwolle und diversen Gewürzpflanzen in Schach.[16]

---

14) Bt Corn Farmer Compliance With Insect Resistance Management Requirements: Results From The 2002 Minnesota and Wisconsin Farm Polls, Frederick Buttel, Jeanne Merrill, Lucy Chen, Jessica Goldberger, Terrance Hurley, Department of Applied Economics, College of Agricultural, Food, and Environmental Sciences, University of Minnesota, März 2005

15) Vgl. auch Kapitel: Teuer und pannenanfällig

## 1.7 Alles ready, alles fertig

Aus wirtschaftlicher Sicht weitaus bedeutender als die Bt-Technologie ist die gentechnisch vermittelte Herbizidtoleranz (HT). Die HT-Technologie macht Pflanzen unempfindlich gegenüber bestimmten Chemikalien. Bezogen auf Kulturarten dominiert heute HT-Soja die GVO-Felder dieser Welt. 2004 gingen 60 Prozent aller weltweit angebauten GV-Pflanzen auf das Konto von herbizidresistenter Soja.

Ganz allgemein gesprochen erleichtert die Technologie dem konventionell wirtschaftenden Bauern das Unkrautmanagement. Die gesamte Dimension dieser Technologie erschließt sich aber erst, wenn man einen Blick auf die Entwicklung der konventionellen Landwirtschaft in den letzten Jahrzehnten wirft. Der Einsatz von chemisch-synthetischen Unkrautvernichtungsmitteln (Herbizide) führte dazu, dass viele Unkräuter relativ unempfindlich gegenüber der Chemie-Keule wurden. Für die chemische Industrie und für den Landwirt begann ein Wettlauf mit der Natur. »Für konventionell wirtschaftende Landwirte ist es mittlerweile zu einer kleinen Wissenschaft geworden, für ihren spezifischen Unkrautbestand die passenden Mittel zu finden.«[17] Weedscience.org, die wissenschaftlich abgesicherte Datenbank resistenter Unkräuter, wächst von Jahr zu Jahr.

Kein Wunder, dass sich die Agro-Chemie-Industrie schließlich unter die Züchter mischte und nach neuen Pflanzen suchte.[18] Heute bestimmen Chemiekonzerne das GV-Saatgutgeschäft und nicht mehr die klassischen Züchter.

Die konventionelle Landwirtschaft sieht im Wildkrautwuchs primär ein Problem. Weltweit kommt es dadurch zu Ernteeinbußen von zehn bis 15 Prozent.[19] Oft konkurrieren die unerwünschten Pflanzen mit den Kulturpflanzen um Licht und Nährstoffe. Die Qualität der Ernte kann beeinträchtigt werden. Anders agiert der biologische Landbau. Er verzichtet gänzlich auf chemisch-synthetische Unkrautvernichtungsmittel. Hier erfolgt die Bearbeitung mit mechanischen Geräten aus dem Bewusstsein heraus, dass Wildkräuter nicht einfach nur Unkräuter sind, sondern für viele Tiere Nahrung bieten. Nicht nur für Vögel oder Insekten, auch die »heiligen Kühe« Indiens naschen schon mal gerne von den Kräutern am Feldrand. Viele Menschen in den Entwicklungs-

16) Auf die Erfahrungen in Ägypten wird noch im Kapitel »Öko-Landbau: Gefährdete Alternative?« genauer eingegangen, ebenso wie auf die Situation in Indien und Indonesien in speziell ausgewiesenen Kapiteln.

17) Dipl.-Ing. Werner Müller, Tel.-Interview am 06.09.2005

18) Vgl.: Herbizidverträgliche Kulturpflanzen, Dr. H. Müllner et al., Hoechst Schering AgrEvo GmbH, Forschung Biochemie, in: Zukunft der Gentechnik, Peter Brandt (Hrsg.), Basel, Boston 1997

19) Kempken, S. 126

und Schwellenländern nutzen sie als eine Art »Nahrungsergänzungsmittel« frei vom Feld.

Anders die grüne Gentechnik, sie verabschiedet sich nicht von den konventionellen Methoden. Sie stellt nicht die Frage, ob es sinnvoller wäre, sich von der grünen Revolution zu verabschieden und neue ökologische Ansätze zu versuchen. Die grüne Gentechnik setzt eine neue Technologie auf das an seine Grenzen geratene System der konventionellen Intensivlandwirtschaft. Dieses Vorgehen liegt in der Annahme begründet, dass nur die konventionelle Intensivlandwirtschaft mit »Cash Crops« (ertragreiche Sorten) und chemischem Dünger sowie Spritzmitteln hohe Erträge gewährleisten könne. Eine Argumentation, die nach verschiedenen Langzeitvergleichsstudien heute nicht mehr so einfach aufrechtzuerhalten ist. Mehr darüber im Kapitel »Erträge im Vergleich«.

Die grüne Gentechnik schlägt jedenfalls einen anderen Weg ein. Damit die Pflanzen gegen Spritzmittel unempfindlich werden, macht man sich Bodenbakterien zunutze. Diese produzieren Gene, die Unempfindlichkeit gegen einzelne Unkrauvernichtungsmittel bewirken. Solche Resistenzgene können auch aus spontan-resistenten Pflanzen gewonnen werden. Indem den Kulturpflanzen ein derartiges Gen eingebaut wird, überleben diese die Behandlung des Feldes mit Spritzmitteln. Verwendet werden Totalherbizide beziehungsweise Breitbandherbizide, die alles, was sonst noch im Felde sprießt, abtöten außer der Kulturpflanze. Landwirte haben den Vorteil, dass sie nicht etliche Male Spritzmittel ausbringen müssen. Einmal oder zweimal ein Breitbandherbizid aufgesprüht und die Sache hat sich.

Derzeit gibt zwei wirtschaftlich bedeutende HT-Systeme beziehungsweise HT-Sojasorten.[20] LibertyLink wurde von AgrEvo entwickelt.[21] Dabei behindert das »Herbizid Glufosinat die Photosynthese und wirkt somit auf alle grünen Pflanzenteile. Das bakterielle Enzym verändert das Herbizid und macht es so unwirksam.«[22]

Das zweite relevante HT-System kommt aus dem Hause Monsanto und ist das weltweit am weitesten verbreitete. Handelsname: Roundup Ready. »Zirka 79 Prozent der gesamten amerikanischen Sojabohnenflächen wurden im Jahr 2002 mit Roundup-Ready-Sorten bestellt«,[23] berichtet Monsanto. 2004 lag der Roundup-Ready-Anteil bereits bei 85 Prozent. Die Wirkungsweise: »Das Herbizid Glyphosat blockiert ein für die Pflanze lebenswichtiges Enzym, das für die Synthese aromatischer Aminosäuren verantwortlich ist. Das vom

---

20) *www.dialoggentechnik.at*

21) Vergleiche auch: Forschen für Ernährung – Höchst-Archiv, *http://www.archiv.hoechst.de/deutsch/publikationen/future/ernaehr/art7.html*

22) Ebda.

23) *http://www.monsanto.de/newspresse/2002/pdf/29072002b.pdf*

Resistenzgen gebildete bakterielle Enzym wird durch Glyphosat nicht beeinträchtigt und übernimmt die Rolle des Pflanzen-Enzyms.«

So weit die technische Seite. Wer sich näher mit herbizidtoleranten Sorten auseinander setzt, betritt aber unweigerlich eine Art agro- und sozialpolitisches Minenfeld der grünen Gentechnologie. Denn nicht nur das Züchtungsziel, also die bessere Verträglichkeit von bestimmten Unkrautvernichtungsmitteln, ist – zumindest aus ökologischer Sicht – keineswegs unproblematisch. Die gängigste Marke, Roundup-Ready-Sorten von Monsanto, begegnet uns immer häufiger in Verbindung mit Verunreinigung von Saatgut, Patentrechtsstreitigkeiten und tief greifenden Umwälzungen in der Struktur der ländlichen Bevölkerung insbesondere in Entwicklungs- und Schwellenländern.

Hinter dem Roundup-Ready-System verbergen sich darüber hinaus erstaunliche geschäftspolitische Interessen des Multis Monsanto. Das Breitbandherbizid Roundup ist das meistverkaufte Unkrautvernichtungsmittel der Welt. 1,5 Milliarden US-Dollar brachte es dem Konzern allein im Jahre 1996.[24] Doch das Patent für Roundup sollte im Jahr 2000 auslaufen, Gewinnrückgänge wären damit wahrscheinlich gewesen. Der Konzern war allerdings gut auf diese Situation vorbereitet. Jahrelang wurde in den Gentech-Labors an der HT-Sojabohne gewerkt und dafür zig Millionen Dollar investiert. Ein strategischer Schachzug. Denn im Doppelpack, also Saatgut mit passendem Herbizid, konnten gleich zwei Marktsegmente abgedeckt werden. Die Bauern wiederum wurden und werden mit Verträgen gezwungen, zum Saatgut auch gleich das Herbizid Roundup des Konzerns zu kaufen.[25] 1996 war es dann so weit. Die Roundup-Ready-Ernte sollte erstmals weltweit – und das ohne besondere Kennzeichnung – vermarktet werden. Im November 1996 legte ein Schiff in Hamburg an. Die Fracht: 67.500 Tonnen Sojabohnen aus den USA, die für eine Ölmühle angeliefert wurden. Zwei Prozent davon waren gentechnisch verändert, gut durchmischt mit konventioneller Soja.[26]

Die Erfahrungen mit RR-Soja sind alles andere als bahnbrechend. Die Erträge fielen in manchen Gegenden sogar geringer aus als beim Anbau von konventionellen Sorten.[27] Den Nachweis von geringfügigen Herbizideinsparungen gibt es nur für die ersten Jahre. Ein Vorteil aus Sicht der US-Behörden war, dass Glyphosat andere, härtere Herbizide ablöste.[28] In den letzten Jahren mehren sich wissenschaftliche Hinweise darauf, dass Glyphosat nicht das

---

24) Saatkonzerne am Weg zum Genmonopol, James Flint, Telepolis 28.06.1998

25) Die Gen-Soja ist auf dem Weg, Wolfgang Löhr, taz Nr. 5062, 29.10.1996

26) Die Verheißungen der Gen- und Biotechnologie, Telepolis

27) Who Benefits from Biotechnology?, Michael Duffy, Iowa State University, 2003. Performance of transgenic soybeans – northern USA, Oplinger, E .S, Martinka, M .J., Schmitz, K. A. (1999)

28) Vgl. Kapitel: Weniger oder mehr Chemie?

Wundermittel ist, als das es gerne dargestellt wird. Dänemark verhängte ein Verbot, nachdem Grundwasserverunreinigungen festgestellt worden waren.[29]

Für Landwirte zählt primär die einfache Handhabung des Systems. Zur Verbreitung von Roundup Ready trägt zudem noch bei, dass es in manchen Gegenden bereits schwierig ist, überhaupt noch gentechfreies Saatgut zu erhalten. Die größten Anbaugebiete für RR-Soja sind die USA und Argentinien, wo bereits 98 Prozent des gesamten Sojaanbaus auf diese Sorte zurückgehen.[30] Im Vergleich dazu macht herbizidresistenter Raps mit fünf Prozent einen verschwindend kleinen Anteil aus.[31] HT-Raps wird großflächig in Kanada angebaut und auch hier hält Monsanto inzwischen den größten Anteil. Kanadische Landwirte dürfen sich nicht nur mit störrischem GV-Durchwuchsraps[32] herumschlagen, sondern auch mit Monsantos Gen-Detektiven, die nach Patentrechtsverletzungen fahnden.[33] In den USA treten in den letzten Jahren gehäuft glyphosat-resistente Unkräuter auf.[34] Die Endlosspirale dreht sich also weiter. A la longue müssen wieder neue Unkrautmanagementsysteme gefunden werden – andere Bodenbearbeitungssysteme oder neue Chemie-Mischungen. Die HT-Technologie kann im günstigsten Fall kurzfristig mit bodenschonenderen Verfahren und Einsparungen an giftigeren Herbiziden und Treibstoff punkten. Die Vorteile sind jedoch zeitlich begrenzt.

## 1.8 Pflanzen mit Ablaufdatum

Es kann nicht oft genug betont werden, dass nur diese beiden Systeme – die Bt- und die HT-Technologie – heute überhaupt relevant für den GV-Anbau sind. Virus- oder pilzresistente Sorten haben derzeit keine Bedeutung am Markt. Das liegt unter anderem daran, dass bei solchen Sorten technische Probleme auftraten. Auch Pflanzen mit so genannten Output-Eigenschaften, die einen Nutzen für den Konsumenten bringen sollten, sind entweder erst in der Pipeline oder setzten sich am Markt nicht durch. In Europa werden – wenn überhaupt – in den nächsten Jahren auch nur diese beiden vorgestellten Systeme kommerziell eine Rolle spielen, über die man zusammenfassend Folgendes sagen kann:

Die Bt-Technologie versucht eine Lösung für ein uraltes Problem der Landwirtschaft – die Schädlingsproblematik – zu finden. Die HT-Technologie hin-

29) Vgl. Kapitel: Mehr oder weniger Chemie?
30) *www.transgen.de, http://www.transgen.de/gentechnik/pflanzenanbau/201.doku.html*
31) ISAAA Dominant Biotech Crops, 2004
32) Vgl. Kapitel: Wie Raps zum Unkraut wurde
33) Vgl. Kapitel: Management by hope
34) *www.weedscience.org oder http://www.farmassist.com/resistance/html/index.asp?nav=resources*

gegen »löst« ein Problem, das erst in den letzten Jahren, mit dem vermehrten Einsatz chemischer Unkrautvernichtungsmittel, entstanden ist. Es handelt sich also im Wesentlichen um eine Aufsatztechnologie.

Sowohl die Bt- als auch die HT-Technologie haben ein entscheidendes Problem: die Ausbildung von Resistenzen. Die Pflanzen werden über kurz oder lang ihre Wirksamkeit einbüßen, indem sich entweder die Insekten anpassen oder die Unkräuter unempfindlicher werden. Es ist jedem freigestellt, sich ein Urteil darüber zu bilden, ob diese beiden GVP-Systeme mit dem Ziel einer nachhaltigen Landwirtschaft vereinbar sind.

# 2 Landwirtschaft unter Druck

## 2.1 Von den USA nach Europa

Mitte der 90er Jahre schickte sich eine Handvoll von Agro-Gentech-Unternehmen an, die gentechnisch manipulierten insekten- und/oder herbizidresistenten Pflanzen weltweit zu verbreiten, GV-Mais, -Soja, -Baumwolle und -Raps. DuPont, Syngenta, Bayer, Dow und BASF gehören zu den großen Playern im GV-Saatgutgeschäft. Allen voran pushte Monsanto seine herbizidtoleranten Sorten in den Markt. Trotz des anfänglichen Missionierungseifers der Biotech-Visionäre und Gentech-Konzerne blieb die Verbreitung bis heute überschaubar. Der flächenmäßig relevante GV-Anbau konzentriert sich im Wesentlichen auf wenige Länder: USA, Argentinien, Kanada, Brasilien, China und Indien. Für ausreichend Aufregung war dennoch gesorgt, gehen doch mit der Einführung von gentechnisch veränderten Pflanzen teils tief greifende Veränderungen in der Landwirtschaft und im Sozialgefüge einher. Sie fallen oft sehr unterschiedlich aus, je nachdem, in welcher Region und unter welchen gesellschaftlichen Bedingungen GVP eingeführt werden. Was weltweit ähnlich ausfällt, ist das tiefe Misstrauen der Konsumenten gegenüber gentechnisch veränderten Nahrungsmitteln. Selbst in den USA lehnt Umfragen zufolge die Mehrheit der Konsumenten Genfood ab. Nachdem dieses dort nicht extra gekennzeichnet werden muss, glauben die meisten US-Bürger, dass sie nur selten oder noch nie mit GV-Essen in Berührung gekommen seien.

Und Europa? Die rechtlichen Voraussetzungen für den kommerziellen Anbau diverser GVP sind inzwischen geschaffen. Doch die Sorge ist groß, dass in der überwiegend von kleineren und mittleren Betrieben geprägten Landwirtschaft ein friedliches Nebeneinander von konventioneller, biologischer und gentechnisch orientierter Landwirtschaft nicht funktionieren kann. Die Konsumenten wollen Genfood nicht und die Nahrungsmittelhersteller versuchen tunlichst Substanzen zu vermeiden, die eine GV-Kennzeichnung nötig machen würde. Doch reicht das aus? Oder werden sich GVP schleichend verbreiten? Im Moment scheint die Gentech-Industrie Deutschland ins Visier genommen und einen Verdrängungswettbewerb in Gang gesetzt zu haben. Man kennt das aus den USA und anderen Ländern, jetzt wird es zwischen Berlin und München spürbar: Der Kampf um gentechnikfreies Saatgut ist ausgebrochen.

## 2.2 Der Kampf um reines Saatgut

Ohne gentechfreies Saatgut keine reine Ernte. Diese Binsenweisheit machten sich einige Konzerne für die Durchsetzung ihrer neuen GV-Sorten zunutze. »Indem Monsanto Saatgutfirmen aufkaufte und kontrolliert, ist es gelungen, den Wettbewerb klein zu halten und zu gewährleisten, dass seine gentechnischen Pflanzensorten diejenigen sind, die für die US-amerikanischen Bauern am leichtesten zu erhalten sind. Mit seiner beherrschenden Rolle auf dem US-amerikanischen Saatgutmarkt hat Monsanto die Bauern in die Zange genommen. Für viele Bauern überall im Land ist es schwierig, wenn nicht sogar unmöglich geworden, qualitativ hochwertige, konventionelle Mais-, Soja- und Baumwollsorten zu bekommen«, steht in einem Bericht des »Center for Foodsafety« (CFS) mit Sitz in Washington.[35] Das CFS ist eine angesehene amerikanische Non-Profit-Organisation, die sich aus Juristen, Biotech- und Agrarexperten zusammensetzt. Das Center ist ohne Zweifel kritisch eingestellt. Doch für den Mangel an gentechfreiem Saatgut bei gewissen Kulturarten gibt es auch von Seiten moderater, unabhängiger Agrarwissenschaftler Bestätigung. Bei Mais sei es noch kein sonderlich gravierendes Problem, bei Soja treten in mehreren Regionen Probleme mit der Bereitstellung von reinem Saatgut auf, erklärt Michael Duffy, Agrarwissenschaftler an der Iowa State University.[36] Ein Ausstieg aus der GV-Soja-Produktion gestaltet sich damit extrem schwierig. Die gleiche Situation finden wir in Westkanada bei HT-Raps vor. Nahezu das gesamte dort erhältliche Saatgut weist einen gewissen Grad an GVO-Verunreinigung auf.[37]

Inzwischen hat das Problem Deutschland erreicht. Hier geht es vor allem um Mais. Stichproben beweisen immer wieder, dass deutsches Maissaatgut durchweg frei von gentechnischen Bestandteilen ist. Doch eine Garantie gibt es von den Pflanzenzüchtern nicht mehr. Die gleichen Züchterfirmen bieten aber im Nachbarland Österreich sehr wohl verbürgt gentechfreies Saatgut an. »Bauern, kauft in Österreich!«, betitelte die Arbeitsgemeinschaft bäuerliche Landwirtschaft im Frühjahr 2005 eine Presseaussendung, um auf die Problematik aufmerksam zu machen. Ein Fallbeispiel: Das französische Unterneh-

---

35) Monsanto against Farmers, Center for Foodsafety, Washington 2005, *www.cfs.org* Die deutsche Übersetzung »Monsanto gegen Bauern« ist auf der Website *www.abl-ev.de/gentechnik* abrufbar.

36) Prof. Michael Duffy im E-Mail-Interview am 06.07.2005

37) Dr. Rene Van Acker im E-Mail-Interview am 19.08.2005

men RAGT mit einer Vertriebsorganisation für Österreich und Deutschland lieferte aufgrund eines persönlichen Kontakts zertifiziertes gentechfreies Maissaatgut an einen Landwirt in Brandenburg. Als andere Bauern ebenfalls nach Lieferungen mit dem Zertifikat fragten, war der Geschäftsführer alles andere als begeistert und bedauerte schon fast die Lieferung nach Brandenburg. Ein Vergleich der österreichischen Homepage www.ragt.at und der Seite für Deutschland www.ragt.de zeigt tatsächlich Ungereimtheiten auf. So werden in Österreich gleich mehrere Sorten angepriesen, die sogar in Bio-Qualität erhältlich seien. Auf der deutschen Website findet sich bei denselben Sorten kein Hinweis auf eine derartige Verfügbarkeit oder überhaupt auf gentechfreies Saatgut. Und RAGT ist beileibe kein Einzelfall. Die AbL vermutet »kartellrechtlich problematische Absprachen« zwischen den deutschen Pflanzenzüchtern.[38] Das bestätigt der Bundesverband deutscher Pflanzenzüchter natürlich nicht, räumt aber ein, dass sie keine Garantie mehr auf Gentechnik-Freiheit abgeben. Wörtlich heißt es in einer Stellungnahme: »Kein Züchter und kein Landwirt kann für die Freiheit von unerwünschten Fremdeinträgen garantieren. Aus diesem Grund existieren sowohl für die landwirtschaftliche Produktion als auch für die Produktion von Saatgut geeignete Schwellenwerte.« Auf weitere Nachfrage stellte sich dann heraus, dass GV-Verunreinigung »derzeit kein Problem darstellt«, da erst geringe Mengen von GV-Mais angebaut werden. »Eine solche Vermischung könnte generell nur beim Züchtungsunternehmen selbst erfolgen und würde durch die internen Qualitätssicherungssysteme frühzeitig entdeckt werden«, so der Verband. Auch bei der Einkreuzung gaben die Pflanzenzüchter Entwarnung. Ein Problem – und zwar unabhängig von der Kulturart – würde am ehesten bei Vermischungen mit nicht vermehrungsfähigen GVO-Spuren, also Staub, Resten aus Futtermitteltransporten etc. entstehen. Fazit: Reines Saatgut vorhanden, aber keine Garantie mehr für deutsche Bauern.

Die deutschen Züchter geben der Politik an dieser Situation die Schuld, da der Gesetzgeber bislang seiner »Regelungspflicht hinsichtlich Schwellenwerte für GVO-Anteile in Saatgut nicht nachgekommen« sei. In Österreich hingegen gilt ein Grenzwert von 0,1 Prozent. Eine EU-Regelung gibt es noch nicht. Fakt ist, dass in Deutschland, aber auch auf EU-Ebene hinter den Kulissen ein Tauziehen zwischen verschiedenen Interessensgruppen um die Festlegung von Grenzwerten für die Kennzeichnungspflicht herrscht. So plädieren Gentech-Kritiker für einen EU-weit bindenden Schwellenwert von maximal 0,1 Prozent, andere Gruppen für 0,3 Prozent und wiederum andere für eine Kennzeichnungspflicht, die erst ab 0,8 Prozent GV-Einmischung greifen würde. De facto gilt heute in Deutschland Nulltoleranz.

38) Des Pudels Korn, Telepolis 27.05.2005

Benedikt Haerlin von der deutschen »Zukunftsstiftung Landwirtschaft« fasst die paradoxe Situation treffend zusammen: »Es besteht also derzeit die absurde Situation, dass eine Garantie der Einhaltung der rechtlichen Bestimmungen der EU in dem vom Bundeskartellamt – gegen den damaligen Protest des Bauernverbandes – genehmigten AVLB (Allgemeine Verkaufs- und Lieferbedingungen für Saatgut) expressis verbis ausgeschlossen wurde. Dennoch halten sich die Saatgut-Unternehmen grundsätzlich an diese gesetzlichen Bestimmungen. Allerdings entsteht durch die Formulierung eine zivilrechtliche Haftungslücke, die möglicherweise private Schadensersatzklagen von betroffenen Landwirten erschwert, falls ihnen gentechnisch verunreinigtes Saatgut verkauft wurde.«

Die »gentechfreien« Landwirte ziehen in dieser Frage zusehends den Kürzeren. In Hessen flog im Frühjahr 2005 der bis dato ziemlich einmalige Fall auf, dass statt einer herkömmlichen Maissorte des Pflanzenzucht-Konzerns Pioneer Mais verkauft wurde, der mit »beachtlichen Mengen« des insektenresistenten GV-Mais Mon810 belastet war. Wie die AbL berichtet, nahm das hessische Landwirtschaftsministerium daraufhin aber nicht den Hersteller, sondern die Bauern in die Pflicht, welche die Vorgaben des Gentechnikgesetzes einzuhalten hätten, obwohl ihnen der verunreinigte Mais »illegal untergejubelt« wurde. »Nicht die betroffenen Bauern sind hier in der Pflicht, die Fehler der Gentech-Industrie zu bezahlen, sondern Pioneer lieferte ein fehlerhaftes Produkt und hat somit für die Folgen aufzukommen«, forderten Bauernvertreter, was aber wenig half. Der Fall zeigt jedenfalls drastisch, wie sehr Landwirte auf eine klare Deklaration von Saatgut angewiesen sind.

Auch beim Verkauf der Ernte kommt es zu einer rechtlich schwierigen Situation. Viele Bauern sind verpflichtet, gentechnikfreies Saatgut anzubauen, bekommen dafür aber keine Bestätigung. Wenn sie ihre Ernte an dieselben Landhändler (Zwischenhändler zwischen Züchtern und Bauern) verkaufen, müssen sie mit ihrer Unterschrift für gentechnikfreie Ware bürgen – zumindest bei Raps. Die Nachfrage Tausender deutscher Bauern, die für Markenprogramme garantiert gentechnikfrei produzieren müssen, und ebenso für die 15.000 Bauern, die sich in den mittlerweile 67 gentechnikfreien Regionen freiwillig für den Verzicht auf Gentechnik ausgesprochen haben, wird ausgehebelt.

Interessanterweise schränkt die gängige Praxis der Züchter auch die Entwicklungsmöglichkeiten der eigenen Branche in gewisser Weise ein, zumindest in den Bereichen biologisch-dynamischer und konventioneller Pflanzenzüchtung. Denn die generelle Verweigerung einer Garantie für Saatgutreinheit hat gravierende Folgen für die Züchter. Die kleinste Verunreinigung am Anfang einer Zuchtlinie kann sich dramatisch auswirken. Ein Problem, das man verschiedentlich bereits aus den USA kennt. Einen Verdrängungswettbewerb zum

Nachteil kleinerer und mittlerer Zuchtbetriebe will der Branchenverband zwar definitiv nicht sehen, wer aber außer den großen Gentech-Konzernen kann sich denn die aufwändigen Entwicklungs-, Genehmigungs- und Prüfverfahren für genmanipulierte Pflanzen leisten? Also doch eine systematische Verdrängung reinen Zucht- und Saatguts oder bloße Verschwörungstheorie der Kritiker?

## 2.3 Künstliche Verknappung von Futtermitteln

In der Saatgut-Causa wurde der Schwarze Peter an die deutsche Politik weitergespielt. Doch auch bei Futtermitteln kommt es zu merkwürdigen Vorfällen. Anders als bei Saatgut gibt es für die Kennzeichnung von Lebens- und Futtermitteln bereits EU-weit gültige Vorschriften. Seit 1. April 2004 ist die neue EU-Verordnung Nr. 1829/2003 in Kraft. Danach sind Lebens- und Futtermittel kennzeichnungspflichtig, die »aus« einem GVO hergestellt sind. Die Schwellenwerte wurden bei 0,9 Prozent angesetzt. Doch die Art, wie manche Futtermittelhersteller die neue Kennzeichnungspflicht in Deutschland umsetzten, sorgte für erhebliche Verwirrung unter Deutschlands Landwirten. Greenpeace deckte 2004 einen recht seltsamen Fall auf. Danach hatte die Ölmühle Bunge Deutschland GmbH, Teil eines international agierenden Konzerns mit Hauptsitz New York, ihre gentechnikfreie Ware als genmanipuliert deklariert und nur einen kleinen Teil als GVO-frei – mit sattem Preisaufschlag – an Landwirte verkauft. Die Ölmühle stellte laut Greenpeace aber im April 2004 komplett auf die Verarbeitung zertifizierter gentechnikfreier Soja um. Dabei handelt es sich um so genannte Hard-IP (Identity Preservation) Soja, deren Herkunft zurückverfolgt werden kann bis ins gentechnikfreie Nordbrasilien. Daraus produziert Bunge gentechnikfreies Soja-Öl für die Lebensmittelindustrie, Soja-Schrot ist ein Nebenprodukt. Während Bunge Lebensmittelherstellern Non-GV-Speiseöl garantiert, sieht es bei Schrot anders aus. »Nur etwa ein Fünftel des gentechnikfreien Soja-Schrots verkauft der Konzern auch als gentechnikfrei weiter«, kritisierten die Umweltaktivisten. Die weitaus größere Menge wird mit dem Vermerk »hergestellt aus gentechnisch modifizierten Sojabohnen« verkauft.

Greenpeace untersuchte 16 Proben vom Sojaschrot der Bunge Ölmühle Mannheim. Das Ergebnis: Etwa ein Viertel der Proben war komplett gentechnikfrei. »Der Anteil der Gen-Soja lag bei den übrigen Proben meist noch unter 0,1 Prozent«, so Greenpeace. Bei Stichproben anderer Firmen wie Deuka (Worms/Rheinland-Pfalz) und der Raiffeisen-Warenzentrale (Wiesbaden/Hessen) war es ähnlich. Nicht oder weit unter dem Schwellenwert kontaminierte Futtermittel wurden als Gen-Futter deklariert. Die Hersteller argumentierten, dass »in der Regel neben nicht-kennzeichnungspflichtiger auch kennzeichnungspflichtige Ware« bezogen und verarbeitet werde. Eine lückenlose Trennung in allen Stufen des Transports, der Lagerung und der Verarbeitung sei aber fast unmöglich. Und: »Angesichts hoher Strafen, die bei Nicht-Kennzeichnung von so genannter GVO-Ware drohten, stellt die Herstellung von nicht kennzeichnungspflichtigem Futter keinen Anreiz dar.«[39] Bei den von Greenpeace festgestellten minimalen Werten würden die Hersteller jedoch jedenfalls auf der rechtssicheren Seite stehen.

Zudem drängt sich die Frage auf, warum ein Unternehmen, wenn es schon »überkorrekt« agiert und quasi vorsichtshalber sauberes Soja als Gen-Soja deklariert, auch gentechnikfreie Ware Landwirten als Futtermittel mit Aufschlägen verkauft. Bunge kassierte jedenfalls für jede Tonne der vermeintlich raren gentechnikfreien Ware vier Euro mehr, kritisierte Greenpeace. Die marktpolitische Interpretation derartiger Vorgänge durch die Umweltaktivisten ist nicht uninteressant: »Durch den künstlich erhöhten Preis sinkt die Nachfrage. Dadurch steigt der Preis erneut für die wenigen Landwirte, die trotzdem gentechnikfreies Futter anfordern. Durch den hohen Preis bedrängt Bunge Landwirte und Futtermittelhersteller, die gentechnikfreie Fütterung ihrer Tiere aufzugeben. Auf diesem Wege erzwingt Bunge – einer der größten Sojahändler weltweit – einen Absatzmarkt für die bisher wenig akzeptierte ›Gen-Soja‹.«

Ein Blick auf die Website des Unternehmens zeigt: 2005 verlangt es bereits acht Euro Aufschlag für die »non-GMO«-Futtermittel, also doppelt so viel wie im Vorjahr.[40]

Greenpeace schlug damals übrigens einen recht passablen Kompromiss vor. Danach sollten Futtermittelhersteller, die freiwillig ihr Futter als »genmanipuliert« kennzeichnen, zumindest deutlich machen, dass der Gen-Anteil unter dem EU-Grenzwert liegt. Sehr viel hat sich in diese Richtung jedoch nicht bewegt. Inzwischen gibt es allerdings eine gemeinsame Initiative mit der Arbeitsgemeinschaft bäuerliche Landwirtschaft für Bezugsquellen von gentechnikfreien Futtermitteln. Dort kann jeder Landwirt Anbieter in seiner Nähe finden. Die Großen am deutschen Markt blockieren aber weiterhin. Ende September 2005 demonstrierten Landwirte auf dem Gelände des Raiffeisenverbandes in Bonn gegen dessen Pro-Gentechnik-Kurs. Die Bauern versperrten den Haupteingang des Verbandes mit zwei Traktoren, einer Kuh und Futtermittel-Säcken und forderten auf Plakaten »Wir wollen gentechnikfreie Futtermittel!« Seit Beginn der Kennzeichnungspflicht für gentechnisch veränderte

39) Das ergab eine diesbezügliche Anfrage des Zentralverbands deutscher Schweinezüchter bei verschiedenen Futterherstellern.

40) *www.bunge-deutschland.de*, Stand 11.09.2005

Futtermittel im April 2004 weigert sich der größte deutsche Futterhändler nämlich beharrlich, gentechnikfreie Futtermittel zu verkaufen, obwohl er diese eingelagert hat, wie Vertreter der Landwirte betonen.

Betroffen von den eigentümlichen Praktiken diverser Futtermittelanbieter sind primär konventionell wirtschaftende Landwirte, da sie in größerem Umfang auf den Zukauf angewiesen sind als Bio-Bauern.

## 2.4 Kostspieliges Nebeneinander

Deutsche Bauern haben es demnach bereits jetzt nicht mehr so leicht, gentechfrei zu arbeiten. Wie aber wird die Situation erst aussehen, wenn gentechnisch veränderte Pflanzen dann tatsächlich auf größeren Flächen wachsen? Können Gentech-, konventionelle und biologische Landwirtschaft friedlich nebeneinander existieren? An dieser Gretchenfrage scheiden sich die Geister.

Im Vergleich zu anderen Ländern wie den USA, Kanada oder Argentinien verfügt Kern-Europa kaum über weitläufige Anbaugebiete. Überall dort, wo die Landwirtschaft von kleinen und mittleren Betrieben geprägt ist, gestaltet sich Koexistenz schwierig – und vor allem kostspielig.

Die EU-Kommission ließ 2002 einige Szenarien vom Joint Research Centre (JRC) im Modell durchrechnen.[41] Die Ergebnisse fielen nicht im Sinne der biotechfreundlichen Brüsseler Machtträger und der Bürokratie aus. Deshalb verwundert es kaum, dass die Studie erst über verschlungene Wege an die Öffentlichkeit gelangte. Grundtenor der Forscher: Koexistenz ist in der EU grundsätzlich machbar, aber sie ist nicht umsonst. Aufwand und Kosten werden stark von der Pflanzenart und deren biologischen Eigenschaften abhängen, ebenso wie von Größe und Bewirtschaftung eines Betriebs. Insgesamt sechs Einzelstudien legte das Forschungszentrum vor. Unter der Annahme, dass in einer bestimmten Region der Anbau von GVO-Pflanzen erst zehn und später 50 Prozent beträgt, wurden folgende Beispiele analysiert:

- Raps für die Saatguterzeugung,
- Mais zur Verwendung als Futter- und Lebensmittel,
- Kartoffeln für den Verzehr und für die Verarbeitung.

Wie hoch sind die zu erwartenden Beimischungen aus GVO in den jeweiligen konventionellen Produkten? Ist es grundsätzlich möglich, einen vorgegebenen Schwellenwert für unerwünschte GVO-Beimischungen zu erreichen? Welche

41) Die Studie ist inzwischen im virtuellen Nirwana des EU-Servers verschwunden, aber bei manchen alternativen Portalen noch abrufbar:
*http://www.genfood.at/download/jrc_2002_coexistence_report.pdf*
Eine gute Zusammenfassung findet sich zudem auf *www.transgen.de*.

Maßnahmen sind dazu erforderlich und was kosten sie? So lauteten die grundlegenden Fragestellungen, die unter Berücksichtigung der verschiedenen Verunreinigungsquellen (Saatgut, Pollenflug, Ernteverlauf etc.) beantwortet werden sollten. Bei allen Szenarien (auch bereits bei zehn Prozent GVO-Anbau) stellte sich heraus, dass die von Vertretern des ökologischen Landbaus geforderten Grenzwerte von 0,1 Prozent nicht einzuhalten sein werden. Wenn überhaupt, dann nur mit Kostensteigerungen von bis zu 40 Prozent.

Bei Kartoffeln ist das Auskreuzungsproblem grundsätzlich gering, eine Schwellenwerteinhaltung von 1 Prozent ohne besondere Vorkehrungen für konventionelle und ökologische Produktion machbar. Ein GVO-Anteil von 0,1 Prozent wird aber praktisch kaum möglich sein. Ein Schwellenwert von 1 Prozent bei Lebens- und Futtermitteln ist aufgrund der hohen Saatgutreinheit und bewährter Trennungsverfahren im Bio-Maisanbau zu erreichen, die konventionelle Landwirtschaft hingegen müsste bei 50 Prozent GV-Anbau aufwändige Vorkehrungen treffen. Bei Raps könnte Ausfallsraps dem Öko-Landbau schwer zu schaffen machen.

Selbst so vehemente Befürworter wie Klaus Ammann bezweifeln inzwischen die Möglichkeit einer Koexistenz bei Raps und Mais: »Bei Raps oder Mais, deren Pollen sehr weit fliegen können, ist eine saubere Trennung in der Tat problematisch. Hier werden bereits pollensterile Sorten entwickelt, die eine Auskreuzung verhindern. Solange diese Sorten nicht auf dem Markt sind, ist die Koexistenz von Gentech-Pflanzen einerseits und konventioneller oder Bio-Landwirtschaft andererseits in Gegenden mit kleinräumiger Agrarstruktur wie in der Schweiz, Österreich oder Süddeutschland allerdings in Frage gestellt und bräuchte ein neues Management.«[42]

Doch gerade dieses »neue Management« kostet. Und: Hinsichtlich der Kostenkalkulation macht es kaum einen Unterschied, ob zehn Prozent oder 50 Prozent der landwirtschaftlich genutzten Flächen mit GVP kultiviert werden. Die Frage aber ist, wer zahlt? In kleinräumigen Strukturen müsste man sich bei GV-Anbau wohl oder übel von lieb gewonnenen Reinheitsstandards verabschieden: »Schwellenwerte nahe an der Null-Prozent-Toleranz werden gerade in einer kleinteiligen Landwirtschaft mit unabhängigen Betrieben kaum bis gar nicht finanzierbar sein. Die Kosten für die Vermeidung und Kontrolle gentechnischer Verunreinigungen des Saatgutes und der Ernte wären gerade denen aufgebürdet, die keine Gentechnik einsetzen. Benachteiligungen im besonderen Maße würden dabei kleine und mittlere Betriebe in der Land-

42) Kommentar von Klaus Ammann im Rahmen der taz-Serie »Grüne Gentechnik«: Rein in die Kartoffeln oder raus?, Ersch. in taz Nr. 7364, 22.05.2004
Anm.: Pollensterile GV-Sorten sind nicht ganz einfach zu realisieren, zumal auch mit dem so genannten Gene-Silencing-Effekt gerechnet werden muss. Das heißt, dass diese Eigenschaft nicht immer stabil ausgeprägt ist und sich trotzdem verbreiten könnte.

wirtschaft treffen, sowie Landwirte, die ihr Saatgut selbst nachbauen«, resümiert eine Studie bezogen auf die Situation in den EU-Ländern.[43]

Einmal mehr zeigt sich, dass GVP-Einführung einer Fall-zu-Fall-Beurteilung bedarf. Warum in diversen Gegenden Deutschlands mit vergleichsweise niedrigem Schädlingsdruck GV-Mais angebaut werden soll, lässt sich in Hinblick auf eine Risiko-Nutzen-Analyse kaum argumentieren. In südlicheren Lagen, wo ein stärkeres Schädlingsproblem festzustellen ist, spricht wiederum die oftmals kleinräumige Landwirtschaft gegen einen GV-Maisanbau.

Viele europäische Bauern, die konventionell oder biologisch produzieren wollen, befürchten deshalb durchaus nachvollziehbar eine Verschlechterung ihrer Situation, sollte die GV-Einführung vorangetrieben werden.

Ein Blick nach Spanien hilft ihnen bei der Einschätzung der faktischen Koexistenz-Möglichkeit auch nicht wirklich weiter, obwohl es das einzige europäische Land mit einer etwas größeren GV-Maisanbaufläche ist. Etwa sieben Prozent der gesamten Maisanbaufläche Spaniens macht insektenresistenter Maisanbau aus. Er wird in Regionen angebaut, in denen er vorrangig für Futterzwecke geerntet wird und die Abnehmer kaum zwischen GV oder nicht GV differenzieren. Mais für Lebensmittel hingegen kommt aus anderen Regionen, in denen kein oder nur sehr wenig Bt-Mais kultiviert wird. Da deshalb keine speziellen Maßnahmen getroffen werden, liefert das Fallbeispiel Spanien auch keinen Hinweis auf Praktikabilität oder Kostenfragen der Koexistenz.[44]

Und der Status quo in Deutschland? 2003 verweigerte die größte Standesvertretung, der Deutsche Bauernverband, seine Unterschrift unter ein Memorandum, das GV-Mais-Anbau auf einer größeren Fläche in Sachsen-Anhalt besiegeln sollte. In einer Aussendung wurde das »einseitige Vorgehen« scharf kritisiert.

## 2.5 Versicherungen blocken ab

Zank in den Dörfern und Landwirte in der Zwickmühle. Das ist die vorläufige Bilanz der grünen Gentechnik in Deutschland. Alles nur Hysterie? Was sagen eigentlich jene, die ganz pragmatisch an die Sache herangehen, die nicht direkt betroffen sind und weder ein spezielles Interesse an Einführung noch an Nicht-Einführung haben? Versicherungen zum Beispiel. Das Ergebnis von Umfragen bei europäischen Versicherungsgesellschaften fällt eindeutig aus. Privatwirtschaftliche Versicherungen bieten keinerlei Schutz für GVO-Haftungsschäden für Landwirte an. Die meisten Versicherungen gehen davon aus, dass eine rela-

43) Koexistenz von gentechnisch veränderten, konventionellen und biologisch angebauten Kulturpflanzen in der österreichischen Landwirtschaft. Handlungsempfehlungen aus ökologischer Sicht, Kathrin Pascher, Marion Dolezel, Wien, März 2005, Forschungsbericht im Auftrag des österreichischen Gesundheitsministeriums

44) Ebda.

tiv hohe Schadenshäufigkeit eintreten wird und die Schadenshöhe schlecht kalkulierbar ist. Da die GVO-Saatgutunternehmen ebenfalls die Haftungsübernahme verweigern, sind die Landwirte das schwächste Glied in der Kette. Das sieht auch die Münchener Rück so, einer der weltweit größten Rückversicherer. Das Risiko von Auskreuzung oder Pollenflug stuft sie als vorhersehbar und unvermeidbar und deshalb nicht versicherungsfähig ein. Auszüge aus dem Antwortschreiben[45] im Wortlaut:

Sehr geehrte Frau Zarzer,

vielen Dank für Ihre Anfrage. Dazu kann ich Ihnen folgendes Statement der Münchener Rück geben:

Die Kernaussagen der Münchener Rück zur »Grünen Gentechnik« und insbesondere zur Novellierung des deutschen Gentechnikgesetzes sind wie folgt:

(...)

- Die Frage der Versicherbarkeit wird derzeit heftig diskutiert. Laut GDV (Gesamtverband deutscher Versicherungen) gibt es erhebliche Bedenken, ob das Risiko der Auskreuzung (Pollenflug) beziehungsweise der Vermischung versicherbar ist. Ein Grund: Eine Haftpflichtversicherung deckt in der Regel nur »unvorhergesehene Risiken« ab. **Mit dem Anbau von Genpflanzen ist aber – laut GDV – ein »vorhersehbares, unvermeidbares« Risiko der Auskreuzung und Vermischung verbunden.** Dieses Risiko sollte eher den Produktionskosten zugerechnet werden.
- Die Münchener Rück sieht sich im Einklang mit dem GDV und dessen Bedenken. Einen allgemeinen Gentechnik-Ausschluss gibt es bei der MR jedoch nicht. Risiken unterliegen einer fallweisen Betrachtung und Beurteilung.
- **Die Bauern sind unserer Meinung nach das schwächste Glied in der Kette;** bestehende übliche Deckungssummen für landwirtschaftliche Betriebe müssten zur Deckung von Gentechnikrisiken erhöht werden, was eine finanzielle Belastung für die Bauern bedeuten würde. Die Versicherungswirtschaft könnte sich in einem solchen Fall eher zurückhaltend zeigen.

Ich hoffe, wir konnten Ihnen damit weiterhelfen.

Mit freundlichem Gruß
Florian Wöst, Pressesprecher Münchener Rück

Fazit: Während viele Wissenschaftler und Agro-Konzerne das Risiko von Vermischungen und Kontamination gerne klein reden, ist den Versicherungen die Sache zu heiß. Wer aber soll dann haften, wer soll zahlen? Der unter Grünen-Ministerin Renate Künast erarbeitete Gesetzesentwurf sieht eine gesamtschuldnerische Haftung vor, das heißt, die Landwirte, welche GVP anbauen,

45) Florian Wöst, E-Mail am 02.08.2005

sollen in einen Topf einzahlen, woraus mögliche Schäden bezahlt werden. Die CDU/CSU, welche u. a. diesen Gesetzesteil mit ihrer Mehrheit im Bundestag blockierte, hat etwas ganz anderes vor. Ihrer Meinung nach sollen nämlich vor allem die Steuerzahler und GV-Bauern zur Kasse gebeten werden, die Erzeuger-Unternehmen können sich beteiligen, müssen aber nicht. Ähnliche staatliche Anschubfinanzierungen gab es auch in Dänemark und den Niederlanden. Offen ist, ob solche Subventionen EU-rechtskonform sind. Auf jeden Fall wird es die Union schwer haben, den Menschen in Deutschland, die Genfood mehrheitlich ablehnen, zu erklären, dass sie für etwas, das sie gar nicht wollen, auch noch extra bezahlen müssen. Die Industriegewerkschaft Bergbau, Chemie, Energie (IG-BCE) lehnte den CDU-Vorschlag postwendend ab, da er »Landwirte und Steuerzahler« einseitig belaste.[46] Dagegen werden die herstellenden Unternehmen von der Haftung für Risiken des Anbaus gentechnisch veränderter Pflanzen ausgenommen, obwohl diese schon die Bereitschaft signalisiert haben, in einen Haftungsfonds einzuzahlen. Eine merkwürdige Politik, die lieber Steuerzahler und eigene Wähler anzapft, als sich von den Verursachern Geld zu holen, das diese sogar freiwillig anbieten.

## 2.6 Öko-Landbau: Gefährdete Alternative?

Am stärksten bedroht von grüner Gentechnik fühlen sich die europäischen Biobauern. Sie unterliegen strengen Auflagen, haben oft erst vor wenigen Jahren hohe Summen in eine Umstellung investiert und könnten aufgrund steigender Kosten die größten Verlierer sein. Probleme bereiten Verunreinigung von Saatgut, Kontamination durch Pollenflug etc. und Vermischungen bei Liefer- und Verarbeitungsprozessen. Die erheblichen Aufwendungen für Laboruntersuchungen zur Qualitätssicherung müssten an den Verbraucher weitergegeben werden. Und obwohl immer mehr Konsumenten bereit sind, für Öko-Produkte etwas tiefer in die Tasche zu greifen, könnte bei weiteren Preissteigerungen die Konkurrenzfähigkeit empfindlich geschwächt werden.

Dabei bietet gerade der ökologische Landbau eine Reihe von Vorteilen gegenüber der industrialisierten Landwirtschaft. Ideologische Basis für die ökologische Produktion bildet die Kreislauftheorie. Ziel ist das Wirtschaften in Stoffkreisläufen. Der Öko-Betrieb strebt Erträge an, indem er so wenig wie möglich Hilfsstoffe und Energie von außen zuführt beziehungsweise zukauft. Es sollen so viele Tiere gehalten werden, dass mit dem anfallenden Dünger die Böden mit organischem Material und Nährstoffen versorgt werden können. Das auf eigenen Flächen gewachsene Futter ist wiederum die Voraussetzung für eine gesunde Nutztierhaltung. Durch die Erhaltung beziehungsweise Stei-

46) Für Gentech haftet der Steuerzahler, taz Nr. 7764 vom 9.9.2005, Seite 9

gerung der Bodenfruchtbarkeit können Erträge erzielt werden, die dem Standort entsprechen. Verboten ist der Einsatz chemisch-synthetischer Pflanzenschutzmittel und leicht löslicher Mineraldünger, zudem ist der Zukauf an Futtermitteln eingeschränkt. Das alles mag schlecht für die Umsätze der chemischen und Futtermittel-Industrie sein, bietet aber wesentliche Vorteile für Konsument und Umwelt. Rechtlich ist der Biolandbau EU-weit einheitlich in der EU-Verordnung (EWG) Nr. 2092/91 geregelt. Strenge Kontrollen gewährleisten die Einhaltung der hohen Standards.

Aus ökologischer Sicht schneidet der Biolandbau signifikant besser ab als der konventionelle Landbau. Das österreichische Umweltbundesamt (UBA) weist auf zwei umfassende aktuelle Studien hin, die dies belegen. Eine stammt aus dem Jahr 2000 und basiert auf einer Auswertung von insgesamt 400 wissenschaftlichen Arbeiten. In keinem einzigen Bereich gab es schlechtere Werte. Im Gegenteil: Vielfach erzielte der Öko-Landbau bessere Ergebnisse, etwa bei Energieverbrauch, Pestizideinträgen in Grundwasser etc.

Die bisher umfangreichste Übersicht über die ökologischen Vorzüge des biologischen Landbaus gibt eine Studie der UNO-Welternährungsorganisation (FAO) aus dem Jahr 2002. Das UBA stellte darauf basierend die Detailergebnisse in nachfolgender Tabelle zusammen:

| Bereich | Prozessqualität im ökologischen Landbau |
|---|---|
| Boden | Höherer Humusgehalt, bessere physikalische Stabilität und besseres Wasserrückhaltevermögen – geringeres Risiko für Erosion. |
| | Höhere biologische Aktivität, mehr Biomasse, rascheres Recycling von Nährstoffen, bessere Bodenstruktur. |
| | Höhere Mykorrhizierung. |
| Wasser | Kein Risiko von Pestizidausträgen in Grund- und Oberflächenwasser. |
| | Leaching-Raten für Nitrat wesentlich tiefer. |
| Luft | Treibhausgase sind reduziert, weniger reaktive organische Substanzen von Pestizidanwendungen. |
| | Tendenziell eine höhere $CO_2$-Rückbindung in den Boden. |
| Energie | Deutlich geringerer Verbrauch an direkter (Treib- und Schmierstoffe) und indirekter Energie (Dünger- und Pestizidproduktion) pro Fläche. |
| | Energienutzungseffizienz (Energie pro Menge) hoch; mit Ausnahme weniger Kulturen höher als konventionell. |
| Biologische Vielfalt (Biodiversität) | Landwirtschaftliche genetische Ressourcen, inkl. Insekten und Mikroorganismen, sind höher. |
| | Wildflora und -fauna sind diverser und häufiger. |
| Landschaft | Ökolandbau-Systeme tragen zu einer diversifizierten Landschaft bei. |
| | Ökologische Flächen vernetzen besser naturnahe Biotope. |

Leider gibt es keine Vergleichsstudien, die auch den GVP-Anbau mit einbeziehen würden. Da chemisch-synthetische Mittel im Bio-Anbau nicht verwendet werden dürfen, wird diese Landwirtschaftsform im Bereich Pestizideinträge in Grundwasser mit Sicherheit besser abschneiden. Bei der Wildflora und -fauna ebenso, zumal ja in der Gentech-Wirtschaft Breitbandherbizide zum Einsatz kommen, die eben alles vernichten außer der GVP selbst. Interessant wären Vergleichsdaten zum Energieverbrauch und zur Bodenbeschaffenheit. Was das Kriterium der Nachhaltigkeit betrifft, hat der Bio-Landbau allein aufgrund seiner grundsätzlichen Ausrichtung die Nase vorn. Wie gezeigt, bieten HT-Sorten nur einen vorübergehenden Vorteil. Sobald resistente oder schwierig zu bekämpfende Unkräuter auftauchen, könnten Anfangsvorteile gegenüber der konventionellen Landwirtschaft (ökologisch »verträglichere« Herbizide, bodenschonendere Verfahren) rasch wieder aufgehoben sein.

Allerdings gibt es auch im ökologischen Landbau noch Bereiche mit dringendem Handlungs- und Lösungsbedarf, beispielsweise in der Anwendung von Kupferpräparaten, die sowohl in ökologischer als auch in gesundheitlicher Hinsicht problematisch sind. Kupferhaltige Mittel werden beispielsweise im ökologischen Weinbau eingesetzt. Die EU strebt ein Verbot dieser Substanzen an, die Bioverbände in der Schweiz und Österreich haben inzwischen vergleichsweise niedrige Höchstgrenzen angesetzt. Forschungen zur Entwicklung von Alternativen laufen. Für viele ökologischere Alternativen zum Kupfereinsatz ist die praktische Anwendung im großem Maßstab aber noch ein Hindernis, berichten Experten.[47]

Ein weiterer Pluspunkt der ökologischen Landwirtschaft sind positive Arbeitsplatzeffekte. Für Deutschland gibt die Standesvertretung an, in den vergangenen Jahren 150.000 Arbeitsplätze geschaffen zu haben. Dagegen ist die grüne Gentechnologie eine Rationalisierungstechnologie, die Arbeitsplätze kostet.[48]

## 2.7 Erträge im Vergleich

Ein Argument, das immer wieder gegen den Bio-Landbau vorgebracht wird, ist die angeblich geringere Ertragsleistung. Wie viel Ertrag ein Landwirt erwirtschaften kann, ist von vielen Faktoren abhängig, die nicht direkt mit der Kulturpflanze zu tun haben. Wetter, Wasserverfügbarkeit usw. spielen eine wichtige Rolle. Dennoch wird die Ertragsleistung einer Kulturpflanze heute herangezogen, um Vergleiche ziehen zu können. Einzelstatistiken sind zwar

47) Vgl.: Alternativen zu gentechnisch veränderten Pflanzen, Studie erstellt im Auftrag des österreichischen Umweltbundesamts, Wien 2002

48) Vgl. Kapitel: Jobwunder?

hilfreich, um sich eine grobe Orientierung zu verschaffen, blenden aber den Chemie-bedingten Verlust von Wildkräutern, Biomasse etc. aus. So produziert die Intensivlandwirtschaft kaum Heu, das als Futtermittel verwendet werden könnte. Die extern zugekauften Futtermittel müssen natürlich auch von irgendwo herkommen. Stichwort: importierte Soja für Kraftfutter. Solche Faktoren sollte man zumindest im Hinterkopf behalten, um zu einer ausgewogenen Gesamtbeurteilung von Ertragsstatistiken zu gelangen.

Im Gegensatz zur allgemein verbreiteten Annahme, dass Biolandbau wesentlich geringere Erträge liefert, stehen die Ergebnisse einiger neuerer Studien. Danach braucht sich der Biolandbau selbst beim Vergleich der Erträge einzelner Kulturpflanzen nicht zu verstecken. Sehr interessant – gerade in Hinblick auf Bt-Baumwoll-Anbau – ist eine vergleichende Untersuchung zum Baumwollanbau in Ägypten, die zeigte, dass der Streifenanbau mit Baumwolle und anderen Kulturen wie Basilikum, Chili, Pfeffer und Zitronengras vor allem für biologisch wirtschaftende Betriebe ökonomische und pflanzenbauliche Vorteile bringt. Das Ertragsniveau war teilweise sogar höher als bei konventionellem Baumwollanbau. Die biologisch bestellten Felder wiesen einen signifikant niedrigeren Schädlingsbefall auf. Die Nützlingspopulation war höher. Gegen den Baumwollkapselwurm, der in der grünen Gentechnologie mit der Bt-Strategie bekämpft wird, setzen Biobauern in Ägypten fallweise Pheromone[49] ein. Diese Stoffe verwirren den Schädling und seien im Vergleich zu herkömmlichen Insektizidbehandlungen ein wirkungsvolles Mittel zur Ertragssicherung, so der Studienautor.[50]

Auf ein anderes Beispiel, das einer genaueren Überprüfung wert wäre, wies Mae Wan Ho hin. Danach führte die Wirtschaftsblockade der USA seit den sechziger Jahren zu einem Mangel an Agrochemikalien. »So musste sich Kuba in großem Umfang auf organische Landwirtschaft umstellen. Auf einem Drittel der elf Millionen Hektar landwirtschaftlicher Nutzfläche verwendete man weiterhin Agrochemikalien, ein weiteres Drittel stellte man vollständig auf organischen Anbau um und beließ die übrige Anbaufläche im Übergang, das heißt, man bewirtschaftete sie halb agrochemisch, halb organisch. Die Hektarerträge des vollauf organisch bewirtschafteten Lands entsprechen denen mit hundert Prozent Agrochemie; die Erträge der Übergangsfelder hingegen sind nur halb so groß. Das beweist ganz eindeutig, dass organische Landwirtschaft

---

49) Einschränkend muss gesagt werden, dass Pheromone hinsichtlich langfristiger ökologischer Folgen noch nicht erforscht sind. In manchen Ländern ist aber der Einsatz von Pheromonen im ökologischen Landbau erlaubt.

50) Vergleichende Untersuchungen zum ökologischen Status des konventionellen und des biologischen Baumwollanbaues in Ägypten (Governorat Fayoum), zur Stabilisierung der Erträge und zur Wirkung der Pheromon-Verwirrung bei Pectinophora gossypiella (Lep. Gelechiidae), Curt Boguslawsik, Diss. Univ. Gießen 2002

sich auch im großen Stil bewährt – mit minimalem Energieverbrauch und geringen Auswirkungen auf die Umwelt«, so die britische Biochemikerin.[51]

Eine spannende Langzeitstudie führte der Schweizer Bodenökologe Paul Mäder vom Forschungsinstitut für biologischen Landbau in Frick durch, worüber selbst das Wissenschaftsmagazin Science 2002 ausführlich berichtete. Verglichen wurden konventioneller und biologischer Landbau. Die mittleren Ertragsraten über 20 Jahre waren im biologischen Landbau nur um 20 Prozent geringer, bei Winterweizen sogar nur um zehn Prozent. Bei Kartoffeln lag der Ertragsverlust höher. Beeindruckend sind die Ergebnisse allerdings erst, wenn man Dünger- und Pestizid-Mengen in die Rechnung mit einbezieht. Gegenüber dem konventionellen Anbau konnte der Einsatz von Düngemitteln und fossilen Energieträgern auf den Biofeldern um rund 50 Prozent gesenkt werden, der Anteil an Pflanzenschutzmitteln gar um 97 Prozent. Die Bodenqualität stellte sich im Vergleich zu konventioneller Bewirtschaftung in jeder Hinsicht als wesentlich besser heraus.[52]

Die jüngste publizierte Studie ärgert wahrscheinlich alle US-Farmer, die in den vergangenen Jahren auf GV-Soja und -Mais setzten und wenn überhaupt nur geringfügige Ertragssteigerungen verzeichnen konnten. David Pimentel, Agrarwissenschaftler an der renommierten Cornell University, führte unter Mitwirkung der Forschungsabteilung des amerikanischen Landwirtschaftsministeriums und eines Agrarökonomen eine interdisziplinäre Vergleichsstudie durch. Untersucht wurden ein konventionell wirtschaftender Betrieb und zwei unterschiedlich ökologisch wirtschaftende Betriebe. Die ersten vier Jahre waren die Maiserträge bei den organisch produzierenden Farmen niedriger. Das kehrte sich aber bald um, als negative Aspekte der konventionellen Bewirtschaftung zum Tragen kamen. Die Böden waren bald ausgelaugt, Erosion machte sich breit. Von 1988 bis 1998 fielen dann die Erträge bei Mais um 22 Prozent höher aus als auf den konventionell bewirtschafteten Feldern. Dieses positive Ergebnis kam von jener Öko-Farm, die konsequent auf Fruchtwechsel setzte. Keines der beiden Öko-Systeme setzte chemische Dünger oder Pestizide ein. Unterm Strich war der Output von Soja und Mais bei allen drei Systemen über die Jahre hinweg gleich. Biologischer Anbau hatte aber insgesamt die Böden geschont, mehr Wasser im Boden gebunden, das Grundwasser kaum belastet, weniger Erosion produziert, durchschnittlich 30 Prozent weniger fossile Energie verbraucht und bedeutend weniger $C0_2$ in die Luft entlassen, also auch einen wichtigen Beitrag zur Klimagesundheit geleistet. Schließlich verdienten die biologischen Farmer gleich und teilweise sogar mehr als die

51) Das Geschäft mit den Genen, Mae-Wan Ho 1999, S. 173. Die Biochemikerin beruft sich dabei auf Berichte von Vazquez Vega (1998).

52) Biolandbau erntet wissenschaftliche Lorbeeren, in: Basler Zeitung 30.05.2002

konventionell wirtschaftenden. Bei Soja, Mais, Weizen oder anderem Getreide biete ökologischer Landbau auf jeden Fall eine konkurrenzfähige Alternative, so Pimentel. [53]

Sollte es Europa nicht schaffen, dem ökologischen Landbau ausreichend Schutz zu gewährleisten, würde es eine in ökologischer und ökonomischer Hinsicht wertvolle Alternative verspielen.

## 2.8 Erfolgreiche Biozüchter

Selbst in der reinen Züchtung neuer Sorten können sich biologisch-dynamische Ansätze mit jenen der Gentechnik messen. Ein Paradebeispiel ist ein Weizenprojekt, das in der Schweiz im Herbst 2005 vorgestellt wurde. Ein Gentech-Forscher-Team hatte sich daran gemacht, Weizen gegen den gefürchteten Stinkbrand (Tilletia caries), einen Pilzbefall, zu schützen. Stinkbrand ist die älteste Getreidekrankheit und eines der großen Probleme in der Saatgutproduktion. In einem Feldversuch konnten die Forschenden der ETH Zürich zeigen, dass ein zusätzliches Gen die Pilzresistenz von Weizen im Freiland verbessert.[54] Zuvor veröffentlichte Studien wiesen zwar erhöhte Pilzresistenz im Gewächshaus nach, jedoch nicht im Freiland. Der transgene Weizen zeigte im Feldversuch eine um zehn Prozent höhere Resistenz. Das war innerhalb der Gemeinde der Gen-Ingenieure ein Riesenerfolg. Die Pressemeldung der ETH Zürich verschwieg aber die Resultate eines kleinen Teams von Biozüchtern, die ebenfalls eine Lösung für das Stinkbrand-Problem gesucht hatten.[55] Peter Kunz, ein weiterer Züchter und zwei ETH-StudentInnen konnten bei der von ihnen praktizierten klassischen Resistenzzüchtung eine nahezu 100-prozentige Resistenz erzeugen. Das Projekt kostete nur einen Bruchteil von jenem der Gentechniker. Der Biozüchter Kunz: »Wir haben Stinkbrandresistenzen aus Russland auf unser Zuchtmaterial übertragen und so einige Linien erzeugt, die gegen Stinkbrand voll resistent sind.«

Die Biozüchter geben zu bedenken, dass sowohl die gentechnische Variante als auch die eigene biologische zeitlich begrenzt sind: »Es muss jedoch davon ausgegangen werden, dass beide Resistenzen ohne Zusatzmaßnahmen nicht von Dauer sein werden, weil der Brandpilz die meisten Resistenzen innert weniger Jahre wieder durchbricht. Gefragt wäre deshalb vor allem ein vertieftes Verständnis der Interaktionen zwischen Weizenpflanze und Pilz.« Gen-Ingenieure müssen sich deshalb auch die Frage gefallen lassen, wie sinnvoll es

---

53) Organic farming produces same corn and soybean yields as conventional farms, but consumes less energy and no pesticides, Presseaussendung, Cornell University, 13.07.2005

54) Resistenz gegen Stinkbrand nachgewiesen, Peter Ruegg, ETHlife 09.09.2005

55) Website des Biozüchters Peter Kunz: *www.peter-kunz.ch*

ist, jahrelang an pilzresistenten Sorten zu manipulieren, die kaum Aussicht auf Erfolg haben. Dagegen scheint der Vorschlag der Biozüchter, an Bündelmaßnahmen zu arbeiten, wesentlich nachhaltiger. Selbst ein ETH-Forscher räumte in Interviews ein, dass das wichtigste Resultat dieses Projekts eigentlich in dem besseren Verständnis über molekularbiologische Zusammenhänge liege. Es sei darum gegangen zu sehen, wie die Gene funktionieren. Das Projekt habe einen Beitrag zur Grundlagenforschung geleistet. In der Schweiz räumt man der Entwicklung von gentechnisch veränderten Nahrungsmittelpflanzen inzwischen keine Priorität mehr ein.

# 3 Die Anwenderländer

Wie es in Europa kommen wird, müssen wir abwarten. Indes lohnt sich der Blick auf die Anwenderländer. Konnten die Landwirte profitieren? Wie reagierten die Konsumenten?

## 3.1 USA: Zwischen Technikbegeisterung und Unwissenheit

Eine parteiübergreifende Biotechnologie-freundliche Politik, der amerikanische Hang zum Neuen, hohes Vertrauen in die Nahrungsmittelproduzenten, eine für europäische Maßstäbe »Laisser-faire«-hafte Sicherheitsprüfung sowie das Fehlen einer Kennzeichnungspflicht erleichterten den Einstieg der Vereinigten Staaten in die Agro-Gentechnik. Bereits Anfang der 80er Jahre gab es die gesetzlichen Weichenstellungen für den Anbau von GVP. Mit der Einführung der Roundup-Ready-Sojabohne 1996 setzte der großflächige kommerzielle Anbau ein. Der Rest ist schnell erzählt. RR-Soja verbreitet sich rasant, zumal es mancherorts bereits schwierig ist, konventionelles Soja-Saatgut zu erhalten. 90 Prozent der Soja-Äcker sind inzwischen mit HT-Sorten bestellt. Die Anbaufläche bei Bt-Mais steigt nach kurzfristigen Einbrüchen ebenso kontinuierlich. Darüber hinaus gibt es noch GV-Baumwolle.[56] Bt-Mais liefert geringfügig höhere Erträge, die sich durchschnittlich im unteren einstelligen Prozentsegment bewegen.[57] RR-Soja fuhr in den ersten Jahren sogar niedrigere Erträge als konventionelle Sorten ein, was Forscher des amerikanischen Landwirtschaftsministeriums bestätigten. Die Behörde stellte bereits wenige Jahre nach der Einführung von GVPs fest, dass die meisten eingeführten Sorten entgegen den Industrieversprechungen keine wesentlich höheren Erträge brachten.

---

56) Aktuelle Statistiken sind auf der USDA-Homepage unter folgendem Link zu finden: *http://www.ers.usda.gov/data/biotechcrops/*

57) Vgl. Fernandez-Cornejo, Jorge und Jiayi Lin, »The Impact of Adopting Genetically Engineered Crops in the USA: The Case of Bt Corn.« Selected Paper to be presented at the American Association of Agricultural Economists meetings, Providence, RI, July 26, 2005, *http://agecon.lib.umn.edu/cgi-bin/pdf_view.pl?paperid=16110&ftype=.pdf*
Die Iowa State University brachte ebenfalls einen aufschlussreichen Vergleich heraus: *http://www.ag.iastate.edu/farms/03reports/ne/BtNonBT.pdf*

Wie erwähnt, konnte sich Bt-Mais als eine Art »billige Versicherung« durchsetzen, die den amerikanischen Farmer besser schlafen lässt, zumal er sich nicht um möglichen Schädlingsbefall sorgen muss. Roundup Ready erleichtert das Unkrautmanagement. »Farmers confirm that the RR Beans are easier to handle because they have readily adopted them in spite of the fact there isn't a clear financial incentive do so. (...) One farmer even told me that he liked RR soybeans because it gave him a weed management program that any idiot could do. Of course, he didn't like it when I pointed out to him if any idiot could do it then he would probably be paid like any idiot«, schrieb mir Michael Duffy, Agrarwissenschaftler an der Iowa State University.[58] Roundup Ready ist idiotensicher, die finanziellen Vorteile unterm Strich sind jedoch vernachlässigbar oder wie es Duffy formuliert: »It is about a wash with respect.« Der renommierte Agrarwissenschaftler muss es wissen, hat er doch gleich mehrere Arbeiten über die Gewinnlage der GV-Farmer verfasst. Weder Bt-Mais noch RR-Sojabohnen bringen den US-Landwirten unterm Strich mehr Profit. Bestätigung gibt es dafür selbst von offizieller Seite etwa in den Arbeiten des Ökonomen und Experten für Biotechnologie der USDA-Forschungsabteilung Jorge Fernandez-Cornejo. Die Hauptprofiteure sind die Saatgutunternehmen und die Agrochemie-Konzerne, bringt es Michael Duffy in dem lesenswerten Papier »Who Benefits from Biotechnology« auf den Punkt.[59]

Dem US-Konsumenten bringen die heute angebauten GVP keinen direkten Nutzen. Qualitative Vorteile gibt das Pflanzendesign nicht her. Günstiger wurden Lebensmittel ebenso wenig. Der große Aufschrei blieb dennoch aus. Die amerikanische Öffentlichkeit bemerkte zunächst gar nicht viel von der Einführung von Genfood oder Frankenfood, wie es im angloamerikanischen Bereich heißt. Das liegt vor allem darin begründet, dass GV-Ware nicht speziell gekennzeichnet werden muss. Zwei Drittel der amerikanischen Konsumenten glauben, bis heute noch nie Genfood gegessen zu haben. Da Soja und Mais Grundbausteine für viele verarbeitete Nahrungsmittel sind, weisen aber bereits 60 bis 70 Prozent Spuren von GVOs auf. Aber eben nur Spuren. Der Hauptanteil der erzeugten GVP, etwa 80 Prozent, wandert noch wie überall sonst auf der Welt in Futtertröge. Insofern ist die häufig gehörte Argumentation, an den Amerikanern ließe sich eindeutig erkennen, dass Genfood keine gesundheitlichen Risiken berge, unkorrekt.

Es war vor allem der europäische Widerstand gegen gentechnisch veränderte Lebensmittel, der schließlich auf die Vereinigten Staaten ausstrahlte und in gewisser Weise amerikanischen Kritikern half. In den Jahren 1999 und 2000 gab es eine erste größere Protestwelle. Die mediale Berichterstattung

---

58) Prof. Michael Duffy im E-Mail-Interview am 06.07.2005

59) Who Benefits from Biotechnology?, Michael Duffy 2003

über die Kontroverse stieg stark an. Amerikanische Bauern erwogen, den GVO-Anbau zurückzufahren, größere Supermarktketten wollten auf genmanipulierte Bestandteile in Hausmarken verzichten usw. Alles in allem sah es recht gut aus für die kritischen Organisationen. Doch die Biotech-Industrie schlief nicht. Das Imperium schlug zurück, wie Ronnie Cummins von der »Organic Consumers Association« berichtet. Teure PR-Kampagnen wurden lanciert, Seilschaften mit der Nahrungsmittelindustrie und der amerikanischen Handelskammer geschmiedet. Der schwerste Rückschlag für die Genfood-Gegner: Über dreißig Industriegruppen, darunter das Farm Bureau sowie die National Food Processors Association, erklärten vor einem amerikanischen Unterausschuss des Kongresses, dass sie keine Kennzeichnung oder aufwändigere Sicherheitsprüfungen von genmanipulierter Nahrung verlangten. Begründung: Eine Pflicht-Kennzeichnung würde »die irreführende Botschaft vermitteln, dass die Regierung nicht auf die Sicherheit der amerikanischen Nahrungsmittelversorgung vertraut«.[60]

Es blieb also dabei: keine ausführlicheren Sicherheitsprüfungen für Genfood. Neue Gentech-Produkte müssen nur dann Tests durchlaufen, wenn sie völlig neue Inhaltsstoffe enthalten, die zuvor noch nicht bewertet wurden. Und es gibt weiterhin keine Kennzeichnung. »Wir wollen die Verbraucher nicht mit zusätzlichen Informationen verwirren, die nicht relevant sind«, so James Maryanski, Koordinator für Biotechnologie bei der FDA (Food and Drug Administration).[61] Frei nach dem Motto: Was der Konsument nicht weiß, macht ihn auch nicht wirklich heiß. Nicht zuletzt aufgrund verschiedenster Verunreinigungsskandale (Futtermais in Tortilla-Chips, Impfstoff im Silo, ...[62]) in den letzten Jahren erfuhr der Widerstand trotzdem immer wieder Aufwind. Selbst die amerikanische Lebensmittelindustrie hält sich beim Einkauf zurück. Für gentechfreie Ware zahlen Abnehmer oft mehr. Die Kritiker feierten 2003 einen Triumph, als trotz massiver Interventionen der Biotech-Industrie in dem kalifornischen County Mendocino eine Abstimmung über die Errichtung einer gentechfreien Zone von den zuständigen Gerichten zugelassen wurde. Im März 2004 war es dann so weit. Von den zirka 47.000 Wahlberechtigten der kleinen Weinregion stimmten 56,99 Prozent gegen den Anbau von gentechnisch manipulierten Pflanzen.[63] Die Biotech-Industrie holte sich in Mendocino nicht nur ein blaues, sondern ein »schwarzes Auge«, wie es ein Journalist der Nachrichtenagentur Associated Press ausdrückte. Die

---

60) Frankenfoods Kampf in Nordamerika. Konsumenten organisieren sich und die Industrie schlägt zurück, Ronnie Cummins, in: Konfliktpotential Gentechnik, Wien 2000, S. 92 ff.

61) Zit. nach: Der Siegeszug der Grünen Gentechnik in Nordamerika, Die Welt 08.03.2005

62) Vgl. Kapitel: Teuer und pannenanfällig

63) Wahlergebnis unter *http://www.co.mendocino.ca.us/acr/cgi-bin/history_election.cgi?year=p2004*

Industrie hatte im Vorfeld 500.000 Dollar in eine Pro-GVO-Kampagne gesteckt, etwa fünfmal mehr als die Gegner. In anderen US-Gemeinden laufen derzeit ähnliche Anträge.

## 3.2 Die gerettete Hawaii-Papaya

Einer der wenigen Fälle, bei denen selbst Kritiker nachvollziehen können, dass Gentechnik als Option in Erwägung gezogen wird, ist die Hawaii-Papaya. Etliche Jahre war die Frucht wichtiger Devisenbringer für den US-Bundesstaat. Anfang der 1990er Jahre befiel jedoch eine tückische Viruskrankheit – das »Papaya Ringspot Virus« (PRSV) – die Bäume. Übertragen wird das Virus von Insekten. Die Auswirkungen waren katastrophal. Den auf Export orientierten Plantagenbetreibern brachen bis zu 50 Prozent der Ernte weg. »Hätten wir die GM Papaya nicht entwickelt, gäbe es keinen kommerziellen Papaya-Anbau mehr auf Hawaii. Das Virus war zu stark«, zeigt sich Ania Wieczorek von der Universität Hawaii überzeugt.[64] Forscher unter der Leitung von Dennis Gonsalves versuchten es mit Gentechnik und immunisierten die Papayas durch Übertragung des Gens für das Hüllprotein des krankheitsauslösenden Virus.[65]

Für die Kommerzialisierung setzten die Wissenschaftler alle Hebel in Bewegung, zumal es einige patentrechtliche Hürden zu überwinden galt. Vieles war mit Patenten privater Firmen belegt, was die Markteinführung schwierig gestaltete. Das US-Landwirtschaftsdepartement (USDA) rief das »Papaya Administrative Committee (PAC)« ins Leben, mit dem Ziel, die hawaiische Papaya-Industrie bei der Beschaffung der notwendigen Lizenzen zu unterstützen. Der Schweizer Arbeitskreis für Forschung und Ernährung fasst folgende Aspekte zusammen, die letztlich die Sicherung von Lizenzrechten durch das PAC ermöglichten:

- Das Virus hat die hawaiische Papaya-Industrie zerstört.
- Die Existenz kleiner landwirtschaftlicher Betriebe hing von der Einführung der gentechnisch veränderten Sorte ab.
- Die Nutznießer der Technologie waren somit die Papayaproduzenten.
- Das USDA übte wo nötig Druck auf die Patentinhaber aus.

Im Gegenzug verpflichteten sich die Papaya-Produzenten zur Teilnahme an Weiterbildungsprogrammen und mussten vor dem Anbau der neuen Sorten die entsprechenden Lizenzverträge zu unterzeichnen.[66]

---

64) Controversy rains on GMO crops, Julie Grass, ersch. in: Ka Leao O Hawaii, 12.10.2004

65) Vgl. *www.transgen.de* und Transgenic papaya in Hawaii and beyond, Dennis Gonsalves, 12.11.2004, AgBioForum

1998 kamen die virusresistenten Sorten »Rainbow« und »SunUp« auf den Markt. Für einige Jahre konnte die Produktion wieder etwas gesteigert werden. Die Gen-Papaya könne die »45-Millionen-Dollar-Industrie« retten, schwärmten die Erfinder in einer Presseaussendung der Cornell-Universität.[67] Die Zahl scheint etwas hoch gegriffen, wie ein Blick auf die offiziellen Zahlen zeigt. Der höchste »Value of Sales«, also Verkaufswert, der jemals in der Geschichte der hawaiischen Papayaproduktion erzielt wurde, lag danach bei 18,9 Millionen Dollar und zwar im Jahre 1997, als das Virus bereits umging und die Erträge den niedrigsten Wert erreicht hatten. Das zeigt einmal mehr, dass zu erzielender Erlös von vielen Faktoren abhängt und bei geringerem Angebot sogar ganz nach den Gesetzen von Angebot und Nachfrage durchaus höher sein kann. Seit Einführung der Gen-Papaya stiegen die Gesamterträge mäßig an, die Anbauflächen gingen bis 2004 zurück. Die Gesamtproduktion (also GV- und non-GV) lag 2004 aber unter dem Niveau von 1997, als das Virus die Produktion nahezu halbiert hatte. Die Preise fielen kontinuierlich. 1997 ernteten die Hawaiianer 38,8 Millionen Pfund (auf 1,985 Acre) und erzielten einen Erlös von 18,9 Millionen Dollar. Die Zahlen für 2002: 45,9 Millionen Pfund Papaya, 11,92 Millionen Dollar Verkaufswert. 2004 wurden 35,8 Millionen Pfund der Früchte (auf 1,235 Acre) für 12,361 Millionen Dollar verkauft.[68]

Die rückläufigen Zahlen dürften mit zwei Faktoren zu tun haben. Zum einen fielen wichtige Exportmärkte wie Japan und Europa weg. Zum anderen bereitet die Pilzanfälligkeit (Phytophthera) der GV-Sorten Sorge. »Das ist ein ernstes Problem«, räumte der Agrarexperte Steve Ferreira gegenüber einem hawaiischen Magazin ein. Der Grund, so vermutet ein anderer Wissenschaftler, liege in der Pilzanfälligkeit der Elternlinien, aus denen die GV-Papayas gezogen wurden.[69] Dieses Risikos war man sich offenkundig bereits bei der Grundzüchtung bewusst. Offensichtlich hatte aber die Integration des neuen genetischen Materials bei anderen, weniger pilzanfälligen Sorten nicht so gut geklappt. Es wäre interessant, der Frage nachzugehen, ob die genetische Manipulation die Pilzanfälligkeit verstärkt hat. Jedenfalls gefährdet der Pilzbefall die Qualität der Ernte wie einst das Virus und macht heute den Einsatz teurer und nicht eben harmloser Fungizide notwendig.[70]

Darüber hinaus tauchten Sicherheitsbedenken auf. Zwei Wissenschaftler sahen ein Allergiepotenzial gegeben. Entwickler Gonsalves hingegen verweist

66) Virusresistente transgene Papaya, *http://www.internutrition.ch/*
67) Cornell University and the University of Hawaii
68) National Agricultural Statistics Service Hawaii Field Office, *http://www.nass.usda.gov/hi/fruit/papaya.htm*
69) Plenty Papaya Problems, Alan D. McNairie, Hawaii's Island Journal 01.04.2003
70) S.o.

auf die Feststellung der wesentlichen Gleichwertigkeit der GM-Papaya mit der konventionellen Frucht durch die amerikanischen Behörden (FDA). »Tests zeigen, dass die Papaya genauso ist wie jede andere Papaya. Die Vitamin-Levels sind dieselben«, so Gonsalves. Sehr ausführlich prüften die Behörden aber nicht. Es gibt keine längeren Fütterungsstudien und die Wirkung des eingefügten Hüllenproteins wurde ebenfalls keinen Tests unterzogen. Die Entwickler argumentierten sinngemäß, dass dieses Virus ohnehin in der menschlichen Nahrung, etwa beim Verzehr infizierter Früchte, mitgegessen und vertragen wurde. Schadensfälle seien bis dato nicht bekannt geworden.

Die Japaner blieben trotz intensiver diplomatischer Bemühungen von Seiten der Hawaiianer, die ganze Delegationen nach Japan schickten, skeptisch und erlauben ebenso wenig wie die Europäer derzeit die Einfuhr der Gen-Papaya. Der größte Absatzmarkt bleiben die USA. Amerikaner können lediglich zur hawaiischen »organic« (organisch, biologisch) Papaya greifen, die spezielle Labels trägt, wenn sie den Wunsch verspüren, einer Gen-Papaya aus dem Weg zu gehen. Die »organic«-Frucht ist die einzige Hawaii-Papaya, die sich auch in Japan oder Europa verkauft. Doch gerade die biologisch produzierenden Papaya-Farmer in Hawaii sehen ihre Felle davonschwimmen. 2004 gab es scharfe Proteste gegen eine fortschreitende Verunreinigung von Saatgut und durch Pollenflug. Im Gegensatz zu den Plantagenbesitzern hatten organisch wirtschaftende Landwirte in vielen Gegenden Hawaiis kaum massive Probleme mit dem Virus, auch nicht mit Pilzbefall. »Ich habe immer mein Land bearbeitet und nie Chemikalien benutzt«, erzählt einer von ihnen. Seine Papayas wachsen auf kleineren Einheiten, daneben züchtet er Kokosnüsse, Zitronen, Mangos usw. Ein buntes Gemisch aus verschiedenen Kulturarten, sodass es Viren und Pilze immer schwer hatten, sich auszubreiten. Doch plötzlich tauchte eine Papaya mit Pilzbefall auf seinem Grundstück auf. Tests ergaben, dass wahrscheinlich eine Verunreinigung mit GV-Material vorliegt. Der Farmer musste alle Papayabäume umschneiden und mit dem Anbau von vorne beginnen. Keiner weiß, woher die GV-Saat kam, Pollendrift oder verunreinigtes Saatgut?[71] Niemand kann sagen, ob und für wie lange GV-Saat seinen Boden verunreinigt hat. Er ist nicht der einzige Betroffene. Besonders verärgert sind die Farmer darüber, dass sie kontaminiertes Saatgut von der Universität Hawaii erhielten. Diese betont allerdings, dass der Verunreinigungsgrad bei Saatgut, wenn überhaupt, nur sehr gering sei.[72] Ein schwacher Trost für die Bio-Produzenten, welche à la longue um ihre Absatzmärkte in Europa und Japan ebenso wie um ihre Bio-Zertifizierungen fürchten.

Der Fall Hawaii-Papaya zeigt klar, wie kurzsichtig die Denkweise mancher Gen-Ingenieure und Politiker zuweilen ist: Zuerst werden die Ursachen für

---

71) Plenty Papaya Problems, s.o.

72) University of Hawaii, *http://www.hawaii.edu/*

den starken Virusbefall nicht hinreichend analysiert. Dann führt man keine Marktanalyse durch, um herauszufinden, ob es überhaupt einen Markt für gentechnisch veränderte Papayas gibt. Und schließlich schaffen die Gentechniker nur eine pilzanfällige GV-Sorte und bringen diese unter die Papayaanbauer. Und was kommt dabei heraus? Der Markt bricht ein, die Biobauern werden massiv geschädigt und es wird heute weniger damit verdient als jemals zuvor.

## 3.3 Kanada: Zwischen Ernüchterung und Verweigerung

Der zweite westliche Industriestaat, der weit oben in der Statistik GV-anbauender Staaten rangiert, ist Kanada. Ebenso wie in den USA verlief die Einführung zunächst recht unspektakulär. Mit herbizidtolerantem Raps holten sich die Kanadier aber binnen kürzester Zeit jede Menge Probleme ins eigene Land. Raps zählt zu jenen Kulturarten, die sich rasch über sehr weite Distanzen ausbreiten. Genmanipulierte Raps-Pollen können durch Wind und Insekten mehrere Kilometer weit getragen werden, herkömmlichen Raps bestäuben und sich zudem in Wildarten wie diverse Senfpflanzen einkreuzen. Eine Koexistenz zwischen GV- und Nicht-GV-Raps funktioniert nicht einmal in den Weiten der kanadischen Prärie.

»Es gibt noch konventionelles Rapssaatgut zu kaufen, die in West-Kanada bezogene Ware weist aber in den meisten Fällen eine gewisse Verunreinigung auf«, resümiert der Pflanzenwissenschaftler Rene Van Acker von der Universität Manitoba.[73] Ärger macht zudem Durchwuchsraps, der auch dort auftaucht, wo ihn nie jemand haben wollte.[74] Anfänglich gab es verschiedene herbizidtolerante Sorten von unterschiedlichen Unternehmen. In Westkanada spricht heute jeder – genauso wie in den USA bei Soja – nur mehr von Roundup Ready, also dem Monsanto-System. Die Kanadier schätzen ebenso wie ihre amerikanischen Kollegen das einfache Unkrautmanagement, das sich aber mit der Zunahme von resistenten Unkräutern zusehends schwieriger gestaltet. Sehr zu leiden hatten die Imker. Ihr berühmter Raps-Honig ist durchweg mit gentechnisch verändertem Material verunreinigt.

Die Erträge sind laut Van Acker, der sich auf die offiziellen Statistiken beruft, gleich hoch, egal ob GV- oder nicht gentechnisch veränderter Raps. Es sei eine Frage des sorgsam durchgeführten Unkrautmanagements. Und verdienen die RR-Raps-Bauern wenigstens mehr? Fehlanzeige. »Die Farmer in West-Kanada sind in einer chronischen Einkommenskrise – wie die meisten Land-

73) Rene Van Acker im E-Mail-Interview 19.08.2005

74) Vgl. Kapitel: Wie Raps zum Unkraut wurde

wirte in industrialisierten Ländern –, und die Einführung von GV-Raps hat an dieser Situation nichts geändert!«[75]

Hinzu kommt, dass die Haftungsfrage in Kanada nicht hinreichend geklärt ist. Konventionell wirtschaftende und Bio-Farmer bleiben auf Schäden sitzen. Einen ersten kleinen Erfolg konnten sie allerdings inzwischen verbuchen. Der Gerichtshof des kanadischen Bundesstaats Saskatchewan hat eine Sammelklage von rund 1000 Biobauern gegen die Konzerne Monsanto und Bayer CropScience zugelassen. Die Landwirte fordern Entschädigungen für Einnahmeverluste, die durch die Verunreinigung ihrer Raps-Ernte durch genmanipulierte Sorten entstanden sind. Unterstützung bekommen sie von der Umweltorganisation Organic Agriculture Protection Fund. Der weltweit berühmteste GV-Rechtsfall der Geschichte wurde ebenfalls vor kanadischen Richtern ausgetragen. Mit der Causa des Raps-Farmers Percy Schmeiser, der von Monsanto wegen angeblichen Gen-Klaus respektive Patentrechtsverletzungen vor den Kadi gezerrt worden war, werden wir uns noch in einem späteren Kapitel genauer auseinander setzen. Inzwischen wird zwar auch ein wenig GV-Mais in Kanada angebaut, die insgesamt recht problematischen Erfahrungen führten jedoch zu einer generell vorsichtigen Haltung gegenüber gentechnisch veränderten Pflanzen.

Mit Argus-Augen beobachteten die Landwirte Monsantos Experimente mit Roundup-Ready-Weizen (RRW). In einer Stellungnahme lehnten die wichtigsten Verbände die Einführung des Monsanto-Weizens ab. Das Canadian Wheat Board, mächtiger gemeinschaftlicher Marketingverbund, zeigte dem Agro-Multi die rote Karte. Nach ihren Erhebungen würden 82 Prozent der Weizenfarmer sich RRW nicht leisten wollen oder können. Weder im eigenen noch in anderen Ländern, insbesondere nicht in Europa, sei die Akzeptanz von gentechnisch verändertem Weizen gegeben. Das Board forderte vom Gesetzgeber neben klaren Haftungsregelungen und strengen Umwelt- und Gesundheitsprüfungen zudem eine verpflichtende Kosten-Nutzen-Analyse, die alle Anwender einbezieht.[76] Eine solche Vorfeld-Abwägung will die Vereinigung für alle künftigen GV-Getreide-Einführungen gesetzlich verankert wissen. Die Forderung ist gewagt, schlau und sollte vielleicht von den Europäern aufgegriffen werden. Denn dahinter verstecken sich einige simple, weise Überlegungen. Die Kanadier hatten bereits bei RR-Raps gesehen, dass finanziell nur wenig zu holen ist. Wären Marktchancen, realistische Ertragserwartungen etc. vorab von unabhängiger Seite respektive von Gesamtverbänden kalkuliert worden, wäre GV-Raps möglicherweise nie in Kanada eingeführt worden.

75) Rene Van Acker, E-Mail-Interview

76) Closing the Regulatory Gap: Industry Supported Solutions for Genetically Modified Wheat, Canadian Wheat Board. Presentation, Ottawa, Ontario 03.04.2003

Darüber hinaus reflektiert die Forderung indirekt darauf, dass es aufgrund der möglichen unvermeidbaren Verbreitung von gewissen GVP wenig Sinn macht, dem Wunsch eines einzelnen Landwirts nach der neuen Technologie nachzugeben, wenn so und so viele andere dies ablehnen und einem unverhältnismäßigen wirtschaftlichen Risiko ausgesetzt wären. Die Kosten-Nutzen-Analyse im Falle des Monsanto-Weizens fiel bezogen auf die Gesamtheit der Weizenbauern eindeutig negativ aus, selbst wenn Einzelne eventuell profitieren könnten.

Monsanto kapitulierte schließlich. Am 11. Mai 2004 gab das Unternehmen bekannt, das Projekt vorläufig auf Eis zu legen. Interessant an der Presseaussendung ist, dass Monsanto einräumte, kaum Vorteile hinsichtlich der Ertragsleistungen bei diesem Produkt bieten zu können. Das hatte sich in gemäßigten Breiten bereits bei RR-Soja und RR-Raps gezeigt. Offensichtlich waren die Weizenbauern Kanadas schlau genug, um eigene Erhebungen anzustellen und vollmundigen Versprechungen nicht vorab zu trauen. Monsanto räumte Folgendes ein: »Nach unserer Portfolio-Prüfung und den Gesprächen mit führenden Unternehmen der Weizenindustrie haben wir erkannt, dass die geschäftlichen Möglichkeiten beim Roundup-Ready-Sommerweizen im Vergleich zu den anderen Geschäftsprioritäten von Monsanto weniger attraktiv sind«, so Carl Casale, Vizepräsident von Monsanto. »Die Anbauflächen für Sommerweizen sind in den USA und Kanada seit 1997 um fast 25 Prozent zurückgegangen, und auf dem kostenintensiveren Zielmarkt für Unkrautbekämpfung für dieses Produkt ist der Rückgang noch stärker. Nur ein geringer Anteil von Sommerweizenerzeugern erreicht mit dieser Technologie einen Wertzuwachs.«[77]

Die Landwirte wollten den Genweizen nicht, ihre Landsleute sind ihnen wahrscheinlich dankbar. Vielleicht bewahrten die Kanadier aber sogar Monsanto vor einem Riesenflop.

> Was die Agrar-Multis oft nicht sehen, ist der kulturelle Unterbau von Nahrung und Ernährung. Auch wenn der Städter Vieles nicht mehr bewusst wahrnimmt, im Unterbewusstsein werden mystische, kulturelle und religiöse Vorstellungen über Nahrung und Ernährung immer weiter wirken. Das Wissen über genetische Manipulation an Getreide würde Menschen weltweit brüskieren. Korn gilt in den westlichen Ländern als Grundlage der Ernährung und Brot ist seit jeher ein oft zitiertes Bild in der Religion. Diesem Bild wohnt der Respekt gegenüber der Natur inne und die Gewissheit, dass der Mensch davon abhängig ist, sie nie gänzlich beherrschen wird. Der rationale, moderne Mensch leugnet das oft, aber die Erinnerung an die

77) Pressemitteilung vom 11.05.2004, *http://www.monsanto.de/newspresse/2004/11052004.php*

Ohnmacht des Einzelnen im gigantischen komplexen Naturzusammenhang des Kosmos bleibt. Die Auflehnung gegen die genetische Manipulation der Ernährungsbasis ist vielleicht rational nicht begründbar, deshalb aber nicht zwangsläufig unvernünftig.

In Kanada wächst jedenfalls die Skepsis gegenüber Genfood stetig. Nicht zuletzt erhielt das Unbehagen an GMOs Auftrieb durch eine Stellungnahme der renommierten »Royal Society of Canada«.[78] Fünfzehn unabhängige Experten von unterschiedlichen Universitäten gaben im Auftrag der kanadischen Umwelt- und Gesundheitsbehörden ihre Empfehlungen für den Umgang mit gentechnisch veränderten Lebensmitteln und Pflanzen ab. Das im Februar 2001 veröffentlichte Papier konnte nicht eindeutiger ausfallen. Grundtenor der Kritik: Die bisher durchgeführten Sicherheitsbewertungen über mögliche gesundheitliche Folgen seien völlig unzulänglich, zudem hätten sich bereits negative Auswirkungen im Umweltbereich gezeigt, so die Wissenschaftler. Zu einem generellen Moratorium rang sich die kanadische Regierung nicht durch. Zurzeit werden aber strengere Regelungen erarbeitet.

## 3.4 China: Zwischen Euphorie und Vorsicht

Sphärenwechsel. Nicht nur »kapitalistische« Systeme erliegen dem Charme der grünen Gentechnik. Das kommunistische China trieb sehr früh die Forschungen voran. Seit Mitte der 80er Jahre werken Gen-Ingenieure in chinesischen Labors. Die genauen Motive liegen weitgehend im Dunkeln ebenso wie die praktischen Fortschritte am freien Feld. Ein Motiv dürfte gewesen sein, einen Pool an gentechnisch veränderten Pflanzen aufzubauen und somit gegebenenfalls unabhängiger von ausländischen Patenten zu sein. Geld wurde jedenfalls genug investiert: Zwischen 1986 bis 2000 zirka 80 Millionen Euro, für die Jahre 2000 bis 2005 nochmal das Doppelte, darüber hinaus gebe es Sonderbudget-Töpfe, berichtet Prof. Zhang-Liang Chen von der Universität Peking.[79]

Im Gegensatz zu den westlichen Unternehmen setzten die Chinesen ihre Forschungsprioritäten auf die Entwicklung schädlings- und virusresistenter Systeme. Diese Pflanzen machen mehr als 90 Prozent der Feldversuche aus. Das Spektrum reicht von GV-Erdnuss, Melone, Chili, Reis, Mais, Weizen bis

78) Expert Panel on the Future of Food Biotechnology
Elements of Precaution: Recommendations for the Regulation of Food Biotechnology in Royal Society of Canada 2001

79) China: Zwischen Hoffung und Vorsicht, *www.transgen.de* 2002

hin zu Kartoffeln. China bot als erstes Land weltweit seinen Bauern transgene Tomaten an. Im Jahr 2002 wurde Saatgut von 31 GV-Sorten vermarktet.[80] Zugelassen sind GV-Paprika, -Baumwolle und -Petunien und seit 2002 sogar gentechnisch veränderte Pappeln zur Wiederaufforstung.[81] GV-Reis ist in der Pipeline. In den vergangenen Monaten gab es dazu widersprüchliche Meldungen. Von Seiten einiger Gentechniker wurde verbreitet, dass GV-Reis kurz vor der Markteinführung stünde. Diverse andere Wissenschaftler und Umweltexperten dementierten diese Presseberichte aber.[82] Zumal außerdem inzwischen eine sehr ertragreiche Reis-Sorte konventionell gezüchtet wurde, ist eher anzunehmen, dass sich die Behörden mit der Einführung von GV-Reis Zeit lassen werden. China will sich keine Exportchancen zerstören. Oft scheinen Zulassungen aus taktischen Erwägungen wieder abgeblasen zu werden. So wurde im Hauptanbaugebiet für Soja der Anbau von gentechnischen Sorten wieder verboten. Das könnte möglicherweise daran liegen, dass sich China Chancen in Europa ausrechnet, zumal in USA und auch in Lateinamerika gentechfreies Soja langsam knapp wird. Der Schwerpunkt beim GVP-Anbau dürfte auf Bt-Baumwolle liegen. Sie wurde 1997 erstmals von Monsanto nach China gebracht. Nur etwa ein Drittel der heute angebauten Bt-Baumwoll-Sorten stammt aus den chinesischen Labors, vermutet Greenpeace.

Als positiv wurde lange Zeit die Einsparung von Pestiziden kolportiert. In westlichen Wissenschaftsmedien erschienen Berichte über die gesundheitlichen Vorteile. Chinesische Bauern hätten über weniger Kopfschmerzen und Verdauungsbeschwerden geklagt als zu Zeiten, da noch sehr harte Insektizide bei konventioneller Baumwolle verwendet wurden. Der Pflanzenschutzmitteleinsatz ist im herkömmlichen Baumwollanbau tatsächlich besonders hoch. Obwohl Baumwolle nur 0,7 Prozent der Weltanbaufläche einnimmt, werden dort 6,4 Prozent aller Pflanzenschutzmittel eingesetzt. An der Universität Hannover wurde im Rahmen der Forschungsarbeiten zu einer Dissertation festgestellt, dass sich in China mit dem Anbau von Bt-Baumwolle der Einsatz von Pestiziden tatsächlich kurzfristig reduzieren ließ, ohne dass dabei die Erträge zurückgingen. »Ob dies allerdings nachhaltig gelingt, hängt von mehreren Faktoren ab. Dies sind einerseits biologische Faktoren, wie beispielsweise der Zeitraum, über den die Wirksamkeit einer Bt-Sorte stabil bleibt, bevor Schaderreger Resistenz gegen das Toxin entwickeln«, schränkt der Agrarökonom Hermann Waibel ein.[83] Eben diese Gefahr von Resistenzbil-

80) Grüne Gentechnik in China, FAZ 26.01.2002

81) China: Zwischen Hoffnung und Vorsicht, *www.transgen.de*

82) China: Widersprüchliche Meldungen über die Zulassung von GV-Reis, *www.transgen.de* 30.09.2005

83) Grüne Biotechnologie. Ausweg oder Sackgasse, Uni-Magazin Hannover 2001, Webpage Vers. 2003

dungen bei Insekten, die sich bekanntermaßen an Umweltbedingungen schnell anpassen, thematisierte eine 2002 von Greenpeace veröffentlichte Studie des Nanjing-Instituts für Umweltwissenschaften in China. Danach hätten Laborstudien gezeigt, dass die Empfindlichkeit des Schädlings Baumwollkapselwurms nach 17 Generationen auf etwa ein Drittel des ursprünglichen Wertes fällt. Die Studienautoren gingen davon aus, dass die Bt-Baumwolle nach etwa acht bis zehn Jahren durchgehenden Feld-Anbaus ihre Wirksamkeit gegen den Baumwollkapselwurm verlieren wird. Außerdem hätte der Bt-Baumwollanbau die natürlichen Feinde des Schädlings reduziert. Wie üblich griffen die Medien diese Studie freudig auf und die Community der Befürworter fiel mit der bereits bekannten Vehemenz über Greenpeace her. Offiziell taten das auch die chinesischen Biotechnologen. Dies erstaunt doch sehr, zumal die Resistenzbildung bei Bt-Pflanzen immer schon als Problem betrachtet wurde. Bei Bt-Mais gingen US-Forscher ursprünglich sogar von einer Wirksamkeitsdauer zwischen drei und vier Jahren aus, weshalb die US-Behörden komplizierte Resistenz-Managementsysteme vorschreiben, um die Entwicklung unempfindlicher Schädlinge möglichst lange hinauszuzögern.

Neuere Studien geben inzwischen der Greenpeace-Meinung recht. Die Pestizidreduktion dürfte beileibe nicht so hoch ausfallen, wie es chinesische Biotechnologen und Monsanto suggerierten. Gegen den Baumwollkapselwurm muss weiter gespritzt werden und die Anfälligkeit der Bt-Baumwolle für andere Insekten scheint sich teilweise ebenfalls bereits zu bestätigen.[84] Der langfristige Nutzen der Bt-Baumwolle für die chinesischen Bauern wird sich also noch weisen. Sollte China irgendwann im Zuge der Öffnung sämtliche westliche Patentstandards anerkennen, kommen weitere Probleme. Zum einen wird sich dann erst zeigen, ob die chinesischen Erfindungen auch in patentrechtlicher Hinsicht halten oder ob nicht etliche Methoden und Pflanzen bereits durch westliche Firmen geschützt sind. Was dann auf die chinesischen Gen-Bauern zukommt, ist mehr als ungewiss, da sich Konzerne die Patente auf ihr jetzt noch vergleichsweise günstig abgegebenes Saatgut abgelten lassen werden. Dieses Vorgehen der Industrie kennen wir bereits aus Argentinien. Zuerst Ausstreuen – dann Abkassieren, behaupten böse Zungen.

Nach der anfänglichen Euphorie macht sich in China Vorsicht breit. Gewisse Sorten sollten nur dann zugelassen werden, wenn es Exportchancen auf internationalen Märkten gebe, hieß es auf einer Tagung im Oktober 2002. Nach chinesischem Recht müssen indes bestimmte Produkte mit GV-Zutaten gekennzeichnet werden, etwa bei Soja oder Tomaten. Chinas Konsumenten zeigten sich ausgesprochen kritisch gegenüber Genfood. Medienberichten

84) Chancen der Nutzung der Gentechnik in der Landwirtschaft. Hintergrundstudie für die Gesellschaft für technische Zusammenarbeit, Kerstin Wydra, Eschborn Juni 2004

zufolge brachten aufgebrachte Chinesen sogar einen Schokoriegel von Nestlé wieder in die Supermärkte zurück, nachdem ruchbar geworden war, dass er gentechnisch veränderte Bestandteile enthält. Eine Frau ging sogar vor Gericht und forderte die Kaufpreisrückerstattung von 80 US-Cent für einen Schoko-Drink von Nestlé. Durch diverse Medienberichte hellhörig geworden, hatte die – nach eigener Darstellung – Stammkundin von Nestlé den Drink prüfen lassen und GV-Bestandteile festgestellt. Sie forderte Nestlé via Medien auf, künftig auf Gentechnik in China zu verzichten, schließlich täte der Konzern dieses auch in Europa.[85] Zahlreiche chinesische Lebensmittelproduzenten sicherten inzwischen zu, auf Gentechnik zu verzichten. Greenpeace China gab September 2005 den vierten Shopping Watching Guide zum Thema Genfood heraus.

## 3.5 Lateinamerika: Vom Fluch der Gentech-Soja

In China, Kanada und den USA lässt die Technik-Begeisterung zusehends nach. Man hat sich mit der grünen Gentechnik mehr oder weniger arrangiert und bremst bisweilen bei weiteren Experimenten auf freier Flur. Wirklich dramatische Folgen hatte die Einführung der grünen Gentechnik in Ländern, die eine kleinbäuerliche Struktur aufweisen und in denen der Staat nicht regulierend eingriff.

Argentinien ist eines der drastischsten Beispiele dafür, mit welch einschneidenden Veränderungen die Einführung der grünen Gentechnik Hand in Hand gehen kann. Das von Wirtschaftskrisen gebeutelte Land hatte jahrelang verschlafen, was sich fernab der großen Städte abspielt, und bekommt heute die Rechnung präsentiert.

1996 wurde die Roundup-Ready-Sojabohne (RRS) eingeführt. Zunächst von Monsanto vergleichsweise billig abgegeben, eroberte sie schnell die fruchtbare Pampa. Zwischen 1997 und 2004 haben sich die Sojaanbauflächen mehr als verdoppelt, 98 Prozent werden inzwischen mit RRS bewirtschaftet.[86] Verglichen mit der konventionellen Sojabohnenproduktion erleichterte und beschleunigte das Monsanto-System die Ausweitung der Soja-Anbaufläche. Denn sie ermöglicht einen einheitlichen Anbauprozess, benötigt weniger Arbeitskraft und weniger Fachwissen. Wälder fielen der Rodung zum Opfer, produziert wird im Akkord. Einen ökologischen – aber wahrscheinlich zeitlich begrenzten Vorteil – brachte die Technologie, indem das bodenschonendere

85) China Daily 14.01.2004

86) Übersichtstabelle in: Anbau von Gensoja in Argentinien, Greenpeace 2005, *http://www.keine-gentechnik.de/bibliothek/weltpolitik/studien/benbook_argentinen_gensoja_zusammenf_050101.pdf*

No-till-Verfahren die Erosion reduzierte.[87] Doch ergeben sich durch den monokulturellen Exzess zahlreiche andere Probleme. Die Sojabarone fahren eine Ernte nach der anderen ein und versprühen das Unkrautvernichtungsmittel Glyphosat in rauen Mengen. Wie immer, wenn nur ein einziges Mittel angewandt wird, beschleunigt dies den Prozess der Resistenzbildungen bei Unkräutern. In Argentinien wird heute wesentlich mehr Glyphosat gespritzt, um die Unkräuter wieder loszuwerden, als bei der Einführung von RRS. Abgesehen davon ist Glyphosat nicht eben harmlos. Umweltsensible Europäer schütteln den Kopf, wenn sie Aussagen hören wie die von Gonzalo Gaggero, einem Großbauern des Nachbarlands Uruguay, das ebenfalls Gefallen an RRS gefunden hat. »Für die Gefährlichkeit der Gensoja gibt es keinen wirklichen Beweis. Wir wissen von den Giftstoffen der Herbizide, die von den Feldern in die Flüsse gelangen und dort Fische erkranken lassen oder sogar töten. Wir wissen auch von den Problemen bei der Reproduktion in der Viehzucht, von Missbildungen und Unfruchtbarkeit. Aber der letzte Beweis für einen größeren ökologischen Schaden steht noch aus.«[88]

Wie die dicke Humusschicht der Pampa, um die jeder europäische Landwirt seine argentinischen Kollegen beneidet, auf das massive Ausbringen der Herbizide langfristig reagieren wird, bleibt abzuwarten. Argentinien handelte sich abgesehen von ökologischen Risiken bereits evidente soziale Probleme mit der Ausweitung des RRS-Anbaus ein. Tausende Kleinbauern wurden von ihren Ländereien vertrieben. Die Anzahl von bäuerlichen Betrieben ging in den letzten zehn Jahren um 60.000 zurück.[89] Hunderttausende Menschen, die ihr Auskommen in den kleinbäuerlichen Strukturen bestritten, gehen heute täglich in die Armenküchen der argentinischen Großstädte, um sich dort zu verpflegen. Dafür, dass die Armensuppe nicht versiegt, sorgt der Staat. Vom Sojarausch profitieren Großbauern und großteils ausländische Aktiengesellschaften, von denen niemand so genau weiß, wer sich tatsächlich dahinter verbirgt. Diese anonymen Gesellschaften (Sociedad Anónima), stehen Vermutungen zufolge im Besitz von Großbanken, Pensionskassen, Versicherungen und Aktienfonds – also Gruppen, die sich eher für schnelle Profite als für nachhaltige Landwirtschaft interessieren.

Das grüne Gold kommt nicht der argentinischen Bevölkerung zugute. Es wird exportiert – auch nach Europa – und an das Vieh in der Intensiv-Nutztierhaltung verfüttert. Der US-Agrarwissenschaftler Charles Benbrook zeigte in einer Studie auf, dass die Ernteerträge von Kartoffeln, grünen Bohnen und Linsen erheblich zurückging. Die Milchproduktion fiel zwischen 1999 und

87) Argentina. Trip Report, Charles Benbrook, Heike Baumüller, 2002, *http://www.biotech-info.net/Trip_Report.pdf*

88) Monsanto hat die Pampa erobert, Gaby Weber, Deutsche Welle 11.02.2005

89) Jenseits von Afrika, in: Süddeutsche Zeitung 30.07.2003

2002 von zehn auf acht Milliarden Liter. Milch und Mais werden heute aus Paraguay importiert. Die argentinische Volkswirtschaft, die über fruchtbarste Landstriche verfügt, ist heute abhängig von Importen und dem Export einer Kultursorte. Monsanto hatte jahrelang nie ein Patent für Roundup-Ready-Soja in Argentinien beantragt und das Landwirteprivileg, das den Nachbau von Saatgut ohne weitere Gebühren erlaubt, gebilligt. Bei der Einführung von RRS lag der reguläre Kauf bei etwa 50 Prozent und fiel bis heute nach Monsanto-Angaben auf 18, nach Angaben der Behörden auf 30 Prozent. Diese Entwicklung zeichnete sich bereits lange ab und Monsanto sah dem illegalen Handel zu. 2004, zu einem Zeitpunkt, als praktisch kein konventionelles Soja-Saatgut mehr vorhanden war, forderte der Konzern »technical fees« (Technik-Gebühren) und Lizenzgebühren. In ganzseitigen Zeitungsinseraten informierte das Unternehmen, dass man einen neuen Mechanismus einführen wolle, der auf den Eigentumsrechten beruht, die der Konzern in vielen Ländern der Welt an dieser Technologie hält. Die Argentinier, die zwar die Verarmung spürten, aber die Entwicklung ihrer Landwirtschaft aus den Augen verloren hatten, waren wie vom Donner gerührt. Die zuständigen Ministerien wussten natürlich längst um die brisante Situation. Monsanto will nun ein System einführen, das bei den Exporteuren ansetzt und dort Gebühren für jede ausgeführte Tonne Soja erheben. Diesen Anspruch will der Konzern in Dänemark einklagen. Für den argentinischen Landwirtschaftssekretär Miguel Camps ist das ein unhaltbarer Zustand. Im Sommer 2005 wandte er sich an die Presse und erklärte, dass die anhängigen Gerichtsverfahren die argentinischen Bauern und Exporteure empfindlich getroffen hätten, zumal die Importeure nicht gewillt seien, zusätzliche Kosten zu tragen. Das offizielle Argentinien stellte weitere Gespräche mit dem Konzern ein. Man würde es verkraften, wenn Monsanto – wie angekündigt – das Land verlasse, und werde künftig eigene Biotech-Sorten entwickeln, ließ Campos über die Presse ausrichten.[90] Wie sich diese Angelegenheit auf die gesamte wirtschaftliche Situation des Landes auswirken wird, ist völlig offen. Die Argentinier erfuhren großteils erst durch diesen Fall, dass sich grüne Gentechnik in ihrem Land ausgebreitet hatte. Eine breitere, öffentliche Debatte über mögliche gesundheitliche oder ökologische Risiken hatte es nicht gegeben. Biotech gilt eher als schick, über organisierte Konsumentenproteste ist nichts bekannt.

Anders die Situation im Nachbarland Brasilien. Dort ist grüne Gentechnik seit ihrer Einführung in Argentinien ein Thema, wenngleich auch ein eher ökonomisches. Präsident Lula da Silva trotzte lange den Biotech-Konzernen, die das Land vereinnahmen wollten. Gerade in Hinblick auf lukrative Exportmärkte wie Europa wollte man Gen-Soja nicht ins Land lassen. Doch die Bra-

---

90) Argentina To Fight Monsanto In court, Dow Jones Newswire 01.07.2005

silianer schmuggelten Saatgut über die Grenze. Das hatte weniger mit den Segnungen der RR-Sojabohne zu tun als mit dem Preis. Etwa 17 US-Dollar kostete das Schwarzmarktsaatgut, während der offizielle Preis bei etwa 57 US-Dollar liege, berichtete 2001 das AS PTA, eine brasilianische Organisation, die sich mit alternativen Landwirtschafts-Projekten beschäftigt.[91] Auch in Brasilien hatte Monsanto keine Eile, den illegalen Handel einzudämmen. »Wenn Brasilien Biotechnologieproduktion legalisiert, haben Europa und Asien keine Möglichkeit mehr, Non-biotech-Sojabohnen zu bekommen«, so ein kolportierter Ausspruch des Sprechers der amerikanischen Sojabohnen-Association, Bob Callanan. Und erst als sich im Süden Brasiliens die RR-Sojaflächen kontinuierlich ausgeweitet hatten, schlug Monsanto Alarm und forderte Gebühren. Anfang März 2005 hob der brasilianische Kongress das offizielle Anbauverbot für gentechnisch veränderte Pflanzen auf. Monsanto will darüber hinaus wie in Argentinien von den Exporteuren Patentgebühren erheben. Zur Gänze konnte die Gen-Soja-Industrie das Land jedoch nicht knacken. Denn der Norden des Landes setzt weiter auf den konventionellen Sojaanbau. Die konventionelle Sojaernte aus dieser Region wird über den Hafen in Paranaguá nach Europa und Asien verschifft. Die Sojaproduktion dieser Region beträgt etwa 20 Millionen Tonnen pro Jahr.

Dass der Norden bis dato so gut wie gentechfrei war, hat aber wesentlich mit einem engagierten, einflussreichen Regionalpolitiker zu tun, der vehement gegen die Gentech-Lobby auftritt: Roberto Requiao setzte strenge Kontrollen in Paranaguá durch. Lastwagen mit Gentechsoja aus Paraguay oder anderen brasilianischen Nachbarstaaten ließ er zurückschicken, internationale Handelsmultis wie Bunge, Cargill, ADM oder Louis Dreyfus drängte er aus der Hafenverwaltung. Monsanto und BASF wurde der Verkauf von diversen Herbiziden untersagt. Auch das Monsanto-Präparat Roundup steht auf dem Index.

Doch auch die Macht von einflussreichen Einzelpersonen wie Requiao ist begrenzt. Nur wenn langfristig Abnahmen garantiert werden, scheint die Absicherung einer Gensoja-freien Zone im Norden Brasiliens gewährleistet. Auf den deutsch-brasilianischen Wirtschaftstagen in Stuttgart im Juni 2004 kam deshalb der Vorschlag auf, Brasilien könne eigene Anbaugebiete und Hafenanlagen für gentechfreies Soja ausweisen. Für »100-prozentige Nicht-Gensoja« müssten die Europäer aber einen Aufpreis zahlen und langfristige Lieferverträge abschließen.[92]

---

91) Genetically modified soybeans. Blessing or curse for Brazilian agriculture?, LEISA Magazine Dezember 2001

92) Brasilien gibt grünes Licht für Gentech-Multis, Telepolis 08.03.2005

## 3.6 Indien: Killing fields

Vor gut dreißig Jahren hielt die grüne Revolution in Indien Einzug. Cash-Crops, chemische Düngemittel und Pestizide erhöhten die Erträge der indischen Bauern schlagartig. Sie bauten nicht mehr primär für den Eigenbedarf an, sondern produzierten Tee, Reis, Tabak und Baumwolle für den Verkauf. Die Geschäfte liefen anfangs gut, doch die Krise kam bald. Die Schadinsekten wurden resistent. Neue, teure Pestizide kamen auf den Markt und die Kleinbauern gerieten in die Schuldenfalle. »Killing fields« nennen die indischen Tageszeitungen die Baumwollfelder, denn in den vergangenen Jahren begingen Tausende verzweifelte Landwirte Selbstmord. Die meisten schlucken Pestizide, das einstige Symbol des Fortschritts.

Die Häufung von Suizidfällen beschäftigt indes Symposien und den Bundeskongress.[93]

Die Einführung der grünen Gentechnik änderte an dieser Situation nichts, obwohl die indischen Bauern ebenso wie die Regierung große Hoffnungen in die neuen Technologien setzte und teilweise noch setzt. Monsanto beteiligte sich Ende der 1990er an nationalen Forschungseinrichtungen und brachte 2002 Bt-Baumwolle auf den Markt. Bollgard sollte resistent gegen den Baumwollkapselwurm sein und wurde unter enormem Marketingaufwand an die Bauern abgegeben. Obwohl die Samen viermal so teuer sind als herkömmliche Sorten, kauften inzwischen 400.000 Landwirte die GV-Sorten.[94]

Während in westlichen Medien noch bis 2003 über immense Ertragssteigerungen berichtet wurde, zeichnete sich auf vielen indischen Feldern bereits das zweite Desaster nach dem Scheitern der grünen Revolution ab. »Trotz wiederholter Fehlschläge bezeichnet Monsanto die gentechnisch veränderten Pflanzen in Indien als ein Wunder. Martin Qiam von der Bonner Universität und David Zilberman von der University of California in Berkeley, die zu Zeiten des kommerziellen Anbaus keine Äcker besucht hatten, veröffentlichten ein Papier im ›Science‹, in dem sie behaupteten, dass die Erfahrungen mit Bt-Baumwolle in Indien positiv und die Erträge um 80 Prozent gestiegen seien. Qiam und Zilberman haben von Mahyco-Monsanto beigestellte Daten verwendet, anstatt eigene Bewertungen vorzunehmen«, schildert die streitbare Trägerin des alternativen Nobelpreises Vandana Shiva den Weg der Mythenbildung im Westen.

Tatsache hingegen war, dass im Bundesstaat Andrah Pradesh, dem Hauptanbaugebiet für Baumwolle in Südindien, Bollgard nicht funktionierte.

93) We will not let down any farmer, Raghuveera Reddy, The Hindu 14.10.2004

94) Indiens Landwirte verschulden sich für Gen-Saatgut, Stefan Dege, in: Die Welt 01.03.2005

Es kamen andere Schädlinge und selbst der Baumwollkapselwurm ließ sich von der Bt-Technologie nur begrenzt abhalten. Es mussten weiterhin Spritzmittel eingesetzt werden. Die Ernten fielen nicht besonders üppig aus, aber es ging anfangs noch irgendwie. Die Kosten waren wesentlich höher als die Erlöse aus den Erträgen. Die Landwirte saßen erneut in der Schuldenfalle. Der Agrarminister von Andrah Pradesh beklagte bald öffentlich die Missernten auf 25.000 Morgen Land. 10.000 bis 12.000 Familien würden vor dem Nichts stehen. Im Mai 2005 schließlich griff der Staat durch und beantragte das Verbot der Monsanto-Sorte. Ein äußerst ungewöhnlicher Vorgang, denn das Genetic Engineering Aproval Committee, die zentrale Zulassungsbehörde für Gentechnik in Neu-Delhi, zeigt sich ansonsten sehr großzügig bei Anträgen ausländischer Investoren. Das faktische Versagen in Andrah Pradesh konnte die Behörde aber nicht ignorieren. Das 2002 zugelassene Saatgut erhielt für Andrah Pradesh keine weitere Lizenz mehr. Der Verkauf ist aber nur dort und nicht in ganz Indien verboten. Die Regierung in Andrah Pradesh fordert Entschädigungszahlungen von 8,5 Millionen Euro an die betroffenen Landwirte. Eine Forderung, die der Konzern ablehnt. Seiner Meinung nach lägen die Misserfolge an schlechter fachlicher Praxis – etwa falsche Bewässerung oder nicht korrekter Umgang mit dem Saatgut.

Es darf bezweifelt werden, dass jemals Konzerngeld an die Bauern fließt. Monsanto ließ schon die Landwirte in Indonesien auf ihren Krediten sitzen, die sie für den Erwerb gentechnisch veränderten Baumwollsaatguts aufgenommen hatten. Saatgut, das in Indonesien ebenso wenig funktionierte wie in Indien. Etwa 70 Prozent der 4438 Bauern, die Gen-Baumwolle angebaut hatten, konnten nach dem ersten Pflanzjahr ihren Kredit, den sie von einer Tochtergesellschaft von Monsanto für den Kauf von Saatgut und Dünger bekommen hatten, nicht zurückzahlen. Dennoch verdoppelte das Unternehmen im kommenden Jahr die Preise für das Gen-Saatgut und senkte gleichzeitig die Preise für den Aufkauf der Gen-Baumwolle. Das Vorgehen führte zu so starken Protesten der Bauern, dass sich Monsanto Ende 2003 ganz aus Indonesien zurückzog. Schließlich räumte sogar der indonesische Umweltminister ein, dass die GV-Baumwolle mehr Schaden als Nutzen gebracht hätte. Später kam noch heraus, dass ein Monsanto-Manager eine Umweltverträglichkeitsprüfung durch Behördenbestechung zu umschiffen versuchte. Ein amerikanisches Gericht verurteilte den Konzern dafür zu einer Geldbuße von 1, 5 Millionen Dollar.[95]

Den indonesischen Bauern nutzte das wenig. Ihre indischen Leidgenossen haben ebenfalls kaum reale Chancen auf angemessene Entschädigung. An Unterstützung durch die Bundesregierung in Neu-Delhi glaubt kaum jemand.

95) Bestechen und Abzocken?, Telepolis 13.01.2005

Die Menschen erinnern sich an die Tragödie von Bhopal und die Tausende bis heute kaum entschädigten Opfer. Damals, im Dezember 1984, kam es in der Pestizidfabrik von Union Carbide in Bhopal zu einer Explosion. Eine tödliche Gaswolke zog über die Millionenstadt. Der Chemikaliencocktail (u. a. Methylisocyanat) verbrannte Augen- und Lungengewebe und führte zu Herz- und Atemstillstand. Mehr als 7000 Menschen starben innerhalb der ersten drei Tage. Bis heute sind über 20.000 Menschen an den direkten und indirekten Folgen der Katastrophe gestorben und geschätzte 500.000 Menschen der ersten, zweiten und dritten Generation leiden noch heute an Folgeschäden: Erkrankungen der Luftwege, Krebs, neurologische Störungen, Missbildungen bei nach der Katastrophe geborenen Kinder. Der Konzern einigte sich fünf Jahre später mit der Regierung auf eine Schadenersatzsumme von rund 500 Millionen Dollar. Die Opfer erhielten damals 350 Dollar pro Person. Bis heute werden sie nicht ausreichend medizinisch versorgt.

Bollywood-Indien denkt ungern an die Menschen von Bophal und sieht herab auf die armen Bauern in Andrah Pradesh. In so einem Umfeld haben Konzerne leichtes Spiel. Umso erstaunlicher ist aber auch die Entscheidung des lokalen Landwirtschaftsministeriums, Monsanto die Stirn zu bieten. Der zuständige Minister, Dr. Raghuveera Reddy, fand bereits ein Jahr zuvor klare Worte hinsichtlich der Zunahme von Selbstmorden unter den Landwirten, die er als Akt der Verzweiflung einschätzte. Das Einzige, was sich die Kleinbauern wirklich wünschten, seien gute Erträge und die Befreiung von skrupellosen Händlern, die zweifelhaftes Saatgut oder Pestizide verkaufen.

# 4 Wirtschaft und Patente

## 4.1 Management by hope

Der Blick in die Anwenderländer bestätigt einen Ausspruch des Wissenschaftlers Ulrich Dolata: »Die grüne Gentechnik ist zurzeit alles andere als sexy.«[96] Sie ist es weder für die Landwirte noch für die Unternehmen. Die Branche durchlief in den vergangenen Jahren einen Konzentrationsprozess. Sechs führende Agrochemiekonzerne – Syngenta, Bayer CropScience, Monsanto, DuPont, BASF und Dow – teilen etwa drei Viertel des Umsatzes für Saatgut und Pflanzenschutzmittel unter sich auf. Bei transgenem Saatgut dominiert eindeutig Monsanto. Wie aber agiert dieses Unternehmen, wie konnte es so große Marktdominanz erreichen?

»Food, Health, Hope«, verspricht das Unternehmenslogo, das an der Zentrale in St. Louis im US-Bundesstaat Missouri prangt. Der Slogan ist Devise. Hope – Hoffnung, das ist es, was Monsanto in den letzten Jahren bestens verkaufen konnte. Hoffnung für Landwirte, Hoffnung für die eigenen Aktionäre, die immer wieder empfindliche Verluste in Kauf nehmen mussten. Jahrelang war nicht »Management by numbers« (nach Zahlen), sondern »Management by hope« für die Anleger angesagt.

Marketing lautete das Zauberwort bei der Markterschließung. »Dreifach-Sonderangebot!« – »Mehr Technologie – mehr Wert«, lauteten die Werbebotschaften auf den Hochglanzfoldern, die im amerikanischen Landhandel anfangs auslagen. Bei Ernteverlusten wurde Rückerstattung versprochen. Beim Kauf von 3000 Säcken Roundup-Ready-Soja gab es drei Technology Power Points, fünf beim Kauf von 150 Paketen Gen-Mais. Je mehr Punkte, desto mehr Rabatt. Mit dem attraktiven Vergütungssystem gelang es, die Konkurrenz klein zu halten. Wieso sollte ein US-Farmer, der Mais und Soja im Fruchtwechsel anbaut, Syngenta-Mais kaufen, wenn er mit den Monsanto-Sorten finanziell besser fuhr?[97] Die aggressive Marketing-Strategie brachte

96) »Die grüne Gentechnik ist zurzeit alles andere als sexy«, Ulrich Dolata, in: Frankfurter Rundschau 06.01.2003

97) Reportage: In den USA ist die Grüne Gentechnik eine Alltäglichkeit, Gerd Spelsberg, ersch. in Verbraucher Konkret 4/98, Mitgliederzeitschrift der Verbraucherinitiative

den Konzern nicht nur einmal in die Negativ-Schlagzeilen. Dennoch ging die Methode anfänglich in vielen Ländern auf. Um den Markt langfristig abzusichern, begab sich das Unternehmen in der zweiten Hälfte der 1990er auf Einkaufstour. Unter CEO (Vorstandschef) Bob Shapiro wurden zahlreiche Saatgutunternehmen aufgekauft, Allianzen mit Vertriebspartnern geschlossen. Zunächst war Calgene Inc., die marode Anti-Matsch-Tomaten-Firma, an der Reihe. Zwischen 1995 bis 1997 kamen noch Asgrow Agronomics, ein führendes Unternehmen bei Saatgut für Sojabohnen und Mais, Stine Seed, Monsoy »zur besseren Abdeckung des brasilianischen Saatgutmarktes für Sojabohnen«, Agracetus »zur Stärkung der technologischen Basis«, Holden's Foundation Seeds Inc., Weltmarktführer bei »Foundation«-Saatgut, dem genetischen Basismaterial für kommerzielles Saatgut, Mehrheitsbeteiligungen an DEKALB Genetics, dem zweitgrößten Saatgutunternehmen in den USA, und Kollaborationsabkommen in der Genomforschung hinzu. In den folgenden Jahren erwarb Monsanto das internationale Saatgutgeschäft von Cargill in Mittel- und Südamerika, Europa, Asien und Afrika, von Unilever die Plant Breeding International Cambridge Limited (PBI), ein führendes europäisches Pflanzenzuchtunternehmen. Die Expansion hatte ihren Preis. Die investierten Milliarden konnten sich nicht in wenigen Jahren auf den Äckern amortisieren. Im Jahr 2000 kam die erste große Krise. Selbst die ehemaligen Verbündeten und Branchen-Kollegen nahmen kein Blatt mehr vor dem Mund und warfen Monsanto vor, die gesamte Branche ins Wanken gebracht zu haben. »Die haben uns alle einen schlechten Dienst erwiesen«, wetterte ein Novartis-Manager auf einem Kongress im Jahr 2000.[98] Monsanto selbst hatte sich bei seinem Versuch, GVP »mit der Brechstange einzuführen«, übernommen und verlor zunächst seine Unabhängigkeit. Eine Übernahme durch beziehungsweise der Zusammenschluss mit dem Pharma-Giganten Pharmacia & Upjohn stand an. »Das Unternehmen hat in den vergangen Jahren über fünf Milliarden US-Dollar in den Ausbau seiner Forschungskapazitäten und den Aufkauf von Saatgutfirmen gesteckt, ist entsprechend hoch verschuldet und hat auch für das erste Halbjahr 2002 einen Verlust von 1,6 Milliarden US-Dollar ausgewiesen«, bilanziert Ulrich Dolata. Der Aktienkurs vollführte in den letzten Jahren eine aufregende Berg- und Talfahrt. Hoffnung und Enttäuschung lösten sich in rascher Folge ab.

Angesichts des ökonomischen Drucks, unter dem der Life-Science-Konzern steht, sind die aggressiven Durchsetzungs-Praktiken, die dem Konzern von Kritikern immer wieder vorgeworfen werden, nachvollziehbar. Bei einem Forschungsbudget von 500 Millionen US-Dollar allein im Jahre 2004 muss sich

---

98) Herren der Schöpfung – gescheitert, Jürgen Krönig, Thomas Fischermann, Die Zeit – Wirtschaft Nr. 31/2000

der Konzern logischerweise bei landwirtschaftlichen Produkten auf Pflanzen konzentrieren, die weltweit in großem Stil angebaut werden. Und er muss davon verkaufen, was das Zeug hält, um die immensen Kosten wieder einzuspielen. Für dieses High-Risk-Game, für jedes gescheiterte Projekt zahlt jeder Landwirt, jeder Konsument letztlich mit.

Eine der Strategien Monsantos ist es, die Landwirte mit gigantischen Vertragswerken in Schach zu halten und Patentansprüche mit äußerster Vehemenz zu verfolgen. Die Patentfalle werden wir im folgenden Kapitel noch eingehender besprechen. Ein anderer Aspekt ist der Kuschelkurs mit Wissenschaft und Politik, den der Konzern seit langem betreibt. Als Monsanto über Großbritannien versuchte, die grüne Gentechnik in Europa salonfähig zu machen, wurden britische Medien nicht müde, die Methoden des Konzerns vorzuführen. Unter Bill Clinton war die biotechfreundliche Politik ein offenes Geheimnis. Der ehemalige Präsident zeichnete etliche Monsanto-Wissenschaftler für ihre Leistungen aus. In der Ära George W. Bush gelang es dem Konzern, noch stärkeren Rückhalt aus der Politik zu erhalten. Der Umweltredakteur des britischen Guardian, John Vidal, listete in einem 2001 erschienenen Artikel penibel die personellen Verquickungen auf.[99] Die prominentesten Namen sind Donald Rumsfeld und John Ashcroft. Rumsfeld war Präsident von Searle Pharmaceuticals, als es an Monsanto verkauft wurde. Der 2004 demissionierte Justizminister Ashcroft erhielt von Monsanto 10.000 US-Dollar Wahlkampfunterstützung, die höchste Summe, die der Konzern jemals an einen einzelnen Kongress-Abgeordneten vergab. Tommy Thompson erhielt Verantwortung über den wichtigen Bereich der US-Zulassungsbehörde FDA. Er ist in den Staaten ein bekannter Befürworter und richtete vor seiner politischen Karriere im Bush-Kabinett Pro-GMO-Kampagnen aus, die unter anderem von Monsanto finanziert worden waren. Ann Veneman, ehemalige Führungskraft bei Calgene, wurde von Bush ins Landwirtschaftsministerium gehievt. Und so weiter. Die Verquickung von Politik und Wirtschaft könnte zu einem Kollaps ähnlich wie bei dem 2002 gestrandeten New-Economy-Unternehmen Enron führen, warnten Analysten der US-Firma Innovest Strategic Value Advisor. Greenpeace hatte bei der auf Finanzanalysen bei Umweltinvestments und Analysen zur Nachhaltigkeit von Unternehmen spezialisierten Gruppe eine Durchleuchtung des Geschäftsgebarens von Monsanto in Auftrag gegeben. Frank Dixon, Geschäftsführer von *Innovest*, sagte anlässlich der Präsentation des Berichts im Frühjahr 2003: »Wenn *Monsanto* nichts unternimmt, seine beträchtlichen Marktrisiken einzudämmen, sind weitere Verluste für die Investoren zu erwarten. Weil genetische Verunreinigungen oder das Scheitern der gesamten Technik die Gefahr finanzieller Einbußen mit sich

99) GM lobby takes root in Bush's Cabinet, John Vidal, The Guardian 01.02.2001

bringen und der Markt gentechnisch manipulierte Lebensmittel nach wie vor ablehnt, ist Monsanto eine schlechte Anlage.«

Wie kaum anders zu erwarten nahm der Konzern wenig Schaden ob dieses Berichts, zumal viele Anleger trotz Pleiten wie Enron & Co kaum auf nachhaltiges Management achten. Ebenso wenig stört die Finanzwelt der Hinweis, dass Monsanto und Dow Chemical einst Agent Orange entwickelten. Das Entlaubungsmittel wurde im Vietnamkrieg großflächig versprüht. Millionen Vietnamesen waren dem Gift ausgesetzt und klagen ebenso wie Vietnam-Veteranen bis heute über schwere gesundheitliche Beeinträchtigungen. Im Frühjahr 2005 begann eine neue Runde um Schadenersatzforderungen vor einem US-Gericht.[100] In seinem Geschäftsgebaren beeinträchtigt fühlte sich Monsanto nach anhaltender Kritik an der Herstellung und Verbreitung des Rinderwachstumshormons rBST. Außer in den USA ist der Einsatz weltweit fast überall verboten. Die Tiere produzieren durch die Hormongabe mehr Milch und Fleisch. Gleichzeitig beeinträchtigen massive Nebenwirkungen wie die erhöhte Gefahr von Euterentzündungen und Kreislaufprobleme die Tiergesundheit. Kanadische Gutachten zeigten zudem Risiken für die menschliche Gesundheit. Als verschiedene US-Milchverarbeiter auf rBST-freie Ware umstiegen und diese als solche deklarierten, klagte Monsanto wegen Täuschung des Konsumenten und Wettbewerbsverzerrung.[101]

Anleger lassen sich mehr von Zahlen beeindrucken. Sie fielen selbst 2004 unter den Analystenerwartungen aus. Das Unternehmen musste bekannt geben, dass es aufgrund rückläufiger Herbizid-Umsätze einen Verlust erwirtschaftet hatte, der jedoch deutlich unter dem Fehlbetrag 2003 liegen würde.[102] Für 2005 scheint die Lage ein wenig besser zu sein, für das erste Quartal legte die Geschäftsführung vergleichsweise gute Zahlen vor. Allerdings muss sich die Investition von 1,4 Milliarden Dollar in den Aufkauf des Saatgutherstellers Seminis erst amortisieren.

Die grundsätzliche Frage bleibt. Können sich derart kostenintensive gentechnische Systeme im Nahrungsmittelbereich wirklich rechnen?

---

100) Agent Organe lawsuit opens in US, BBC 01.03.2005

101) Monsanto – Ein »Gen-Konzern« stellt sich vor, Daniel Hausknost, in: Konfliktpotential Gentechnik, Wien 2000

102) Monsanto: Verlust deutlich reduziert, Erwartungen jedoch verfehlt, Finanzen.net 06.10.2004

## 4.2 Eine Handvoll Player

Das Marktsegment der Agrochemie ist eigentlich sehr klein. Derzeit werden jährlich weltweit Umsätze von etwa 42 Milliarden US-Dollar erzielt, davon 29 Milliarden mit Pflanzenschutzmitteln und 13 Milliarden mit Saatgut, wie Ulrich Dolata in einem übrigens überaus empfehlenswerten Artikel hervorhebt.[103] Der Pharmabereich gibt im Vergleich wesentlich mehr her. 2001 wurden hier etwa 350 Milliarden US-Dollar umgesetzt, also fast eine Zehnerpotenz mehr. Der Agro-Bereich ist wesentlich schwieriger und vergleichsweise wenig attraktiv für Konzerne. Etliche Jahre fielen die Preise für landwirtschaftliche Produkte. Die Anzahl der Bauern ging zurück, ebenso die Menge an nachgefragten chemischen Pflanzenschutzmitteln und Saatgut. Es ist kaum zu erwarten, dass sich dieser Trend umkehrt, wenn weiterhin Landwirte unter derartigem Finanzdruck produzieren müssen, wie es heute in den industrialisierten Ländern passiert.

Abgesehen von Monsanto macht bei den anderen Playern am Markt das Geschäftsfeld Gentech-Saatgut und Agrochemie einen wesentlich geringeren Prozentsatz aus. Dolata weist darauf hin, dass es nur wenige verlässliche Daten zu dem Bereich gibt. Punktuell lassen sich aber die Größenordnungen einschätzen. »Der Agrochemiekonzern Syngenta, Marktführer bei Pflanzenschutzmitteln und Nummer drei im Saatgutgeschäft, erzielte in 2001 einen Gesamtumsatz von 6,3 Milliarden US-Dollar, von denen mit 139 Millionen US-Dollar allerdings lediglich zirka zwei Prozent vom Gesamtumsatz auf transgenes Saatgut entfielen.«[104]

Im Moment ist also sicher nicht der große Reibach mit den GV-Pflanzen zu machen und angesichts der hohen Forschungsaufwendungen und des geringen Outputs bis dato ist dies auch in Zukunft fraglich. Die immens hohen Entwicklungskosten von GV-Pflanzen haben allerdings eines bereits bewirkt: Dass der Markt inzwischen hoch konzentriert ist und nur noch wenige Player kennt. Die sechs wichtigsten Unternehmen der Grünen Gentechnik und ihre aufgekauften Partner beziehungsweise Zusammenschlüsse der letzten Jahre sind nach einer Zusammenstellung der Schweizerischen Arbeitsgruppe Gentechnologie (SAG) folgende:

103) »Die grüne Gentechnik ist zurzeit alles andere als sexy«, Ulrich Dolata, Frankfurter Rundschau 06.01.2003

104) S.o.

| Syngenta | Bayer CropScience | Monsanto | DOW | DuPont | BASF |
|---|---|---|---|---|---|
| Astra Zeneca | | Calgene | Agrigenetics | Pioneer | American Cynamid |
| Novartis Seeds | Aventis | Holdens | Mycogen | | ExSeed |
| Sandoz | AgrEvo | DeKalb | Biosource | | Genetics |
| Ciba-Geigy | Hoechst-Roussel | Asgrow | | | Rohm & Haas |
| Northrup King | Agritope | Upjohn (inzw. wieder getrennt) | | | |
| Rogers | Exelixis | Agracetus | | | |
| Zeneca | Limagrain | Seminis | | | |
| Hilleshog | Plant Genetic Systems | | | | |
| Wilson | Haaris Moran | | | | |
| Genetics | Rhône-Poulenc | | | | |

Tabelle: Nach SAG, Verschobene Marktreife. Benno Vogel, Christof Potthof. Feb. 2004 / v. Verf. adaptiert.

Die Fusionitis der letzten Jahre hat inzwischen zahlreiche Arbeitsplätze gekostet. Viertausend Arbeitsplätze gingen allein bei der Übernahme von Aventis CropScience durch Bayer verloren.[105] Der Verlust kann keinesfalls durch mehr Jobs im Bereich der Pflanzen-Biotechnologie kompensiert werden.[106]

Um ihre vom Konsumenten ungeliebten Produkte loszuwerden und den Markt langfristig abzusichern, müssen die Konzerne strategische Partnerschaften eingehen, haben insgesamt den Agro-Markt aufgemischt und erzeugen stetig neue Abhängigkeiten bei einer gleichzeitigen Abnahme von Konkurrenz. Früher gab es eigene Saatgutfirmen, Unternehmen, die Pflanzenschutzmittel herstellten und wieder andere für Futtermittelzusätze und Dünger. Mit der grünen Gentechnik sind jetzt bereits die Saatgutfirmen, Pflanzen- und Futtermittelhersteller unter ein Dach gekommen. Als weiterer Schritt werden Verarbeiter ins Visier genommen. Der Landwirt als Bindeglied zwischen diesen beiden Bereichen ist ohnehin bereits in der Zwickmühle und mit Lizenzverträgen in Abhängigkeit geraten. Und er trägt große Risiken, welche die Anbieter kaum abfedern.

105) Dolata

106) Vgl. Kapitel: Jobwunder?

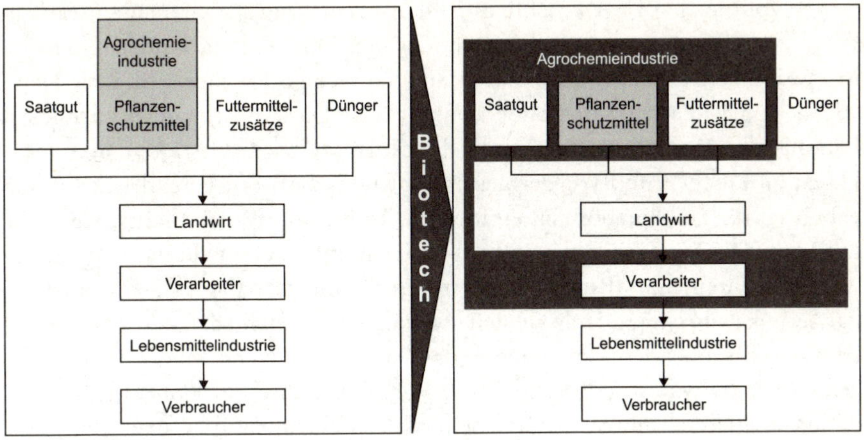


Quelle: *www.gentechnologie.ch* Vogel/Potthof 2004. Grafik nach Müller & Rödiger 2001

Die kritische Schweizerische Arbeitsgruppe Gentechnologie beschreibt den Vorgang als Weg zur totalen Kontrolle über die Nahrungsmittelproduktion. »Während es beim Kauf der Saatgutfirmen noch um den Erwerb von Know-how, die Nutzung von Synergien und die Ankoppelung von Herbiziden an die transgenen Sorten ging, geht es jetzt um die beste Nutzung des neuen Agro-Marktes. Oder anders gesagt: Die Allianzen mit der Verarbeitungsindustrie sind ein weiterer Schritt, die Kontrolle vom Gen bis zum Supermarktregal zu erlangen.«[107]

## 4.3 Monsanto macht sich unbeliebt

Erheblichen Auftrieb erhielt die Kommerzialisierung der grünen Gentechnik durch die bis heute heftig umstrittene Möglichkeit, Gene und Gensequenzen zum Patent anzumelden. Die Eigentumsrechte hält der Hersteller. Der Landwirt wird zum Lizenznehmer. Das Roundup-Ready-Soja-Saatgut ist im Grunde genommen nur mehr gemietet ebenso wie der insektenresistente Bt-Mais. Das Landwirteprivileg, welches das Einbehalten von Ernte zur neuerlichen Aussaat und unter bestimmten Umständen den Nachbau von Saatgut garantierte, wird durch Patente ausgehebelt. In den USA oder Kanada geraten Landwirte oftmals in die Patentfalle ohne zu wissen, wie verunreinigtes Saatgut auf ihre Felder gelangte. Und wieder beherrscht Monsanto aufgrund seiner aggressiven Durchsetzungspolitik die Schlagzeilen.

107) Verschobene Marktreife, Vogel/Potthof – SAG 2004

Obwohl in den USA Patente auf Pflanzen nicht grundsätzlich so stark in Frage gestellt werden wie in Europa oder den Entwicklungsländern, hat sich Monsanto selbst in den Vereinigten Staaten wenige Freunde gemacht. Denn wie sieht die »Patent-Kontrolle« konkret aus? Da kann es einem harmlosen Landhändler passieren, dass eines Tages zweifelhafte Gestalten in seinem Laden auftauchen und vor der gesamten Kundschaft mit Nachdruck Lizenzgebühren für GV-Sojabohnen einfordern. Und es hilft auch nichts, wenn Sie erklären, dass Sie doch gar kein Feld besitzen und noch nie Bauer waren oder werden wollten. Gary Rinehart, einem Kaufmann aus Missouri, ist Derartiges passiert. Er musste zunächst einen Anwalt einschalten, der den Monsanto-Detektiven schließlich klar machte, dass sie dem falschen Mann hinterherjagen. Rinehart war so erbost über die Vorgehensweise des Konzerns, dass er diese Geschichte brühwarm Mitarbeitern des Zentrums für Nahrungsmittelsicherheit (CFS) sowie der »Chicago Tribune« erzählte.[108] Nachdem er sicher nicht mit Klagen zu rechnen hatte, nahm er kein Blatt vor den Mund. Als »großmäulig«, »heftig« und »Klugscheißer« bezeichnete er die Monsanto-Ermittler. Auch andere, »richtige« Farmer der Gegend seien drangsaliert worden, so Rinehart. Immer wieder wurde betont, wie groß und mächtig Monsanto sei und ein kleiner Bauer ohnehin keine Chance vor Gericht habe. Was Rinehart so offen beschrieb, ist beileibe kein Einzelfall, wenngleich viele Farmer die Schauergeschichten über den Konzern nur hinter vorgehaltener Hand erzählen. Durchschnittlich 500 Ermittlungen im Jahr führt das Unternehmen wegen angeblicher Patentrechtsverletzungen durch. Das US-Zentrum für Nahrungsmittelsicherheit (CFS), eine angesehene Non-Profit-Organisation, die sich hauptsächlich aus Juristen zusammensetzt, legte nach ausführlichen Recherchen Anfang 2005 einen Bericht über die fragwürdigen Methoden Monsantos vor.[109] Danach erreicht allein die Gesamtsumme aller dokumentierten Gerichtsurteile, die dem Konzern aufgrund von Klagen zugesprochen wurde, eine Höhe von über 15 Millionen Dollar. Doch das ist nur die Spitze des Eisbergs, denn die außergerichtlichen Vergleiche tauchen in dieser Zahl gar nicht auf.

Monsanto räumt selbst ein, eine kostenfreie Hotline zu unterhalten, unter der Bauern Hinweise bei Verdacht auf Verstöße gegen Patentrechte des Konzerns hinterlassen können. Im Grunde genommen ist das nichts anderes als ein Aufruf zur Bespitzelung seiner Nachbarn. Im Allgemeinen geht Monsanto immer nach demselben Muster vor:

---

108) Monsanto: Worlds Leading Biotech Bully, Andrew Martin, in: Chicago Tribune 14.01.2005

109) Monsanto against Farmers, Center for Food Safety, Washington 2005, *http://www.centerforfoodsafety.org/*

1. Ermittlungen gegen Bauern,
2. außergerichtliche Vergleiche,
3. Prozesse gegen Bauern.

Meistens bekommen die Farmer Einschreiben mit »einschüchterndem Charakter« zugestellt. Oft tauchen unvermittelt Detektive im Auftrag Monsantos auf, die Proben von den Feldern ziehen. Die US-Bundesstaaten Norddakota und Indiana haben inzwischen dem aggressiven Vorgehen des Konzerns einen Riegel vorgeschoben, wonach Probenentnahmen nur noch unter bestimmten Bedingungen durchgeführt werden dürfen. Viele US-Farmer stimmten aber angesichts der vermeintlichen Übermacht des Konzerns Vergleichen zu. Oftmals würden sie auch Saatgutverträge mit Monsanto unterschreiben, weil dann Zahlungen geringer ausfallen, berichtet das CFS. Böse Zungen könnten behaupten, dass das wohl auch eine gute Strategie ist, sein Saatgut unter die Bauern zu bringen.

Wie auch immer, bekannt wurde der Fall eines außergerichtlichen Vergleichs, wonach ein Bauer aus Nord-Carolina sich zu einer Zahlung von 1,5 Millionen Dollar verpflichtete. 1999 berichtete die Washington Post, dass etwa die Hälfte der 525 durchgeführten Ermittlungen mit außergerichtlichen Vergleichen beigelegt worden seien. Über die Gesamtsumme an Zahlungen ist aufgrund von Stillschweigevereinbarungen nichts bekannt. Klarer ist die Zahl der Klagen, die als »letztes Mittel« gegen Bauern angewandt wurden. 147 Klagen gegen Bauern und 39 gegen kleine Firmen oder Händler, zählte das CFS. Die teuerste dokumentierte Entscheidung, die bisher zugunsten von Monsanto ausgesprochen wurde, umfasst einen Zahlungsanspruch von 3.052.800 US-Dollar. Die Gesamtsumme aller dokumentierten Gerichtsurteile, die Monsanto aufgrund von Klagen zugesprochen wurde, erreicht eine Höhe von 15.253.602,82 US-Dollar.

Monsanto spielte den CFS-Bericht herunter. Ein Sprecher betonte, dass die Zahl der verklagten Bauern verschwindend gering sei gegenüber den etwa 300.000 Linzenznehmern, mit denen das Unternehmen gute Beziehungen unterhalten würde. Es sei keine Absicht, unschuldige Bauern zu verklagen, und wenn Monsanto-Saatgut unwissentlich oder unbeabsichtigt auf die Felder gelangen würde, so sei das keine Grund für den Konzern, gegen die Bauern vorzugehen. Die damit befasste Abteilung sei das »letzte Ressort« des Unternehmens. Dafür wird aber etwas zu viel Aufwand betrieben. Immerhin vergibt das Unternehmen Aufträge an große Detekteien. Laut CFS sind 75 Angestellte mit Ermittlungen und Klagen wegen Patentverletzungen beschäftigt und es sei ein jährliches Budget von 10 Millionen US-Dollar dafür vorgesehen. Steigt ein Landwirt einmal auf die Verträge ein, so kann er sein blaues Wunder erleben. Die Vertragswerke sind so komplex, dass viele gar nicht so genau durchschauen, was sie unterschreiben und wofür sie haften. Monsanto wälzt Risiko auf die Landwirte ab, behält sich selbst aber die totale Kontrolle vor. Wer seine Unterschrift unter die Technology Agreements – technischen Vereinbarungen – setzt, erlaubt Monsanto-Mitarbeitern selbst drei Jahre nach Aussaat noch auf seinem Grundstück herumzustaksen und zu kontrollieren.[110] Der Landwirt muss sogar Einblick in seine Bücher und sein Finanzgebaren geben. Das passt vielen Farmern nicht. Doch bei Soja ist der Grad an Verunreinigung inzwischen derart hoch, dass den Landwirten ein Ausweichen kaum mehr möglich ist.

## 4.4 David gegen Goliath

Eine wahre »David gegen Goliath«-Schlacht lieferte sich der kanadische Raps-Farmer Percy Schmeiser mit Monsanto. Er wurde von dem Konzern wegen angeblichen Genklaus beziehungsweise Saatgutpiraterie vor den Kadi gezerrt. Schmeiser hingegen betonte, dass er nie Roundup-Rready-Raps gekauft hätte – und natürlich auch nicht gestohlen. Er vermutete, dass seine Felder durch Pollenflug oder durch verwehtes GV-Saatgut von vorbeifahrenden Lastwagen verunreinigt worden waren. Da Raps eine äußerst verbreitungsfreudige Art ist, deren Pollen sogar bis zu 26 Kilometer vertragen werden können, ist seine Darstellung durchaus glaubwürdig. Trotzdem stand Monsanto eines Tages vor seiner Tür und forderte *technical fees*, Abgaben für Technologie, in Höhe von 15 kanadischen Dollar pro Acre ( = 0.4046856 ha) ein. Das sah wiederum Schmeiser nicht ein und ließ sich verklagen. Erste und zweite Instanz entschieden gegen ihn. Etwa 200.000 Dollar sollte der Landwirt zahlen. Schmeiser – inzwischen von zahlreichen NGOs unterstützt – ging bis zum Höchstgericht. Die Richter fällten ein knappes – vier gegen fünf Stimmen – Urteil zugunsten von Monsanto. Die Höchstrichter teilten offensichtlich die Argumentation der Verteidigung nicht. Diese hatte eingewandt, dass eine ganze Pflanze nicht patentierbar sei. Das Urteil war aber keineswegs ein Grund zu großem Jubel für Monsanto. Denn die Richter billigten dem Konzern zwar die volle Nutzung seiner Patentansprüche zu, entbanden Schmeiser aber von jeglicher Schadenersatzzahlung an Monsanto, da er keinen finanziellen Vorteil aus dem Roundup-Ready-Raps ziehen konnte. Auch die Gerichtskosten von 200.000 kanadischen Dollar wurden ihm erlassen. Schmeiser hatte gemischte Gefühle angesichts des Urteils, konnte ihm sogar etwas Positives abgewinnen: »Das Gericht hat sehr wohl bemerkt, dass meine Profite immer dieselben waren,

110) In den USA ist die Grüne Gentechnik eine Alltäglichkeit, Gerd Spelsberg, Reportage in: Verbraucher-Konkret 4/98, Mitgliederzeitschrift der Verbraucher-Initiative

unabhängig davon, ob konventioneller Raps oder Roundup-Ready-Raps auf meinen Feldern zu finden war.«[111] Enttäuscht zeigten sich Greenpeace und andere Umweltschutzorganisation, denen das »zügellose Patentrecht« zu weit geht. Der kanadische Wissenschaftler Rene Van Acker sieht das ähnlich. »Das Problem an dem Urteil ist, dass kanadische Farmer kaum mehr Rechte haben, während Monsanto alle Rechte beansprucht.«[112]

## 4.5 Gen-Piraten unterwegs

Um die ganze Tragweite von Patenten auf GV-Pflanzen zu verstehen, ist es hilfreich, sich mit der um sich greifenden Bio-Piraterie auseinander zu setzen. Das Interesse an der Verwertung fremder Pflanzen ist grundsätzlich ebenso wenig neu wie der Samenklau. Während des Kolonialismus im 18. und 19. Jahrhundert erlebte der Pflanzentransfer einen Höhepunkt. Das Interesse an Exoten als mögliche Rohstofflieferanten hatte damals bereits strategische Bedeutung. Der erste »historisch erwähnte« Bio-Pirat war der Brite Henry Wickham. Im Auftrag des Direktors der Londoner Kew Gardens sammelte er 70.000 Hevea-Samen und schmuggelte sie aus Brasilien. Ein lebensgefährliches Unterfangen, denn die Brasilianer bestraften jeden mit dem Tod, der auch nur den Versuch wagte, ein Samenkorn außer Landes zu bringen. In den britischen Treibhäusern gelang es, einen Teil zum Keimen zu bringen. Die wertvollen Kautschuk-Pflanzen wurden in die britischen Kolonien Ceylon und Singapur verfrachtet, wo der begehrte Rohstoff prächtig gedieh. Wickham wurde geadelt. Den reichen Kautschuk-Baronen im brasilianischen Manaus brach dieser Samenraub das Genick. Nun mag sich bei manchem das Mitleid bei dieser Sache in Grenzen halten, wurden ja doch nur »Reiche« beklaut.

Biopiraterie kennt aber keine ethischen Grenzen, vergreift sich an wertvollen Ressourcen, über die ärmere Länder verfügen, und wächst sich heute zu einer Plage aus. »Den Biopiraten ist jeder Trick recht, um an die begehrte Ware zu kommen. Der häufigste ist der, sich mit einem einheimischen Arzt oder Heiler anzufreunden und alles über die Heilwirkungen der Pflanzen zu lernen. Manchmal wird dem Arzt auch eine Auslandsreise angeboten. Dann folgt die Extraktion der Wirkstoffe und deren Export, meist in Puderform, als Lösung oder als Baumrinde«, berichtet die Agraringenieurin Beate Wörner.[113] Die kanadische Umweltorganisation ETC (vormals RAFI) beobachtet dieses Treiben penibel und listet auf ihrer Homepage eine ganze Reihe von Biopiraterie-Fällen aus den letzten Jahrzehnten auf. Die afrikanische Seifenbeere Endod,

111) *www.percyschmeiser.com*
112) Dr. Rene Van Acker, persönliche Mitteilung
113) Von Gen-Piraten und Patenten, Beate Wörner, Frankfurt am Main 2000

das kleinsamige, hitzetolerante Getreide Teff aus Äthiopien, ayurvedische Heilpflanzen aus Sri Lanka und so weiter und so weiter. Sie alle wurden von skrupellosen Wissenschaftlern ins Ausland gebracht, dort in die Einzelteile zerlegt und Heilstoffe oder spezielle Verfahren zur Verwertung der Pflanze patentiert. Es ist bezeichnend für die ethische Verfassung gewisser Forschungskreise, dass an der Biopiraterie durchaus namhafte Universitäten und zahlreiche Wissenschaftler beteiligt sind.

Das US-Landwirtschaftsministerium und das amerikanische Chemieunternehmen W.R.Grace hielten jahrelang ein Patent auf den indischen Neembaum, das vom Europäischen Patentamt genehmigt worden war. Der Neembaum – Baum der Freiheit – ist eine traditionelle indische Heilpflanze, aus der eine Vielzahl heimischer Heilmittel gewonnen wird. Außerdem verwenden die Inder seit langem das daraus gewonnene Öl als natürliches Schädlingsbekämpfungsmittel. Das von den Amerikanern angemeldete EP 0436257B1 beschrieb ein Verfahren zur Zubereitung eines Schädlingsbekämpfungsöls aus den Neembaumsamen. Fünf Jahre lang hielten die Amerikaner die Rechte an dieser ursprünglich indischen Ressource. Fünf Jahre lang kämpften Tausende Inder, NGOs und die Alternativ-Nobelpreisträgerin Vandana Shiva um ihren Baum, um dessen Nutzung, um ihr Wissen. Am 9. und 10. Mai 2000 standen sich dann die Kontrahenten in einem Verhandlungssaal des Europäischen Patentamts gegenüber. Ein hervorragender Bericht der Frankfurter Allgemeinen Zeitung (FAZ) gibt wieder, was sich damals in München abspielte. Ein »Vertreter des amerikanischen Chemie-Großkonzerns schweigt während der gesamten Verhandlung, wie nur ein Mensch schweigen kann, der sich seiner Macht gewiss ist.«[114] Auf der anderen Seite die verdutzten, armen indischen Bauern. Wie mögen sie sich gefühlt haben? Wie würden wir uns fühlen, wenn irgend jemand – überspitzt formuliert – unseren Kamillentee patentiert oder die Ringelblumensalbe, die schon unser Urgroßmütter herzustellen wussten? »Als den Indern am Ende die Tränen in den Augen standen, weil sie ihren Baum gegen die Vereinnahmung durch den amerikanischen Grace-Konzern und die amerikanische Regierung verteidigt hatten, erlebte man einen erhebenden Moment, als ihn nicht das süßlichste Gerichtsmelodram hätte erfinden können.«[115] Die moralischen Einwände der indischen Kläger interessierten die Behörde nicht sonderlich. Doch als ein indischer Fabrikant glaubhaft machen konnte, dass er eben dieses Verfahren bereits lange vor den Amerikanern entwickelt und erprobt hatte, hob das Amt das Patent wegen »lack of novelety«, dem Mangel an Neuartigkeit, auf. Von den etwa 90 Patenten auf den Neembaum sind inzwischen die meisten wieder revidiert. Der indische

114) FAZ 11.05.2000, Sandra Kegel, zitiert nach: Von Gen-Piraten und Patenten, s.o.
115) Ebda.

Baum ist zum Großteil wieder patentfrei. Doch in wie vielen Fällen gelingen derartige Nachweise? In wie vielen Fällen können sich ärmere Bevölkerungsgruppen teure Patentrechtsstreitigkeiten vor ausländischen Gerichten leisten?

Das Hauptproblem besteht grundsätzlich darin, dass täglich angewandte, über die Jahrhunderte immer wieder verbesserte Auslese und Erfahrung mit Heilpflanzen im Westen technisch beschrieben und mit einem Patent belegt wird. Das gilt natürlich auch für Züchtungen von Nahrungsmittelpflanzen. Über Patente werden Nutzungsrechte an Pflanzen eingeschränkt. Die Maca-Pflanze gedeiht in den Anden und dient den Peruanern seit ewigen Zeiten als Nahrungs- und Stärkungsmittel. Substanzen aus den Wurzeln können den Hormonhaushalt und die Fruchtbarkeit positiv beeinflussen. Die Maca war daher eine ideale Kandidatin für ein Life-Style-Medikament beziehungsweise Nahrungsergänzungsmittel. Die Peruaner begannen ihre seit langem bekannten Mittel für den ausländischen Markt herzustellen und das mit Erfolg. Der Verkauf brachte ein wenig Geld ins Land. Doch auch hier kamen US-Firmen und meldeten unter anderem Patente auf Standardprozeduren zur Extraktgewinnung an.[116] Die Peruaner fürchten nun, dass sie ihre eigenen Produkte nicht mehr in die USA verkaufen können, da die Patentinhaber ihnen das verbieten könnten. So geht es vielen ärmeren Ländern. Sie verfügen über eine Fülle von Sorten und Arten, haben aber nicht das Geld, die Pflanzen zu analysieren und teure Patente zu erwirken, wollen dies teilweise auch gar nicht, da ihrem Verständnis nach die Natur allen gehört. In diese Lücke stoßen westliche Wissenschaftler und Unternehmen. Von den Profiten bekommen die Völker nichts oder nur Almosen ab. Den Gewinn haben einige wenige Akteure primär in den Industrieländern. Geld für Entwicklungshilfe dürfen indirekt wieder alle Bürger und Bürgerinnen in den Geberstaaten aufbringen. Anstatt die Länder mit Hilfe zur Selbsthilfe zu unterstützen, lassen wir zu, dass man ihnen wichtige Ressourcen raubt, um danach wieder ein wenig Unterstützung zu gewähren – die im Westen letztlich gemeinschaftlich aufgebracht wird. Es gab bereits einige internationale Initiativen, die versuchten, einen fairen Ausgleich zu finden. Doch selbst die CBD (Biodiversitätskonvention von 1972), in die viele Hoffnungen gesetzt wurden, hat sich oftmals nicht als geeignetes Instrumentarium erwiesen, die Biopiraterie einzudämmen und den Völkern ihren gerechten Anteil an ihren Pflanzen und ihrem über Jahrhunderte erarbeiteten Wissen zukommen zu lassen.[117]

Die Gentechnik bringt in die gesamte Patentproblematik zusätzliche Brisanz. Insbesondere in den USA setzte durch die Möglichkeit, Gene zu identifi-

---

116) Peruvian Farmers and Indigenous People Denounce Maca Patents, ETC-Mitteilung 03.07.2000

117) Vgl. BUKO Pharma-Brief Dezember 2002 od. ETC Group (*www.rafi.org*)

zieren, eine Patentwelle ein. Nach amerikanischem Recht wird nämlich als neu definiert, was »der im Patentgesetz beschriebenen Öffentlichkeit bisher nicht bekannt war. Hierbei kann es sich beispielsweise auch um eine Pflanze handeln, die bereits in der Natur existierte«[118]. Die europäische Rechtsprechung orientiert sich dagegen weiterhin an der absoluten Neuheit, das heißt allerdings nicht, dass die EU vor der Patentflut verschont geblieben wäre. General Electric setzte 1980 als erste Firma in den USA den Patentanspruch auf einen gentechnisch veränderten Mikroorganismus vor dem Obersten Gerichtshof durch. Die so genannte »Chakrabarty-Entscheidung« hatte weitreichende Folgen. Wenige Jahre später wurden in den USA das erste Patent auf eine GV-Pflanze erteilt und ein Patent auf ein Säugetier, die so genannte »Krebsmaus«. In Europa verlief der Prozess etwas zögerlicher. Das Europäische Patentübereinkommen (EPÜ) von 1977 schloss nämlich die Patentierung von Leben definitiv noch aus. Trotz des EPÜ jedoch erteilte das Europäische Patentamt Patente auf Pflanzen und Tiere. 1995 entschied die Beschwerdekammer des EPA nach einem Einspruch von Greenpeace, keine Patente auf ganze Pflanzen und Tiere mehr zu erteilen. Das war die Geburtsstunde der bis heute umstrittenen Biopatentrichtlinie von 1998, die auf Druck gewisser industrieller Kreise – die einen Konkurrenznachteil zu den USA fürchteten – erarbeitet wurde. Die EU-Richtlinie 98/44/EG über den Schutz biotechnologischer Erfindungen ist aufgrund heftiger Debatten bis heute in vielen Mitgliedsstaaten nicht in nationales Recht übergeführt. Auch Deutschland ließ sich bis 2004 Zeit. Grundsätzlich gewährt die Richtlinie das Landwirteprivileg und schließt die Patentierung von Pflanzen, Tieren und bloßen Entdeckungen aus. So weit, so gut, könnte man meinen. Doch in der Praxis sieht vieles ganz anders aus. Das Landwirteprivileg wird allein durch die legalen Lizenzvereinbarungen der Anbieter von gentechnisch veränderten Pflanzen unterlaufen. Und die Praxis der Patentvergabe durch die EPA erweckt auch den Anschein, dass jene Recht behalten, die an der Richtlinie ein Verschwimmen der Grenzen zwischen Erfindung und Entdeckung kritisierten. »Eine Erfindung ist eine Lehre oder Anleitung zum technischen Handeln, d.h. sie umfasst die Lösung einer Aufgabe mit technischen Mitteln. Dabei schließt der Rückgriff auf die lebende Natur eine Erfindung nicht aus. Erst wenn lediglich in der Natur vorgegebene Vorgänge beschrieben werden, handelt es sich nicht um eine Erfindung, sondern um eine Entdeckung. Die bloße Sequenzierung eines Genoms ist daher lediglich eine Entdeckung, die Herauslösung eines Gens aus seiner natürlichen Umgebung und die Bereitstellung für weitere Verwendungszwecke dagegen eine Erfindung«, beschreibt eine interdisziplinäre Studie, an der Joachim Lege, Professor

118) Patente, Macht und Gesellschaft. Ein Überblicksartikel des Dipl.-Biologen Joscha Wullweber, der auch seine Diplomarbeit über Biopiraterie verfasste: *www.biopiraterie.de*

für Öffentliches Recht am Institut für Technik- und Umweltrecht der Juristischen Fakultät der TU Dresden, mitwirkte, diese recht komplexe Materie unter Bezugnahme auf weitere internationale Rechtsabkommen.[119] Im Europäischen Patentamt kommen die Anträge offensichtlich so geschickt formuliert an, dass es weiterhin fleißig Patente auf Pflanzen erteilt. Im Jahr 2002 stiegen die Patentanmeldungen auf insgesamt 2634 für gentechnisch veränderte, 582 für nicht gentechnisch veränderte Pflanzen. Es gehört mittlerweile schon zum Ritual, dass Greenpeace regelmäßig Einspruch in München einlegt. Einen besonders dreisten Fall schildert der Diplom-Biologe Joscha Wullweber, der auch seine Diplomarbeit über Biopiraterie verfasst hat: »So meldete Dupont ein Patent auf alle Maispflanzen an, die einen Ölgehalt von mehr als 6 Prozent und einen Ölsäuregehalt von mindestens 55 Prozent besitzen. Das Patent hätte sowohl für die herkömmlich gezüchteten Maissorten als auch für alle natürlich vorkommenden gegolten, die besonders ölhaltig sind. Das sind gegenwärtig ein Drittel aller bestehenden Maissorten! Danach dürften z.B. mexikanische BäuerInnen ihre seit Generationen weiterentwickelten Maissorten nur noch unter Zahlung von Lizenzgebühren in Ländern verkaufen, wo dieses Patent angemeldet ist. Dieses Patent wäre vom EPA erteilt worden, wenn nicht Greenpeace, Misereor und die mexikanische Regierung Einspruch eingelegt hätten.«[120]

Problematisch ist, dass sich das Europäische Patentamt selbst finanziert und somit Interesse an der Patentvergabe hat. Erschwerend kommt hinzu, dass das Europäische Patentamt den Mangel an Neuartigkeit beweisen muss und nicht der Antragsteller.

Inzwischen gibt es vielfach Kritik auch von Seiten der Wirtschaft und Wissenschaft an dem in den letzten Jahren ausgebrochenen Patentwahn. Denn mittlere und kleinere Unternehmen werden in der Entwicklung neuer Produkte durch Patente, die meist von Konzernen gehalten werden, blockiert – ebenso die Forschung. Selbst in den USA musste auf Druck des Landwirtschaftsministeriums ein Patent zurückgenommen werden, zumal man festgestellt hatte, dass dadurch die gesamte öffentliche Forschung an Baumwolle zum Erliegen gekommen wäre.

Das Grundproblem bleibt mit dem politisch erklärten und rechtlich abgesicherten Willen zum Patent auf Leben. Denn mit der Möglichkeit der Patentierung von genetischem Material, von Genkonstrukten und den damit gestalteten oder auch nur beschriebenen Pflanzen wird die gesellschaftliche Struktur und ihre Eigentumsverhältnisse grundlegend verändert. Der amerikanische Ökonom und Sozioethiker Jeremy Rifkin beschrieb diesen gesellschaftlichen

119) Gentechnik in der Pflanzenzucht, B. Irrgang et al., Hrsg. Forum für interdisziplinäre Forschung, Dettelbach 2000

120) Wullweber, s.o.

Wandel einmal treffend als die Verschiebung von der »Property relation« hin zur »access relation«. Wird der Bauer, der Mensch künftig nicht mehr Eigentümer sein, sondern zum Mieter natürlicher Ressourcen degradiert? Die Antwort Rifkins: »Wenn die Firma Monsanto einem Farmer Samen zur Verfügung stellt, gibt es keinen Verkauf, keinen Käufer und keinen Verkäufer mehr. Sie gewährt bloß Zugang zur DNA, zu einer genetischen Information, die ihr intellektuelles Eigentum ist und bleibt. Der Samen gehört nicht dem Farmer. Es ist illegal, ihn weiter zu benutzen. Indem es aber nicht länger zum Austausch von Eigentum kommt, ist die Konzentration der Macht unausweichlich.«[121] Viel simpler formulierte es der britische Labour-Abgeordnete Alan Simpson: »Meiner Überzeugung nach ist diese Patentflut in der Biotechnologie forschungsfeindlich, wissenschaftsfeindlich und demokratiefeindlich. Sie ist ein Bruch mit der Tradition; Forschung wird nicht mehr gemacht, um ein Heilmittel zu finden, sondern um ein Vermögen zu machen. Es steht der Tradition der Landwirte entgegen, die Samen aufheben und Pflanzen vermehren und beides miteinander teilen als Schutz gegen unvorhersehbare Naturgewalten. Diese Heilmittel und diese Samen waren immer schon Teil eines weltweiten Allgemeinguts. Die Patentierung hat dieses Gefüge verzerrt.«

## 4.6 Tote Saat

Am 3. März 1998 gaben das amerikanische Landwirtschaftsministerium und die Firma Delta & Pine – inzwischen eine Monsanto-Tochter – bekannt, sie hätten ein Patent auf ein neues Gentechnik-Verfahren erhalten, mit dem verhindert wird, dass Saatgut noch einmal keimen kann. Damit wäre es unmöglich geworden, Saatgut von der Vorjahresernte aufzubewahren und nochmals auszusäen. Diese Meldung sorgte für erheblichen Aufruhr. NGOs prägten den Begriff »Terminator-Saatgut«. Weltweit empörten sich Landwirte. Selbst US-Farmer, die ohnehin ertragreiche Hybridsorten häufig nachkaufen müssen, um die Qualität dauerhaft zu gewährleisten, und denen von Rechtswegen die neuerliche Aussaat von gentechnisch veränderten Pflanzen verboten ist, empörten sich. Dass man eine Technologie einführen wollte, die ihnen das letzte Refugium, die letzte Idee von der bäuerlichen Souveränität über die eigene Ernte das eigene Saatgut rauben würde, ließ selbst den technikbegeistertsten US-Farmern den Atem stocken. Weltweit gab es massive Proteste gegen diese Technik, bei der eine Art Killergen in die Pflanze eingebaut wird. Im Prinzip kann die Pflanze zwar einmal eine Frucht hervorbringen, aber sich nicht vermehren, sobald das Gen angeschaltet wird. Andere Konzerne zogen nach und entwickelten Ähnliches. Es gibt zwar wenig Literatur über das genaue Funktionie-

121) Wir werden Kriege um Gene führen, Jeremy Rifkin, in: FAZ 11.04.2000

ren der entwickelten Methoden, jene von Zeneca beruht offensichtlich darauf, dass das Killergen nur über die Zugabe spezieller Chemikalien abgeschaltet werden kann. Auch Syngenta hält ein Terminator-Patent. Für die Firmen wäre die Technologie äußerst praktisch, zumal man sich dann alle Patent-Rechtsstreitigkeiten, teure Anwälte, Detektive etc. sparen könnte. Wenn Saatgut nicht mehr aufgeht, muss es zwangsläufig jedes Jahr nachgekauft werden.

Die Welternährungsorganisation FAO trat entschieden gegen die Terminator-Technologie auf. Die Folgen seien unabsehbar, sowohl in ökologischer und gesundheitlicher als auch in sozialer Hinsicht. Quer über den Globus, quer durch alle politischen Lager wurde diese Technologie als zutiefst unmoralisch verurteilt. Terminator-Saatgut ist in den meisten Ländern untersagt. Nicht keimfähiges Saatgut ist nach europäischem Recht grundsätzlich nicht zulässig. Schließlich empfahl sogar die CBD (Convention on Biodiversity) ein Moratorium für die Terminator-Technologie. Monsanto sah sich gezwungen, öffentlich zu erklären, die Forschungen an der Technologie einzustellen. Offensichtlich begrub man das Unterfangen aber nicht wirklich. Die US-Regierung intervenierte massiv bei der CBD.[122] Die FAO hätte nur die negativen Seiten dargelegt und wäre außerdem unwissenschaftlich vorgegangen, so das offizielle Amerika. Durch eine Indiskretion kam Anfang 2005 heraus, dass Kanada bereits knapp davor war, sein Terminator-Verbot zu kippen. GURT, Genetic Use Restriction Technology, so der Fachbegriff, wurde offensichtlich unter amerikanischer Regierungsaufsicht in Gewächshäusern weiter getestet. Nachdem Monsanto seine Felle davonschwimmen sieht – man denke an die Argentinier, die keine Gebühren an den Konzern zahlen wollen, zumal dieser ja auch nie ein Patent dort angemeldet hat –, leistet die Regierung offensichtlich Schützenhilfe. Der Öffentlichkeit wird GURT jetzt als Lösung für die Koexistenzproblematik verkauft. Die Weiterverbreitung der Gene, Pollendrift, könnte damit unterbunden werden. Man höre und staune: Vor Einführung der grünen Gentechnik haben Konzerne und Wissenschaftler Stein und Bein geschworen, dass es so gut wie unmöglich sei, dass sich GV-Pflanzen ungewollt ausbreiten. Das Gegenteil ist der Fall, am massivsten bei GV-Raps, wie wir aus Kanada wissen. Jetzt kommt die Industrie mit einer neuen Lösung daher, die absolut unproblematisch sei und alle unangenehmen Nebenerscheinungen der grünen Gentechnik, die heute schon evident sind, wieder wettmachen würde. Wunderbar, schwärmte das Wissenschaftsmagazin »New Scientist«, man sollte diese Technologie in alle GVOs einbauen.[123] Wie bitte? Ein einziges Argument ist nachvollziehbar, nämlich, dass die Schwarzmärkte etwa in Brasilien eingedämmt werden könnten und somit auch weniger GV-Verunreinigung gewollt

---

122) Siehe Website der CBD *www.biodiv.org/*

123) »Terminator« Technology Keeps GM Crops in Check, New Scientist, by Michael Le, Feb. 2005, zitiert nach Genet

oder ungewollt auf den Äckern landen würde. Das würde sicher auch die GVP-Gegner freuen. Die Argumentation greift aber zu kurz, da sie die technischen Möglichkeiten überschätzt. »Die Terminator-Technik wäre nur dann eine Möglichkeit, die Ausbreitung von GVOs zu verhindern beziehungsweise Koexistenzprobleme zu lösen, wenn es eine hundertprozentige stabile Expression unter allen klimatischen Bedingungen weltweit gebe«, so der Risikoforscher Werner Müller. Erinnern wir uns: Instabilität gentechnisch veränderter Pflanzen ist ein Hauptproblem der Gen-Ingenieure. Manchmal funktioniert eine Pflanze unter gewissen klimatischen Bedingungen, in anderen Gegenden spielt sie völlig verrückt. Und dieses Risiko sollen wir mit einer Technologie eingehen, die die Saat keimunfähig macht? Wenn eine Verbreitung verhindert werden soll, müsste primär hundertprozentige Pollensterilität angestrebt werden. Dass sich Terminator über Pollenflug verbreiten kann, bestreitet der Journalist vom New Scientist aber gar nicht. Seine Schlussfolgerung: «Claims that Terminator genes might spread to other crops or wild relatives are nonsense. If any neighbouring plants are fertilised by pollen containing the Terminator gene, the resulting seeds will be sterile.« Das ist ein veritabler Kurzschluss. Wie kommt etwa ein konventioneller Raps-Farmer dazu, dass seine Pflanzen, sein Saatgut durch Pollenverunreinigung keimungsunfähig gemacht werden? Was passiert, wenn über Hilfslieferungen Terminator-Saatgut in Entwicklungsländer kommt und dieses die heimischen Sorten derart kontaminiert, dass in letzter Konsequenz kaum mehr konventionelles Saatgut zur Verfügung steht? Müssen die Menschen dort dann auch teures GV-Saatgut jährlich neu von den Multis kaufen? Für Entwicklungs- und Schwellenländer, in denen heute noch über 90 Prozent des Saatguts von kleinen Farmern selbst vermehrt wird und es kaum Züchterindustrie gibt wie in den Industrieländern, wäre das schlichtweg eine Katastrophe. Ganz abgesehen davon wären die Auswirkungen von Terminator auch in unseren Breitengraden unberechenbar. Was ist, wenn die Technik nicht funktioniert, die Pflanzen verrückt spielen und nicht mehr keimen? Und was ist mit dem anderen großen Problem, das kein Wissenschaftler bestreitet: »gene silencing«?[124] Dabei wird das fremde Genkonstrukt in die Pflanze erfolgreich eingebaut, die Wirkung kommt aber nicht zum Tragen. Solche Pflanzen könnten sich weiter ausbreiten, andere kontaminieren und das Killergen weitergeben – und irgendwann kollabieren die Pflanzen und geben dem Killergen eine Chance. Die Ernte ist tot. Möglich, dass die Wahrscheinlichkeit solcher Szenarien gering ist, aber solange eine solche Möglichkeit nicht zu hundert Prozent ausgeschlossen werden kann, hat die Terminator-Technologie absolut nichts in Nahrungsmittel-Pflanzen verloren. Schon gar nicht, wenn es im Prinzip ja doch nur darum geht, Konzernen ihre Lizenzgebühren zu sichern.

---

124) Vgl. die Eingangskapitel zur Technik, spez.: Die Wunde im Genom

# 5 Geschenke an die Armen

Manch einer wird sich jetzt fragen, ob es in der grünen Gentechnologie nichts gibt, das außerhalb der Markt- und Patentlogik funktioniert. Er wird sich fragen, ob alles nur ein mehr oder weniger schäbiges Geschäft ist. Nun, es gibt sicher Gen-Ingenieure, die aus gutem Glauben oder Überzeugung handelten, und es gibt Geschenke an die Armen. Bilden Sie sich in den beiden nachfolgenden Kapitel ein Urteil, was davon zu halten ist.

## 5.1 Goldener Reis

»This rice could save a million kids a year.« – »Dieser Reis könnte Millionen Kindern pro Jahr das Leben retten«, titelte das Time Magazine im Juli 2000. Das war die Botschaft von Ingo Potrykus, der an der ETH Zürich maßgeblich an der Entwicklung des »Golden Rice« beteiligt war. Die Idee dahinter: Gentechnisch veränderter Reis sollte mehr Beta-Carotin, eine Vorstufe von Vitamin A, enthalten und so Menschen vor Vitamin-A-Mangelerkrankungen wie Erblindung schützen. Potrykus konnte eine Reihe von Unternehmen, Stiftungen und Politiker für seine Idee gewinnen. Das Reissaatgut sollte schließlich lizenzfrei an Bauern in ärmeren Ländern abgegeben werden. Ein gigantisches Prestige-Projekt für die Biotech-Industrie.

Die Sache ist nur nicht ganz so einfach zu realisieren, wie es sich die Gen-Ingenieure wohl ursprünglich vorgestellt hatten. Die Bedeutung der Carotinoide, jener »sekundären Pflanzenwirkstoffe«, die Gemüse und Früchte gelb, orange oder tiefrot färben, wird erst allmählich erforscht und verstanden. Sie sind ein wichtiger Bestandteil des Photosynthesesystems und an anderen durch Licht gesteuerten Prozessen beteiligt. Carotinoide wirken als Antioxidantien und schützen die Zellen vor aggressiven Sauerstoffverbindungen, freien Radikalen. Im tierischen und menschlichen Organismus werden viele Carotinoide in Vitamin A umgewandelt. Am effizientesten gelingt das beim Beta-Carotin (Provitamin A). Vitamin A ist verantwortlich für den Sehvorgang und ist an der Bildung der Haut und Schleimhautzellen beteiligt. »Damit Beta-Carotin im Reiskorn gebildet werden kann, mussten mehrere Gene übertragen werden, um einen Biosyntheseweg aufzubauen«, berichtet das deutsche Infoportal transgen.de[125] und zeigt auch die Schwierigkeit des Unterfangens auf: »Zwar wurden bereits eine Reihe von Genen für jene Enzyme isoliert, welche die Biosynthese der Carotinoide steuern. Jedoch sind die genauen Regulationsmechanismen dieses Biosyntheseweges größtenteils noch unverstanden. Wegen ihrer engen Vernetzung in der pflanzlichen Zelle beeinflussen Eingriffe in die Carotinoid-Biosynthese auch andere Stoffwechselwege. Daher ist eine gezielte Modifizierung von Pflanzen ohne unerwünschte ›Nebenwirkungen‹ schwierig.«

Es war also zu erwarten, dass etliche Wissenschaftler und Umweltschützer dem Projekt von Potrykus sehr kritisch gegenüberstehen würden. Ein Streitpunkt ist der tatsächliche Beta-Carotin-Gehalt. Außerdem ist ungeklärt, ob und wie viel des enthaltenen Pro-Vitamins der Mensch tatsächlich verwerten kann. Es braucht auch Fett, um Beta-Carotin umzuwandeln. »Vitamin-A-Mangel tritt in der Regel nicht isoliert auf. Meist gehen weitere Nährstoff-Mängel damit einher«, betont der Ernährungswissenschaftler Prof. Dr. Claus Leitzmann.[126] 2001 wies Greenpeace[127] darauf hin, dass die Konzentration des Beta-Carotins im Golden Rice so niedrig ist, dass man das Zwölffache der üblichen Menge Reis essen müsste, um die Menge an Carotin aufzunehmen, die von Ernährungswissenschaftlern als notwendig angesehen wird, um den Vitamin-A-Bedarf zu decken.

Daraufhin nahm die Diskussion eine unangenehme Wende. Potrykus stellte pauschal die moralische Integrität kritischer Organisationen in Frage und warf ihnen vor, an der »unnötigen Erblindung von Millionen Kindern« Schuld zu tragen. Sicher, vier von zehn Kindern in Entwicklungsländern wachsen ohne ausreichende Vitamin-A-Versorgung auf. Das Problem wurde allerdings bereits in den 70er Jahren erkannt. Seitdem gibt es eine Reihe von Bemühungen, den Mangel an Vitamin A zu bekämpfen. Laut der Micronutrient-Initiative, die eng mit UNO-Organisationen zusammenarbeitet, gibt es inzwischen in über 40 Ländern Programme, bei denen Vitamin A in Tablettenform verabreicht wird.[128] Zwei Drittel aller Kinder werden dadurch erreicht. Noch wichtiger wäre es, für ausreichende ausgewogene Nahrung zu sorgen, sodass das Provitamin über natürliche Ressourcen aufgenommen werden kann. Auch hier gibt es Fortschritte. Programme, die auf eine verbesserte Ernährung insgesamt zielen, werden erfolgversprechend umgesetzt, etwa mit dem Anlegen

125) Golden Rice und gelber Raps, *http://www.transgen.de/gentechnik/pflanzenforschung/173.doku.html*

126) Gentechnik im Ernährungsbereich, Prof. Dr. Claus Leitzmann, in: Gefahr Gentechnik, Wien 2005

127) Golden Rice: Nicht alles, was glänzt, ist Gold, Christoph Then, Greenpeace 2005

128) Vitamin & Mineral Deficiency-Report 2004, UNICEF + The Micronutrient Initiative

kleiner Hausgärten. Spinat enthält viel Vitamin A und kann vielerorts problemlos gezogen werden. Sambia wiederum reichert Zucker mit Vitamin A an, andere Länder wie Marokko Speiseöl. Laut UNICEF wurden in den letzten fünfzehn Jahren erhebliche Fortschritte mit derartigen Initiativen erzielt, wenngleich vor einer Stagnation in den Bemühungen gewarnt wird. Mit den kolportierten 100 Millionen US-Dollar[129], welche die Entwicklung von Golden Rice gekostet hat, und den weiteren 50 Millionen, welche für die Bewerbung des Projekts budgetiert wurden, hätte man viele dieser Projekte finanzieren können. Nur zum Vergleich: Eine hochdosierte Vitamin-A-Pille kostet gerade mal zwei US-Cent. Bündelmaßnahmen sind wahrscheinlich die effektiveren und sicher die sozialverträglicheren Lösungen. Denn in den Zielländern selbst gibt es große Skepsis gegenüber der gentechnischen Manipulation ihres wichtigsten Grundnahrungsmittels. Auch wenn man nachvollziehen kann, dass Potrykus extremes persönliches Engagement in das Projekt gesteckt hat und es mit Zähnen und Klauen verteidigt: Die Art und Weise, wie der Wissenschaftler mit seinen Kritikern umgeht, macht ihn nicht sonderlich glaubwürdig als Anwalt für mangelernährte Kinder.

Selbst dem ursprünglichen Finanzier des Projekts, der Rockefeller-Stiftung, war der Medienhype nicht geheuer. Offensichtlich wollte sich die Industrie ein besseres Image verschaffen und die Ablehnung der Verbraucher gegenüber Gen-Food überwinden. Gordon Conway, Präsident der Foundation, bemerkte, dass »das Benutzen der Public Relation für Golden Rice« zu weit gehe. Und: »Wir denken nicht, dass Golden Rice die Lösung für das Vitamin-A-Mangel-Problem ist.«

Einige Jahre wurde es denn auch ruhig um Golden Rice. 2005 allerdings ließ Syngenta, jener Konzern, der heute wesentlich an dem Projekt beteiligt ist, verlauten, dass nun eine zweite Version geschaffen wurde. Von Seiten des Konzerns heißt es dazu:[130] »Syngenta Golden Rice 2 (SGR2) enthält rund 20-mal mehr Pro-Vitamin A als die ursprüngliche Sorte.« Offensichtlich operierten die Wissenschaftler dafür mit einem Mais-Gen, das zu einer Erhöhung des Gehalts an Beta-Carotin beitrug.[131] Für diese neue Variante wurde das eine fehlende Gen nicht aus Narzissen, sondern aus Mais isoliert und in den Reis einbaut. »Die Eigenschaft demnächst durch konventionelle Züchtung in lokal bedeutende Reissorten einführen«, skizzierte Syngenta die nächsten Schritte.

Auch wenn Freisetzungen noch einige Zeit dauern könnten, bei Agrarökologen dürften bereits jetzt die Alarmglocken läuten. Denn viele Vertreter dieser Wissenschaftsdisziplin stehen Gentech-Experimenten mit Reis als der wich-

129) Great yellow hype, Michael Pollen, New York Times Magazine 04.03.2001
130) Golden Rice – die heutige Situation, Syngenta, März 2005
131) Improving the nutritional value of Golden Rice through increased pro-vitamin A content, Nature 27.3.2005

tigsten Getreideart Asiens sehr kritisch gegenüber. Die weltweite Verbreitung und die Verflechtungen des globalen Reishandels würden eine rasche Verbreitung von Gentech-Sorten fördern. Zudem kann sich Reis mit verwandten Wildformen und Reis auf benachbarten Feldern leicht kreuzen. Der GV-Reis könnte sich dann ebenso rasch mit unabsehbaren Folgen ausbreiten. Weitverbreitete Unkräuter wie Echinochloa-Arten, die mit dem Reis nahe verwandt sind, haben zudem eine sehr stark ausgebildete Fähigkeit, Resistenzen gegen verschiedene Herbizide auszubilden. Bei herbizidresistenten Sorten, an denen ebenfalls geforscht wird, könnte es zur Ausbildung von Superunkräutern kommen, was heute bereits bei HT-Raps ein großes Problem ist. Der österreichische Experte für Lebensmittelqualität und Agrarökologie Helmut Reiner kommt in einer Studie für das österreichische Gesundheitsministerium zu dem Schluss,[132] dass man aufgrund des hohen Problempotenzials bei GV-Reis besser die Finger von Freilandexperimenten lassen sollte. Reiner wörtlich: »Die molekularbiologische Forschung am Reisgenom muss weiter intensiviert werden. Für Forschungszwecke können auch transgene Reispflanzen hergestellt werden, um in Labors oder in Klimakammern die Physiologie, Biochemie und Genetik des Reises besser zu verstehen und die markerunterstützte Selektion weiter zu verbessern. In der Praxis der Landwirtschaft sollte die Identität der Kulturpflanze Reis nicht langfristig gefährdet werden durch Einfügen von Genen oder Manipulationen im Genom, deren Auswirkungen niemand abschätzen kann.«

Zum Thema Goldener Reis noch eine grundsätzliche Überlegung: Mangelernährung mittels gentechnisch veränderten Pflanzen ausgleichen zu wollen, ist – mit Verlaub – eine ziemliche Schnapsidee. Mangelernährung ist im Wesentlichen ein Verteilungs-, manchmal auch ein Bildungsproblem. Die Natur hingegen bietet alles für eine ausgewogene Ernährung. Selbst eine Reissorte mit höherem Betacarotin-Gehalt als die ersten Golden-Rice-Pflanzen haben Menschen bereits ganz ohne Gentechnik gezogen. Der rote Reis wächst seit langem in Indien.[133] Die teure Erfindung Golden Rice, von der man bis heute nicht weiß, ob sie jemals halten wird, was die Entwickler versprechen, hätte man sich ersparen können, wäre zuvor mal ordentlich in Pflanzendatenbanken recherchiert worden. Respektive wäre ein Vorab-Blick auf die Micronutrition-Website hilfreich gewesen, um sich mit dem Problem und den bereits vorhandenen Lösungsansätzen vertraut zu machen. Trotz ehrenwerter Motive ist die Diskussion um Golden Rice typisch für die Szene der Gen-Ingenieure: Ein Problem wird durchaus richtig erkannt, aber statt zunächst die Ursachen

---

132) Agrarökologie von Reis und Baumwolle. Kurzstudie – Grundlagen zur Beurteilung der Grünen Gentechnik, Forschungsberichte der Sektion IV, Band 6/2004, Wien 2004

133) Afsar Jafri von der Forschungsstiftung für Wissenschaft, Technologie und Ökologie in Neu Delhi im Interview des Deutschlandfunks, 30.10.2004

zu analysieren und mögliche Alternativen abzuklären, werden lieber gleich GV-Pflanzen entwickelt und als Allheilmittel verkauft.

Day-cha Siripat vom Alternative Agriculture Network in Thailand bemerkte einmal treffend:[134]

> »Die Armen brauchen keinen Vitamin-A-Reis. Sie brauchen Vitamin L wie Land und sie brauchen Vitamin G wie Geld. Mangelernährung ist kein Technologieproblem, sondern ein Armutsproblem.«

## 5.2 Bettler haben keine Wahl

Riesenaufregung herrschte, als Sambia es wagte, trotz einer Dürrekatastrophe im Oktober 2002 genmanipulierten Mais als Hungerhilfe abzulehnen. Die Regierung folgte damit der Empfehlung eines internationalen Forscherteams. Die Medien überschlugen sich zunächst und warfen Sambia vor, die eigenen Leute verhungern zu lassen. Nur: Das Problem war vielschichtiger. Denn Sambia hatte im Wesentlichen vor zwei Dingen Angst. Erstens gab es gesundheitliche Bedenken. Die Argumentation in ihren Grundzügen: Während in den USA gentechnisch veränderte Pflanzen hauptsächlich in Futtertrögen und nur in Spuren in Lebensmitteln vorkommen, würden sich die Einwohner Sambias während der Dürrekatastrophe fast ausschließlich von Gen-Mais ernähren. Hätte das eventuell Auswirkungen auf die Gesundheit? Das zweite Problem sah man darin, dass ganze Körner zurückbehalten und zur Aussaat verwendet werden könnten. Damit wären Felder gentechnisch kontaminiert. Den Vorschlag, man könnte den GV-Mais mahlen, wie es auch andere afrikanische Staaten täten, lehnte Sambia mit dem Hinweis darauf ab, dass es nicht über die finanziellen Mittel verfüge, um den Mais mahlen zu lassen. Sambia bat um Non-GV-Mais, der in den USA ohnehin in ausreichendem Maße vorhanden wäre. Das wurde schlichtweg verweigert. Ein Sprecher des US-Entwicklungsministeriums meinte lapidar: »Bettler haben keine Wahl.«

So weit zur uneigennützigen Nahrungsmittelhilfe. Dass Hilfslieferungen oft aus genmanipulierten Pflanzen bestehen, veranlasste 14 südafrikanische Staaten, im September 2003 eine gemeinsame Richtlinie im Umgang mit gentechnisch manipulierten Pflanzen und Produkten zu erarbeiten. GV-Nahrungsmittelhilfe aus dem Ausland muss nun gemahlen oder fortpflanzungsunfähig gemacht werden. Und solange sie unterwegs ist, muss sie auch klar als GMO gekennzeichnet werden. Zur Lösung des Hungerproblems in Afrika hat die grüne Gentechnik nichts beigetragen. Vielmehr wollen die meisten afrikanischen Länder diese Saat nicht und wollen sie auch nicht von den USA auf-

134) Zit. nach: Von Gen-Piraten und Patenten, Beate Wörner, Frankfurt am Main 2000, S. 87

gezwungen bekommen. Lediglich Südafrika hat einen kleinen Spalt in Richtung Gentechnik geöffnet. Das afrikanische Prestigeprojekt der Vorzeigedame der Biotech-Industrie, Dr. Florence Wambugus, war eine transgene, virusresistente, besonders ertragreiche Kartoffel. Wambugu wurde, gesponsert von Monsanto, quer durch die Weltgeschichte geschickt und lobpries die Segnungen der grünen Gentechnik. Und sie ließ kein gutes Haar an NGOs, die Afrika mit ihrer Gentech-kritischen Haltung um wichtige Chancen bringen würden. Wambugus Super-Gen-Kartoffel stellte sich aber letztlich als reine Übertreibung heraus. Aaron deGrassi vom Institute of Development Studies in Sussex, England, deckte als einer der ersten Lücken in Wambugus Behauptungen auf. In einem sehr detaillierten Report über GV-Feldfrüchte in Afrika schreibt deGrassi, dass in Berichten über die transgene Süßkartoffel für Kenia geringere normale Ernteerträge zugrunde gelegt wurden, um so ein Bild der Stagnation zu erzeugen. In einem früheren Bericht wurden sechs Tonnen per Hektar zugrunde gelegt – ohne Angabe einer Datenquelle – und diese Angabe wurde in nachfolgende Analysen übernommen. Demgegenüber gehen Statistiken der Welternährungsorganisation (FAO) aber von 9,7 Tonnen und offizielle Statistiken Kenias von 10,4 aus. Die transgene Süßkartoffel hält also nicht, was Wambugu versprochen hatte – nämlich wesentlich mehr Ertrag. Auch andere Wissenschaftler des Instituts räumten gegenüber Fachmedien ein, mit dieser virusresistenten Kartoffel nicht sonderlich gut vorangekommen zu sein. Journalisten, die diesen Bluff aufdeckten, wurden inzwischen mit Medienpreisen ausgezeichnet. Doch das eigentlich Traurige an dieser Sache ist, dass Weltbank, Monsanto und USAID während der letzten zehn Jahre schätzungsweise sechs Millionen US-Dollar in das Projekt fließen ließen. Konventionelle Saatzucht in Uganda hat dagegen eine virusresistente Sorte der Süßkartoffel in kürzerer Zeit, mit einem Bruchteil der Kosten und tatsächlich höheren Erträgen entwickelt. Die grüne Gentechnik hingegen, das Hobbyprojekt von Florence Wambugu, blockierte Ressourcen, die an anderer Stelle wesentlich sinnvoller zur Hungerbekämpfung und Weiterentwicklung der Landwirtschaft hätten eingesetzt werden können. Bisher hat die grüne Gentechnik nirgendwo auf der Welt einen Beitrag zur Hungerbekämpfung geleistet. – Und da braucht man gar nicht erst in die Entwicklungsländer blicken. Selbst in den USA steigt die Zahl der Menschen, die sich nicht genug zu essen leisten können.

## 5.3 Blickpunkt Welternährung

Im Zuge der Recherchen zu diesem Buch war eine Argumentation der Gentechnik-Befürworter unübersehbar. Man würde die grüne Gentechnik benötigen, um die Weltbevölkerung zu ernähren. Dass Banker, Gentechniker und Industrievertreter geneigt sind, ihre Pro-Gentech-Vorträge durchweg mit dem

Hinweis auf die Bekämpfung des Welthungers einzuleiten, berührt mich persönlich unangenehm. Deshalb möchte ich an dieser Stelle lediglich darauf hinweisen, dass nahezu alle Entwicklungshilfeorganisationen, die seit zig Jahren vor Ort helfen, die grüne Gentechnik als Lösungsansatz ablehnen. Darüber hinaus gibt es einige empfehlenswerte Artikel und Stellungnahmen für Personen, die sich ernsthaft mit dieser Materie auseinander setzen möchten:

1. Grüne Biotechnologie – Ausweg oder Sackgasse. Ökonomische Bewertung tut Not.

   Dieser Artikel des Agrar- und Entwicklungsökonomen Prof. Dr. Hermann Waibel und der Dipl.-Ing. agr. Diemuth E. Pemsl erschien im Uni-Magazin der Universität Hannover, Ausgabe 3/4 2001. Ein Auszug:

   »Das fortschreitende Bevölkerungswachstum bei gleichzeitig begrenzt verfügbarer Anbaufläche für landwirtschaftliche Produktion verleiht der schon vor 200 Jahren von Thomas Malthus gestellten Frage, wie die Menschheit ausreichend mit Nahrungsmitteln versorgt werden kann, immer neue Aktualität. Malthus hatte damals postuliert, die Bevölkerung wachse exponential, der Anstieg der Nahrungsmittelproduktion dagegen erfolge lediglich linear. Die unweigerliche Konsequenz aus einem solchen Prozess wäre ein progressiver Anstieg der Nahrungsmittelpreise, verbunden mit Hunger und Mangelernährung für einen wachsenden Teil der Menschheit. Betrachtet man jedoch die Entwicklung der Bevölkerungszahlen und der Nahrungsmittelproduktion in den letzten 30 Jahren, findet man diese Hypothese nicht bestätigt.

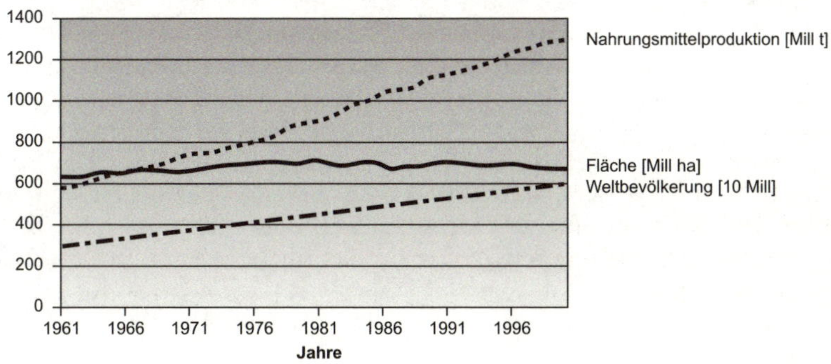


(Quelle: FAO)

Die Nahrungsmittelproduktion stieg schneller an als die Bevölkerung, die Realpreise der wichtigsten Grundnahrungsmittel sind um etwa 50 Prozent gefallen (...) Der Anstieg der Weltbevölkerung wird vor allem in den Entwicklungsländern stattfinden, wo bereits heute 80 Prozent aller Menschen leben. Aufgrund dieser Bevölkerungskonzentration ist nicht nur die produzierte Gesamtmenge an Nahrungsmitteln von Bedeutung, sondern es müssen auch die Standorte der landwirtschaftlichen Produktion berücksichtigt werden. Obwohl in Westeuropa, Australien und den USA große Flächen fruchtbaren Ackerlandes brachgelegt wurden, ist für rund ein Fünftel der Menschheit die Ernährung nicht gesichert. Eine ausreichende Welternährung ist also weniger ein Produktions- als vielmehr ein Verteilungsproblem.«

Der Originalartikel ist im Internet abrufbar unter *http://www.uni-hannover.de/aktuell/veroeff/unimag/01unimag3-4/artikel/art09_waibel.htm*

2. Eine hervorragende Dokumentation zum Thema Ernährungssicherheit, Entstehung von Hunger, Unterernährung und politische Ursachen findet sich auf Arte: *http://www.arte-tv.com/de/geschichte-gesellschaft/mit-offenen-karten/392,CmC=980526.html*
3. Und schließlich ein Auszug aus einem offenen Brief des Generaldirektors der Welternährungsorganisation (FAO), Dr. Jacques Diouf,[135] in dem er Stellung zum Einsatz von Biotechnologie nimmt.

»(...) Ich habe immer die Ansicht vertreten, dass man keine GVOs braucht, um das Ziel des Welternährungsgipfels zu erreichen: verbessertes Saat- und Pflanzenmaterial, erzeugt durch die internationalen Agrarforschungszentren, vor allem im Rahmen der Grünen Revolution und durch nationale Forschungssysteme, inklusive Hybride und Pflanzensorten aus interspezifischer Züchtung werden von den Kleinbauern in der Dritten Welt kaum verwendet.

Zwischenzeitlich habe ich immer darauf aufmerksam gemacht, dass eine Weltbevölkerung ernährt werden muss, die bis zum Jahr 2050 von gegenwärtig sechs Milliarden Menschen auf neun Milliarden ansteigen wird, weshalb 60 Prozent mehr Nahrungsmittel produziert werden müssen und gleichzeitig eine Ausweitung des ackerbaren Landes immer unmöglicher wird, weil Verstädterung, industrielle Ausdehnung und Verkehrsinfrastruktureinrichtungen immer weiter in ländliche Regionen vordringen und die Waldzerstörung und die Bewirtschaftung empfindlicher Ökosysteme zu einer Verschlechterung der Böden führt. Solch eine Situation wird eine noch intensivere Bewirtschaftung, höhere Erträge und größere Produktivität erfordern.

135) Biotechnologie: Antwort der FAO auf offenen Brief von Nichtregierungsorganisationen, Jacques Diouf, 16.06.2004. Die Ernährungs- und Landwirtschaftsorganisation der Vereinten Nationen (FAO) hat sich in ihrem Bericht »Ernährung und Landwirtschaft 2003/2004« ausführlich mit Fragen der Biotechnologie beschäftigt. Diese Veröffentlichung nahmen Nichtregierungsorganisationen zum Anlass, einen offenen Brief an den Generaldirektor der FAO, Dr. Jacques Diouf, zu richten. Die Antwort von Generaldirektor Diouf in der Übersetzung des Verbraucherministeriums (BMVEL).

In Anbetracht dessen werden wir die wissenschaftlichen Instrumente der Molekularbiologie nutzen müssen, vor allem die Bestimmung molekularer Marker, die Genkartierung und den Gentransfer für eine wirksamere Stärkung der Pflanzen, über Phänotyp basierte Methoden hinaus. Entscheidungen über die Regeln und den Einsatz dieser Techniken müssen jedoch durch die zuständigen Stellen auf internationaler Ebene, z.B. Codex Alimentarius, getroffen werden.

Die Entwicklungsländer sollten nicht nur an der Entscheidungsfindung beteiligt sein, sondern auch ihr wissenschaftliches Potenzial entwickeln und sich den notwendigen Sachverstand und die erforderlichen Techniken aneignen, um die jeweilige Tragweite erfassen und unabhängige Entscheidungen treffen zu können, damit ein internationaler Konsens in Fragen, die alle Menschen betreffen, erreicht werden kann. Die FAO unterstützt die Länder der Dritten Welt in dieser Hinsicht und wird dies auch weiterhin tun.

Und schließlich, im Gegensatz zur Grünen Revolution, die sich aus der internationalen öffentlichen Forschung heraus entwickelte und nationale Forschungssysteme kostenlos mit verbessertem genetischen Material versorgte, wird die Biotechnologie-Forschung im Wesentlichen durch die zehn größten multinationalen Unternehmen der Welt vorangetrieben, die hierfür jährlich drei Milliarden US-Dollar ausgeben.

Im Vergleich dazu verfügt das CGIAR-System, der weltgrößte öffentliche Lieferant landwirtschaftlicher Technologien für die Länder der Dritten Welt, über ein Gesamtjahresbudget von weniger als 300 Millionen US-Dollar. Der Privatsektor schützt seine Ergebnisse mit Patenten, um an seinen Investitionen zu verdienen, und konzentriert sich auf Produkte, die für die Ernährung in Entwicklungsländern keinerlei Relevanz haben.«

# 6 Unerwünschte Nebenwirkungen?

## 6.1 Gesundheit und Umwelt

Die Europäer machen sich angesichts des Nahrungsüberangebots weniger Sorge um die Ernährungssicherheit als um mögliche gesundheitliche Folgen. Ebenso liegen vielen die möglichen Umweltfolgen am Herzen. Beide Risikobereiche sind bis dato kaum abgeklärt. Im Gesundheitsbereich kann über langfristige Folgen gar nichts Definitives gesagt werden, im Umweltbereich gibt es kaum Forschung, und Hypothesen und Gegenhypothesen wechseln einander ab.

## 6.2 Genfood für Mensch und Tier

In dem Film »Brust oder Keule« spielt der französische Komiker Louis de Funès einen Gourmet-Kritiker, der landauf, landab Restaurants unter die Lupe nimmt. Ständig schlecht gelaunt, beklagt er den Niedergang jeglicher Esskultur. Sein Intimfeind ist Besitzer einer Fast-Food-Kette, die künstliches Essen verkauft. Eines schönen Tages landet de Funès in dessen Fabrik. Dort läuft eine gallertartige Masse durch seltsame Maschinen und über lange Fließbänder. Ein wenig künstliche Geschmackstoffe hier, ein wenig Farbe dort und fertig ist das Grillhuhn. Dummerweise gerät de Funès selbst in die Anlage und muss das Zeug zwangsläufig essen. Die Geschmacksnerven sind ruiniert und auf de Funès' Gesicht schießen beulengroße Pickel hervor.

Bildlich gesprochen, bekommen 70 bis 80 Prozent der EU-Bürger ähnliche Zustände, wenn sie das Wort Genfood nur hören. Sie lehnen es ab. Genmanipulierte Nahrungsmittel gelten als irgendwie verdächtig. Selbst die Mehrheit der US-Bürger und -Bürgerinnen, die nun schon am längsten damit leben müssen, würden gentechnisch veränderte Lebensmittel ablehnen, wenn sie nur wüssten, was sie essen. In den USA muss Genfood, im angloamerikanischen Raum häufig »Frankenfood« genannt, nicht deklariert werden. Wahlfreiheit ist nicht gegeben. Das ist in der EU anders: Die neuen EU-Gentechnikregelungen sehen eine Kennzeichnung ab einem Schwellenwert von 0,9 Prozent vor.[136]

Ein Hauptgrund für die allgemeine Ablehnung gentechnisch veränderter Produkte liegt in der Sorge über mögliche gesundheitliche Risiken begründet. Obwohl EU-Behörden, die Biotech-Industrie und Gentech-Befürworter aus Wissenschaftskreisen Bedenken immer wieder zu zerstreuen versuchen, sind diese bei genauerem Hinsehen durchaus angebracht.

Im Überblick seien einige Schwachpunkte der derzeitigen Praxis in der EU genannt: Das bisher angewandte Grundprinzip der Gleichwertigkeit (substanzielle Äquivalenz) ist unter Fachleuten umstritten. Die zuständige Behörde auf EU-Ebene (EFSA) ist in die Kritik geraten, zumal Experten mit engen Verbindungen zur Biotech-Industrie in wesentliche Entscheidungsprozesse eingebunden sind. Das gelieferte Datenmaterial beziehungsweise die Studien stammen von den Herstellern selbst. Unabhängige Forschung gibt es kaum. Es existiert noch kein ausgereiftes Beurteilungssystem, auch keine Klarheit darüber, welche Daten oder welche Fütterungsstudien in welcher Form für die Zulassung durchgeführt werden müssen. Derzeit liefern die Unternehmen Materialien in sehr unterschiedlicher Aufmachung und Form, die eine Beurteilung durch unabhängige Prüfer erschweren. Langfristige Fütterungsversuche fehlen, Risikobereiche wie allergenes oder toxisches Potenzial sind nur unzureichend geklärt. Last but not least eine Tatsache, die zu denken geben sollte: Pestizide werden in der EU vor der Zulassung auf mögliche gesundheitliche Folgen nach klareren Regeln und vielfach strenger geprüft als gentechnisch veränderte Nahrungsmittel.

Kritik an der Sicherheitsbewertung von GVOs ist übrigens keine spezielle Macke überängstlicher Europäer. Führende Wissenschaftler der US-Nahrungsmittelbehörde (FDA) warnten bereits in den frühen 90er Jahren vor möglichen Gesundheitsrisiken und empfahlen toxikologische Langzeittests. Die »Royal Society of Canada« mahnte Anfang 2001 in einem von mehreren kanadischen Ministerien und Behörden beauftragten Expertengutachten eindringlich unabhängige Forschungen an.[137] Einige der eingebundenen Fachleute forderten überhaupt ein Moratorium beziehungsweise ein einstweiliges Verbot von GVOs. Dass politische und behördliche Entscheidungsträger oftmals Warnungen ignorierten, zeigt einmal mehr, dass der Bereich grüne Gentechnik in bedenklicher Weise polittaktischen Erwägungen und einseitigen Brancheninteressen folgend entschieden wird. Mängel und fehlende Forschung werden aber zunehmend Gegenstand der öffentlichen Diskussion, in Europa ebenso wie in Kanada und den USA, und man kann nur hoffen, dass Missstände bald behoben werden.

---

136) Vgl. Kapitel: Gentechnik auf meinem Teller

137) Scientists issue Food Biotechnology Warning, Bruce Mason, UBS Public Affairs News 22.02.2001. Der vollständige Bericht der Royal Society ist unter *www.rsc.ca* abrufbar.

Das heißt natürlich nicht, dass es keine Prüfverfahren für GVOs oder Bemühungen um ihre Optimierung geben würde. Von den »am besten geprüften Nahrungsmitteln«, wie es die Industrie und leider auch einige öffentliche Stellen behaupten, sind wir aber meilenweit entfernt. Selbst wenn das tatsächliche Gefährdungspotenzial gering sein sollte, macht allein die Novität des gentechnisch eingebrachten Materials Prüfungen und Risikobewertungen notwendig. Man muss sich nur vor Augen führen, was alles in GV-Mais, GV-Soja und anderem steckt. Es sind synthetisierte DNA aus Bakterien oder Gene, die ein Gift produzieren oder auch diverse Viruspromotoren, und manche Pflanzen tragen noch Antibiotikaresistenz-Markergene in sich. Alles Zutaten, die üblicherweise nicht auf unserer Speisekarte stehen. Sachlicher beschreibt das Andrew Kimbrell, Gründer des »Center for Food Safety« in Washington: »Offenkundig ist es wichtig, dass wir uns, wenn wir von GV-Nahrungsmitteln sprechen, nicht nur auf das Einfügen von Novel Gen Material in eine Zelle beziehen, sondern auf die Invasion durch die ganze ›Kassette‹ – den bakteriellen Vektor, die neue genetische Konstruktion, die Virus-Promotoren und das antibiotische Marker-System.«[138]

Die EU hat insofern einen richtigen Weg eingeschlagen, indem sie von Fall zu Fall prüft und Zulassungen jeweils für einzelne GV-Sorten erteilt. Zulassungen für Lebens- und Futtermittel basierten bis zum 18. April 2004 auf der Novel-Food-Verordnung, die 1998 von der EU erlassen wurde. Inzwischen gibt es eine Reihe anderer Bestimmungen, welche die Einführung, Zulassungsanträge und Kennzeichnung von GVOs regeln. Der Verordnungsdschungel erschließt sich mit einem Blick auf die Website der Europäischen Kommission, wo Folgendes zu lesen ist: »Inverkehrbringen von GVO (bezeichnet als Erzeugnisse, die GVO enthalten oder aus solchen bestehen), z.B. zum Anbau, zur Einfuhr oder zur Verarbeitung zu Industrieprodukten, fällt unter die Richtlinie 2001/18/EG über die absichtliche Freisetzung genetisch veränderter Organismen in die Umwelt (vor allem Teil C dieser Richtlinie). Das Inverkehrbringen von GVO, die zum menschlichen Verzehr oder zur Verfütterung an Tiere bestimmt sind, oder Lebensmittel beziehungsweise Futtermittel, die GVO enthalten, aus solchen bestehen oder aus solchen hergestellt wurden, werden mit der Verordnung 1829/2003/EG über genetisch veränderte Lebensmittel und Futtermittel geregelt. Bei einem Lebensmittel, das GVO enthält oder daraus besteht, hat der Antragsteller folgende Wahl: Entweder wird der Antrag gemäß dem Grundsatz einer einzigen Anlaufstelle nur gemäß der Verordnung 1829/2003/EG gestellt, um eine Zulassung für die absichtliche Freisetzung eines GVO in die Umwelt zu erhalten – entsprechend den in der Richt-

138) Ungeprüft, ungekennzeichnet und man isst es, Andrew Kimbrell, Joseph Mendelson II, dt. Fassung in: Gefahr Gentechnik, Hrsg: Manfred Grössler, Wien 2005

linie 2001/18/EG festgelegten Kriterien – sowie die Zulassung der Verwendung dieses GVO in Lebensmitteln – entsprechend den in der Verordnung 1829/2003/EG festgelegten Kriterien –; oder der Antrag – oder ein Teil des Antrags – wird gleichzeitig gemäß der Richtlinie 2001/18/EG und der Verordnung 1829/2003/EG gestellt.«[139]

Die Vorschriften sind im Vergleich zur anfänglichen Praxis wesentlich strenger. Allerdings wurden bereits vor dem De-facto-Moratorium für GVOs, also vor dem Stopp weiterer Zulassungen von gentechnisch veränderten Lebensmitteln im Jahr 1999, zahlreiche GVOs zugelassen. Die Unternehmen sollten einige Nachuntersuchungen liefern. Dass es diverse Unternehmen damit manchmal nicht so genau nehmen, zeigte der Fall MON810, eine GV-Maissorte von Monsanto. Sie war bereits 1998 nach der damals gültigen Freisetzungsrichtlinie (90/220) zugelassen. Die EU-Zulassung lief nun aus und vor einer Neuzulassung sollte der Monsanto-Mais eine neue Sicherheitsüberprüfung durchlaufen. Nach Recherchen eines Journalisten und später von Greenpeace stellte sich heraus, dass bisher kein gültiger und für die Zulassung notwendiger Überwachungsplan für den Gentech-Mais existiert. Dabei hatte David Byrne, ehemals zuständiger EU-Kommissar, zuvor erklärt, dass Monsanto nachträglich einen solchen Überwachungsplan eingereicht hätte.[140]

Bezogen auf gesundheitliche Aspekte lasse das von Unternehmen vorgelegte Datenmaterial (Stand September 2002) ebenfalls zu wünschen übrig, befand eine vom österreichischen Gesundheitsministerium beauftragte Studie.[141]

Nachfolgend Ausführungen und Einschätzungen der strittigen Punkte in der Praxis der Sicherheitsbewertung:

## 6.3 Das Prinzip der Gleichwertigkeit

Die Zulassungsanträge von GVOs als Nahrungs- oder Futtermittel prüft zunächst die Europäische Behörde für Lebensmittelsicherheit (EFSA). Als zentrales Entscheidungskriterium für die Marktzulassung gilt die »substanzielle Äquivalenz«, was so viel bedeutet wie »wesentliche Gleichwertigkeit«. Salopp

139) *http://europa.eu.int/comm/food/food/biotechnology/index_de.htm*

140) Eine gute Dokumentation des Falls MON810 findet sich beim Informationsdienst Gentechnik, *http://www.keine-gentechnik.de/bibliothek/zulassungen/dossier/dossier_mon810_mais.html*

141) Toxikologie und Allergologie von GVO-Produkten. Untersuchungen zur Praxis und Empfehlungen zur Standardisierung der Sicherheitsbewertung von gentechnisch veränderten Lebensmitteln, Forschungsberichte der Sektion IV, Band 5/2003, Hrsg. Österreichisches Bundesministerium für Gesundheit und Frauen. Die Studie untersuchte zahlreiche Volltextdossiers und nachgereichte Unterlagen. Stand 2002

formuliert, werden dabei die Einzelteile beziehungsweise die Summe aller Einzelteile beurteilt und mit dem nicht gentechnisch veränderten Gegenstück verglichen. Ein Hersteller analysiert zum Beispiel bei seinem GV-Mais die wichtigsten Inhaltsstoffe, wie Eiweiße, Kohlehydrate oder Fette. Darüber hinaus sucht er nach eventuell enthaltenen unerwünschten Komponenten wie Allergene (meist Eiweiße, die Allergien auslösen) oder Toxine (giftige Substanzen). Diese Daten vergleicht der Hersteller mit herkömmlichem Mais. »Weicht keiner der gemessenen Inhaltsstoffe des ›neuartigen‹ Nahrungsmittels wesentlich von seinem konventionell hergestellten Pendant ab, geht man davon aus, dass kein Sicherheitsrisiko für den Konsumenten besteht.«[142]

So weit die Theorie. Die Praxis der Antragssteller weist allerdings bereits in dieser Grundfrage Mängel auf. In einer beispielhaften interdisziplinären Studie, an der renommierte Allergie-Experten ebenso wie Molekularbiologen und Vertreter anderer relevanter Disziplinen eingebunden waren, nahm das österreichische Umweltbundesamt beziehungsweise das Gesundheitsministerium die Volltextdossiers der Zulassungsanträge unter die Lupe.[143] »Wir wollten wissen, wie die bisherige Praxis der Sicherheitsbewertung bei Lebensmittelprodukten aus gentechnisch veränderten Pflanzen aussieht, und Vorschläge für eine Konkretisierung und Standardisierung ausarbeiten«, erklärt Projektleiter Helmut Gaugitsch.[144] Analysiert wurden die toxikologische und allergologische Sicherheitsbewertung von fünf Anträgen und sieben Anmeldungen, darunter auch Sorten wie Bt-11-Zuckermais und die Monsanto-GV-Maissorte MON810, die in Deutschland 2005 erstmals eingeschränkt kommerziell angebaut wurde. Darüber hinaus analysierten die Forscher die Anwendung des Prinzips der substanziellen Äquivalenz. »Das Hauptergebnis war eigentlich, dass ein System noch fehlt. Für Begutachter sind deshalb viele sicherheitsrelevante Aspekte nur schwer abzuklären. Die EU sollte hier noch klare Standards schaffen«, resümiert Gaugitsch. Die Gesamtbeurteilung der Nachweisführung für die wesentliche Gleichwertigkeit bei GV-Produkten Unternehmen spricht für sich: »Für alle Anmeldungen gilt, dass Umfang und Qualität der jeweils vorgelegten Daten sowie die Vollständigkeit der Anmeldungen nicht ausreichend scheinen, um das Vorliegen von substanziell äquivalenten Produkten zu rechtfertigen. Die Kompositionsvergleiche wurden grundsätzlich in Ausgangsprodukten durchgeführt und daraus auf substanzielle Äquivalenz aller Folgeprodukte geschlossen. In keiner Anmeldung wurden

142) Ausgeblendete Risiken, Werner Müller, Alberta Velimirov, in: Gefahr Gentechnik, S. 237

143) Toxikologie und Allergologie von GVO-Produkten. Untersuchungen zur Praxis und Empfehlungen zur Standardisierung der Sicherheitsbewertung von gentechnisch veränderten Lebensmitteln, Forschungsberichte der Sektion IV, Band 5/2003, Hrsg. Österreichisches Bundesministerium für Gesundheit und Frauen

144) Telefon-Interview am 23.08.2005

alle zur verlässlichen Beurteilung der substanziellen Äquivalenz bzw. eines gleichen Ernährungswertes notwendig scheinenden Parameter bestimmt und verglichen. (...) Die Dokumentation von Anbau und Analysen ist in keiner Anmeldung ausreichend, um die jeweiligen Versuche schlüssig nachvollziehen bzw. die Ergebnisse verifizieren zu können. Messpraxis, Methodengenauigkeiten und Detektionslimit werden nur in Ausnahmefällen angegeben. Die Probengewinnung (Anbaujahre, Standorte, Regionen) ist sehr verschieden und teilweise als nicht hinreichend zu betrachten. Dies gilt speziell für die Maisanmeldungen, da überwiegend nur Proben eines Anbaujahres verglichen wurden und auch eine repräsentative geographische Verteilung nicht vorliegt. Die Anbaupraxis wird durchgängig nur lückenhaft, in manchen Anmeldungen gar nicht beschrieben«, so die Studienautoren.[145]

Kritisiert wird auch, dass Verarbeitungsprodukte lediglich in den Rapsanmeldungen zumindest ansatzweise berücksichtigt wurden. »In keinem Fall wurde durch Untersuchungen gezeigt, dass in den Endprodukten kein(e) rDNA und/oder Protein vorkommt. Speziell für Maisprodukte (trockene Müllerei, Maisteigprodukte, Maisstärke) kann die effiziente Entfernung beziehungsweise ein vollständiger Abbau nicht vorausgesetzt werden.«

Fazit: Kein externer Begutachter kann aufgrund der vorliegenden Herstellerdaten einem GV-Produkt substanzielle Äquivalenz zweifelsfrei bescheinigen. Das heißt nicht, dass sie keine wesentliche Gleichwertigkeit aufweisen. Die EU müsste aber erst Standards ausarbeiten, sollte dann fehlende Daten und Studien bei den Herstellern einfordern und könnte seriöserweise erst dann Genehmigungen erteilen. De facto gibt es aber bereits zugelassene Sorten, Nahrungs- und Futtermittel, obwohl in vielen Fällen nicht einmal die Basis – also der Nachweis substanzieller Äquivalenz – hinreichend abgesichert ist.

Experten betonen außerdem, dass die substanzielle Äquivalenz nur als Entscheidungsinstrument dienen sollte und nicht als Endpunkt der Sicherheitsbewertung eingesetzt werden darf. Dies auch deshalb nicht, weil eine gentechnisch veränderte Pflanze nicht nur als die Summe seiner Einzelteile gesehen werden kann. Neu eingefügtes DNA-Material kann nicht isoliert vom restlichen Organismus betrachtet werden. Es könnte schwerwiegende Veränderungen im Stoffwechsel einer Pflanze auslösen. Dann wären wiederum mögliche Auswirkungen auf die Nährwerteigenschaften zu berücksichtigen. Die tendenzielle Instabilität von GV-Pflanzen macht es darüber hinaus notwendig, die Anbauregion zu berücksichtigen. So weiß man beispielsweise nicht, was tropische Hitze bewirken könnte. Ein in nördlichen Regionen geernteter Bt-11-Mais weist unter Umständen andere Eigenschaften auf als Bt-11-Mais, der in sehr heißen Gegenden gezogen wurde.

---

145) Toxikologie ..., BMGF Studie 2003, s.o. S. 21

Die Richtlinien der EU weisen diesbezüglich noch erheblichen Konkretisierungsbedarf auf. Künftig sollten Wechselwirkungen, Rückkoppelungen etc. stärker berücksichtigt werden. So gilt es als erwiesen, dass ein- und dasselbe Transgen je nachdem, in welchem Abschnitt des Genoms es eingebaut wurde, sowie je nach Entwicklungsstadium des GVO und je nach Jahreszeit unterschiedlich aktiv ist – und zwar in nicht vorhersagbarem Ausmaß, gibt Claus Leitzmann, emeritierter Professor am Institut für Ernährungswissenschaft an der Universität Gießen, zu bedenken. Er plädiert für die Entwicklung von Methoden der Risikoanalyse, die sich an einem synergistischen Risikomodell orientieren, also »einem Modell, das Interaktionen auf allen Ebenen erfasst«.[146]

Manchem mag solcher Aufwand übertrieben erscheinen. Ein Blick auf die aktuellen Forschungsaktivitäten und Erkenntnisse der Ernährungswissenschaft zeigt jedoch die Relevanz solcher Fragestellungen. Wöchentlich, monatlich erscheinen Studien, die auf die Wichtigkeit pflanzlicher Sekundärstoffe in unserer Ernährung oder auch auf neue Wechselwirkungen verschiedener pflanzlicher Stoffe hinweisen. Selbst bei herkömmlichen Nahrungsmitteln gibt es noch erheblichen Forschungsbedarf. Bei so neuartigen Lebensmitteln, wie sie durch grüne Gentechnik entstehen, die nicht über Jahrhunderte, Jahrzehnte einen fixen Platz in unserer Ernährung eingenommen haben, sollte zumindest die Basisbeurteilung ausreichend wissenschaftlich fundiert sein.

Generell ergeben sich direkte Risiken für die menschliche Gesundheit nicht nur durch den GVO selbst, sondern auch durch die neuen Produktionsweisen. Die Package-Strategie bei herbizidtoleranten Pflanzen erfordert die Beachtung oftmals vermehrt eingesetzter Spritzmittel. Bei Roundup Ready kommt Glyphosat großflächig zum Einsatz. Diese Chemikalie gilt im Vergleich mit anderen bisher üblichen als »umweltfreundlicher«. Ganz harmlos ist dieses Herbizid aber nicht, wie noch im Kapitel »Weniger oder mehr Chemie?« gezeigt wird.[147] Wie könnte sich ein massiver Einsatz dieses Herbizids auf die Rückstandsproblematik bei Nahrungsmitteln auswirken? Droht hier Gefahr oder ist das Risiko vernachlässigbar? Alles relevante Fragen, die wissenschaftlich bis dato kaum bearbeitet wurden.

146) Gentechnik im Ernährungsbereich, Claus Leitzmann, in: Gefahr Gentechnik, 2005, S. 134 ff.
147) Vgl. Kapitel: Weniger oder mehr Chemie?

## 6.4 Allergie-Risiko

Bei GVOs selbst besteht die Befürchtung, dass einige möglicherweise Überempfindlichkeitsreaktionen des Immunsystems, also Allergien, auslösen könnten. Jüngere Forschungen konnten inzwischen eine Reihe von allergieauslösenden Stoffen beziehungsweise molekularen Grundstrukturen identifizieren. Hier ist die Abschätzung allergenen Potenzials noch relativ einfach. Der Vergleich mit diesen Subtanzen ist eine wichtige Analyse, die mit dem neuen Lebensmittel zur Einschätzung allergenen Potenzials durchgeführt werden kann. Darüber hinaus muss berücksichtigt werden, aus welchem Organismus das neue Gen kommt und ob es schon bekannte Allergien dagegen gibt. Nüsse sind beispielsweise bekannt für ein besonders hohes allergenes Potenzial. Bei einem Versuch mit Sojabohnen, denen ein Protein der Paranuss eingefügt worden war, zeigte sich beispielsweise, dass man ein Allergie auslösendes Protein erwischt hatte. Wäre diese Soja-Sorte jemals in den Handel gekommen, hätten Nussallergiker sofort darauf basierende Sojaprodukte meiden müssen. Diese GV-Sojasorte wurde allerdings nicht für den landwirtschaftlichen Anbau weiterentwickelt.[148] Aber nicht immer verzichten die Hersteller auf den Einbau potenzieller Allergene, wie der Ernährungswissenschaftler Claus Leitzmann betont: »Derzeit wird eine Reihe von Genen für Proteine in transgene Pflanzen eingebaut, die als potenzielle Allergene gelten. Zu diesen Proteinen zählen unter anderem Enzyminhibitoren (z.B. Trypsininhibitoren aus Soja), Lektine (spezielle Proteine mit insektentoxischem und teilweise säugetiertoxischem Potenzial, z.B. aus Bohnen) und Albumine (Speicherproteine).« Und Leitzmann skizziert das sich daraus ergebende Problemfeld: »Wenn dieselben Proteine gleichzeitig in verschiedene wichtige Nutzpflanzen einkloniert würden, wäre für allergisch reagierende Menschen gleich eine große Palette von pflanzlichen Lebensmitteln nicht mehr essbar.«

Den in der Risikoabschätzung problematischsten Teilbereich bringt nun aber die Technik selbst mit sich. Die meisten gentechnischen Eingriffe führen in der Regel dazu, dass neue, bisher in der Pflanze nicht vorhandene Eiweiße (Proteine) gebildet werden. Was die künstliche Kombination genetischen Materials genau auslöst, lässt sich wissenschaftlich nur schwer abschätzen. Ein Restrisiko wird wohl immer bleiben.

Wenngleich viele Wissenschaftler das Risikopotenzial nicht überdramatisiert sehen wollen, hinken diverse zur Beruhigung gedachte Vergleiche doch sehr. Die deklarierten Gentech-Befürworter Frank und Renate Kempken schreiben beispielsweise in ihrem Lehrbuch »Gentechnik bei Pflanzen« über das Allergie-Risiko: »Kritiker sprechen oft davon, dass durch die Gentechnik

148) Vgl. Gentechnik bei Pflanzen, Kempken und Kempken, 2004, S. 200 f.

Substanzen in unsere Nahrung gelangen, die dort noch nie vorhanden waren. Dieser Vorwurf ist richtig, gilt aber auch für exotische Früchte, die sich mittlerweile großer Beliebtheit erfreuen. Ein gutes Beispiel für die Risiken bei der Einführung von bislang ungebräuchlichen Nahrungsmitteln stellt die Kiwi dar. Diese Frucht war früher unbekannt und wurde erst in den sechziger Jahren ursprünglich aus Neuseeland eingeführt. Unbedenklichkeitstests wurden damals nicht durchgeführt. Es hat sich mittlerweile gezeigt, dass die Frucht ein hohes allergenes Potential hat. Es ist sehr unwahrscheinlich, dass ein vergleichbares transgenes Produkt überhaupt für die Kommerzialisierung zugelassen worden wäre.«

Nun, Kiwis kann ein empfindlicher Konsument im Supermarkt leicht umschiffen. Die heute diskutierten und teilweise bereits zugelassenen insekten- und herbizidresistenten GV-Sorten wie Mais und Soja werden aber in Zigtausenden Produkten verarbeitet. Wie sieht das dann beispielsweise bei Maisstärke aus, die in so vielen Produkten – vom Puddingpulver bis zu einer Vielzahl gängiger Fertiggerichte – verwendet wird?

Jeder Nussallergiker kann heute schon ein trauriges Lied davon singen, wie viel Zeit das Durchlesen von Angaben zu Inhaltsstoffen kostet, wenn er oder sie den Supermarkt durchstreift.

Die bisherige Praxis der Hersteller ist auch hinsichtlich der Bewertung des Allergierisikos wenig vertrauenswürdig, zumindest was das an die Zulassungsbehörden gelieferte Datenmaterial betrifft. »Das Fehlen eines allergenen Potentials wird nahezu ausschließlich argumentativ oder indirekt durch Verdauungstests des neu eingebrachten Proteins und Sequenzhomologieuntersuchungen zwischen diesem und bekannten Allergenen unterstützt«, bilanzieren die Studienautoren aus Wien. Das heißt, es wurde vielfach auf allgemeine wissenschaftliche Literatur als Argument für die Unbedenklichkeit verwiesen. Nur in einem einzigen Fall – der Sojabohne 260-05 – fanden die Forscher eine Untersuchungsmethode vor, die modernen wissenschaftlichen Standards entspricht.[149]

Am schlechtesten schneidet übrigens der Monsanto GV-Mais MON810 ab. Für den Antrag wurden keine Untersuchungsergebnisse vorgelegt, sondern es wurde lediglich argumentativ operiert. Das Urteil der Forscher fiel kurz und bündig aus: »Es liegen keine originalen experimentellen Untersuchungen zum Allergierisiko vor.« Und: »Eine zwar übersichtliche, jedoch was das Allergierisiko betrifft, vorwiegend auf falschen Argumenten aufgebaute Anmeldung.«

Auch in den anderen Bereichen tritt Monsanto mit seiner MON810-Maissorte nicht unbedingt als Musterschüler an Auskunftsfreudigkeit auf. Dafür hat es der Konzern aber sehr eilig, MON810 auf dem europäischen Markt

149) Toxikologie und Allergologie von GVO-Produkten, S. 56

respektive auf den Feldern zu platzieren. Es war die erste GV-Sorte, die in den gemeinsamen europäischen Sortenkatalog aufgenommen wurde. 2005 wurden verschiedene Äcker Deutschlands damit erstmals für eingeschränkt kommerzielle Zwecke bestellt. Für die Vollzulassung zog der Konzern schließlich sogar vor den Kadi und verklagte die Bundesrepublik Deutschland.[150]

Aber zurück zu den Allergien. Die heute in der EU gängige Bewertungspraxis wird von Experten als mangelhaft eingestuft. Zu sehr würde man sich an dem so genannten Entscheidungsbaum der WHO/FAO (Weltgesundheits-/Welternährungsorganisation) orientieren, der nach jüngeren wissenschaftlichen Erkenntnissen nicht mehr als Grundlage für eine Entscheidungsfindung hinsichtlich allergenen Potenzials dienen kann. Der renommierte Allergologe Rudolf Valenta, der an der Wiener Studie mitwirkte und inzwischen auch auf EU-Ebene Gehör findet, stellt den heute üblichen Sequenzvergleich in Frage. Es gibt aber bereits effizientere Test-Verfahren, die von den Herstellern relativ einfach durchgeführt werden können und nach Auffassung der Studienautoren zumindest in Zukunft eingefordert werden sollten. Die derzeitige »Vorgangsweise ist unzureichend, um das allergene Potential eines neu eingebrachten Proteins mit hinreichender Verlässlichkeit auszuschließen, sie ist jedenfalls nicht geeignet, um mit hinreichender Sicherheit Aussagen über das allergene Potential der gesamten Pflanze zu machen.«[151]

## 6.5 Antibiotikaresistenzen

Zahlreiche Pflanzen der »ersten Generation« enthalten zudem Gene für Antibiotikaresistenzen. Sie werden als Marker eingesetzt, um herauszufinden, welche Pflanzen das gewünschte Gen auch tatsächlich eingebaut haben. Man geht davon aus, dass sie in der Pflanze selbst nicht mehr aktiv sind und daher entbehrlich. Von verschiedenen Seiten, insbesondere von Ärzteverbänden, wurde bereits früh die Befürchtung geäußert, dass Antibiotikaresistenz-Markergene (ABR) letztlich die Behandlung von Krankheiten beeinträchtigen könnten. Vermehrte Antibiotikaresistenzen stellen seit Jahren ein Problem dar. Dies ist vor allem auf die übermäßige Verwendung von Antibiotika in der Medizin und der Tierzucht zurückzuführen.

Das Risiko bei transgenen Pflanzen besteht darin, dass die Resistenzgene an Mikroorganismen weitergegeben werden könnten. Theoretisch ist vorstellbar, dass Resistenzgene auf die bakterielle Darmflora übertragen werden. Das Risiko wird zwar von der EFSA als gering eingestuft, die meisten Unterneh-

150) Monsanto hat es eilig, Telepolis 12.08.2005

151) S.o.: Toxikologie ..., Studie BMGF, Wien 2003, S. 23

men setzten aber heute auf alternative Markersysteme. Dennoch gibt es noch zugelassene Sorten mit solchen ABR. Auf EU-Ebene wurde die Problematik erkannt und diskutiert.[152] Am 2. April 2004 nahm das für Sicherheitsfragen der Grünen Gentechnik zuständige wissenschaftliche Expertengremium (GMO Panel) der europäischen Lebensmittelbehörde (EFSA) ein Gutachten zu Antibiotikaresistenz-Markergenen bei gentechnisch veränderten Pflanzen an. Ein generelles Verbot dieser Marker hielt das Gremium, das für seine gentechfreundlichen Stellungnahmen bekannt ist, für nicht gerechtfertigt.[153] Es empfahl einen differenzierten und besonnenen Umgang. ABR-Gene, die Resistenzen gegen Antibiotika vermitteln, die in der Humanmedizin von großer Bedeutung sind, sollten entfernt werden. Darunter würde beispielsweise ein Gen fallen, das eine Resistenz gegen das Antibiotikum Amikacin vermittelt, ein wichtiges Reserve-Antibiotikum, das gegen verschiedene Infektionskrankheiten wirksam ist.[154]

Die zweite Gruppe, die Gene für eine Resistenz gegen Chloramphenicol, Ampicillin, Streptomycin und Spectinomycin enthält, sollte auf experimentelle Freilandversuche beschränkt werden und nicht in GV-Pflanzen vorliegen, die in Verkehr gebracht werden sollen. Bei einer anderen Gruppe bestünde überhaupt kein Handlungsbedarf, so die EFSA.

Es ist zwar inzwischen erklärter Wille der EU, Antibiotikaresistenzgene abzubauen. Unklarheit herrscht jedoch über das Procedere. So gibt es Stellungnahmen, aus denen hervorgeht, dass diese Änderungen nur für neue Pflanzen gelten sollen. Bt176-Mais, der einen Resistenzmarker für Ampicillin enthält, wäre davon nicht berührt.[155]

Generell wurde immer wieder die Frage aufgeworfen, ob fremde Gene selbst beziehungsweise DNA-Fragmente auch von körpereigenen Bakterien aufgenommen werden oder in den Blutkreislauf gelangen können. Eine solche Möglichkeit war bereits sehr früh bekannt.[156] Als bahnbrechend gelten die Forschungsergebnisse der deutschen Genetiker Walter Doerfler und Rainer Schubbert in den 80er und 90er Jahren. Die Wissenschaftler wiesen in verschiedenen Tierversuchsreihen nach, dass DNA aus der Nahrung über die Darmschleimhaut in den Organismus gelangt. Gentech-Gegner werteten diese

152) *http://europa.eu.int/eur-lex/de/consleg/pdf/2001/de_2001L0018_do_001.pdf*

153) Gutachten des Wissenschaftlichen Gremiums für gentechnisch veränderte Organismen über die Verwendung von Antibiotikaresistenzgenen als Markergene in gentechnisch veränderten Pflanzen (FRAGE NR. EFSA-Q-2003-109), Gutachten angenommen am 2. April 2004

154) Eingeschränkt verwendbar, Biosicherheit.de, 11.05.2004

155) Vgl. Kapitel: Wer für die EU entscheidet?

156) Vgl.: Gesundheitsrisiko von Gentechniknahrung: Gentransfer im Darm ist nicht ausgeschlossen, Klaus Koch, in: Deutsches Ärzteblatt 94, Heft 20, 16.05.1997

Ergebnisse als weiteres Indiz für unabwägbare Risiken von GVOs. Gegen diese Auslegung wehrten sich aber wiederum die Wissenschaftler.[157]

So wird nach wie vor über das Gefahrenpotenzial gestritten. Die gängige EU-Bewertungspraxis stuft das Risiko als vernachlässigbar ein. Täglich würden auch mit konventioneller Nahrung einige Gramm an fremder Erbsubstanz aufgenommen. Es mache keinen Unterschied, ob fremde DNA aus herkömmlichen oder aus gentechnisch veränderten Nahrungsmitteln stammt, so die Grundlinie dieser Argumentation. Mit der Abklärung der wesentlichen Gleichwertigkeit wäre die Sicherheit gegeben. »Dieses Argument hält meines Erachtens nicht. Denn normaler Nahrungs-DNA von natürlichen Organismen – selbst von Bakterien – ist der Mensch seit Millionen Jahren ausgesetzt. Vom Menschen gemachte Gene, synthetische Gene, können damit nicht einfach gleichgesetzt werden. Eine Aufnahme dieser Gene ist grundsätzlich kritischer zu bewerten«, kontert der Risikoforscher Werner Müller.

Auch ein Artikel im Deutschen Ärzteblatt meldete diesbezüglich Bedenken an.[158] Und Müller fordert mit Nachdruck weitere Forschungen: »Bleiben die neuen Substanzen tatsächlich folgenlos für Mensch und Tier? Oft ist das gentechnisch eingebrachte Material hitzestabil, das heißt, es übersteht auch Verarbeitungsprozesse und lässt sich in Endprodukten wie Maisstärke, Sojaaufstriche und so weiter nachweisen. Im Magen wird Fremd-DNA meist schnell in ihre Bausteine abgebaut, so die gängige Wissenschaftsmeinung. DNA oder Bruchstücke, die eventuell den Magen-Darm-Trakt überwinden, hätten aller Voraussicht nach keine Auswirkungen auf die Gesundheit.

Kritische Wissenschaftler hingegen halten in dem gesamten Bereich – horizontaler Gentransfer und Wirkungen von Fremd-DNA – weitere Forschungen für unerlässlich.«[159]

---

157) Fremde DNA im Säugersystem: DNA aus der Nahrung gelangt über die Darmschleimhaut in den Organismus, Walter Doerfler, Rainer Schubbert, in: Deutsches Ärzteblatt 94, Ausgabe 51-52 vom 22.12.1997

158) Koch, s.o.

159) Vgl.: Erkenntnisreiche Mäusefütterung?, Telepolis 10.12.2004
Die britische Biochemikerin Mae Wan Ho hält den gesamten Bereich des horizontalen Gentransfers für unterschätzt. Sinngemäß begründet sie das mit einer stärkeren Neigung von GVO zum horizontalen Gentransfer.
Vgl. Mae-Wan Ho, Das Geschäft mit den Genen, München 1999, S. 189 ff.
The GM Process Itself is Inherently Unsafe, Mae-Wan Ho, 2003, in: Proceedings of the Workshop Assessment of Human Health Effects of GMO, Bundesministerium für Gesundheit und Frauen, Wien 2004

## 6.6 Fütterungsstudien

Klar ist: Mit gentechnischen Methoden können für die Pflanze völlig neue Substanzen gebildet werden. Ob deren Wirkung schädlich für Mensch oder Tier ist, lässt sich nicht verallgemeinern und wird deshalb gemäß der EU-Gesetzgebung von Fall zu Fall geprüft. Hinsichtlich der Toxizität (Giftigkeit) fehlen aber auch hier Standards in der Zulassungspraxis. Die Herstelleranträge weisen nicht darauf hin, dass sorgfältig getestet wurde. »Es ist nicht verwunderlich, dass bis jetzt keine toxischen Wirkungen der GVP gefunden wurden, da auch nicht systematisch danach gesucht wurde«, resümieren die österreichischen Forscher. Sie schlagen vor, dass neben der akuten zudem die chronische Toxizität ebenso wie mögliches Krebs auslösendes Potenzial künftig berücksichtigt werden sollen.

Fütterungsstudien von Seiten der Unternehmen gibt es bereits. Sie weisen allerdings methodisch und von der Versuchsanordnung her wesentliche Unterschiede auf. »Bei Fütterungsstudien wird beispielsweise manchmal nur Bt-Toxin getestet und nicht der GV-Mais selbst. Meiner Meinung nach muss aber sehr wohl das Endprodukt getestet werden und nicht nur das neu eingeführte Material«, so Helmut Gaugitsch über die Forschungspraxis im Allgemeinen.

Alle bisher beschriebenen Bereiche zeigen die Notwendigkeit, die Anforderungen an die Unternehmen klarer zu formulieren und bestimmte Methoden standardmäßig vorzuschreiben. Orientierung bieten andere Richtlinien mit genauen Vorgaben zur Testpraxis, etwa die Leitfäden für die Zulassung für pflanzliche Arzneimittel, die schon lange am Markt eingeführt sind. Auch die Vorgaben für die Zulassung von Pestiziden sind ausgereift. Der österreichische Risikoforscher Werner Müller regt an, die Versuchsdauer bei Fütterungsversuchen auszuweiten, um die toxikologische Sicherheit von GVPs zu gewährleisten: »Die durchgeführten 90-Tage-Tests bei Ratten sind subchronische Studien, mit denen Kurzzeiteffekte, jedoch keine Langzeitwirkungen – wie z.B. Einflüsse auf das Immunsystem und das Potenzial, Krebs auszulösen festgestellt werden können. Bei Pflanzenschutzmitteln sind zu dieser Abschätzung 720-Tage-Tests vorgesehen, doch diese werden bei GVO nicht durchgeführt. Aus Sicht des Tierschutzes sollte man auf Kurzzeit- und subchronische Studien verzichten und lediglich Langzeittests durchführen.«[160]

Eine Verbesserung der Methoden bei Fütterungsversuchen scheint in Hinblick auf bedenkliche Ergebnisse diverser Einzelstudien mehr als wünschenswert. Manche Konzerne zeigen nämlich wenig Ambitionen, Risiken von sich aus abzuklären, selbst dann nicht, wenn Probleme bereits evident wurden.

---

160) Ausgeblendete Risiken, s.o. S. 240 f.

Jüngster Streit-Fall: Fütterungsversuche mit der Monsanto GV-Sorte MON863.[161] Der insektenresistente Mais durchlief einen 90-Tage-Fütterungsversuch mit etwa 400 Ratten. Ausgewertet wurden Körper- und Organgewichte, negative Effekt im Blutbild, mikroskopische Gewebeuntersuchungen und pathologische Befunde. In jener Gruppe, die mit MON863 gefüttert worden war, fiel auf, dass männliche Tiere nach vierzehn Tagen eine leicht erhöhte Anzahl weißer Blutkörperchen im Blut aufwiesen. Das Gewicht der Nieren lag bei diesen Tieren leicht unter dem Durchschnitt. Monsanto beantragte dennoch eine Zulassung und reichte dafür auch die Gesamtdokumentation bei den europäischen Behörden ein. Nachuntersuchungen führte das Unternehmen aber zunächst nicht durch. Am 2. April 2004 gab das zuständige Expertengremium der Europäischen Behörde für Lebensmittelsicherheit (EFSA) die erste Stellungnahme zu MON863 ab. Die Gutachter kamen zu dem Schluss, dass die gefundenen Abweichungen »toxikologisch nicht relevant« seien und sich in einer statistisch nicht ungewöhnlichen Bandbreite bewegten. Französische Wissenschaftler äußerten jedoch massive Zweifel. Erst dann – unter wachsendem öffentlichen Druck – wurden einige Tiere noch einmal untersucht. Das Bild war ähnlich. Der Verdacht, die erhöhte Zahl von weißen Blutkörperchen bei einigen mit MON863 gefütterten Ratten sei ein Indiz für »echte Entzündung«, hatte sich nach Einschätzung der EFSA nicht bestätigt. Im Hinblick auf die tendenziell gentechfreundliche Entscheidungspraxis der EFSA forderten einige kritische Gruppen dennoch die Offenlegung der vollständigen Fütterungsversuche. Das lehnte Monsanto mit Hinweis auf Geschäftsgeheimnisse ab. Greenpeace zog vor Gericht und bekam Recht. Nach einem Urteil des Oberverwaltungsgerichts Münster muss der Konzern wichtige Unterlagen offen legen. Nach Auffassung der Richter nehme das Gentechnik-Gesetz die »Beurteilung der vorhersehbaren Wirkungen, insbesondere der schädlichen Auswirkungen auf menschliche Gesundheit und Umwelt« vom Geheimnisschutz aus. Das Gesamtdossier ist inzwischen auf der deutschen Greenpeace-Seite abrufbar. Der französische Wissenschaftler Eric-Gilles Serlini fordert angesichts der auffälligen Ergebnisse, den gesamten Versuch zu wiederholen. Die EFSA hingegen hält an ihrer Einschätzung der Unbedenklichkeit fest. Im EU-Ministerrat fand sich keine qualifizierte Mehrheit für eine Zulassung. Jetzt liegt der Ball bei der EU-Kommission. Sie wird demnächst entscheiden, ob MON836 für den Import und die Verarbeitung zu Lebens- und Futtermittel erlaubt wird.

Großes Aufsehen erregte auch der Rattenversuch des Wissenschaftlers Arpad Pusztais 1998 am schottischen Rowett-Institut. Er verfütterte Kartof-

161) Ausführliche Dokumentationen zu diesem Fall sind auf den Webseiten von *Greenpeace.de* und *www.biosicherheit.de* zu finden.

feln an Ratten, denen ein Gen vom Schneeglöckchen eingebaut war, das Lektin erzeugt. Dieses spezielle Lektin gilt grundsätzlich als ungefährlich für Ratten und Menschen. Drei Gruppen zu je sechs Ratten wurden zehn Tage lang mit rohen und gekochten Kartoffeln gefüttert. Eine Versuchsgruppe erhielt die GV-Kartoffeln, die zweite ganz normale und die dritte bekam nicht veränderte Kartoffeln, denen jedoch das Lektin untergemischt war. Die mit GV-Kartoffeln versorgten Ratten zeigten auffällige krankhafte Veränderungen, wie Wandverdickungen im Dünndarm und signifikant längere Darmzotten. Versuchsanordnung und Ergebnisse Pusztais, der übrigens aufgrund der Publikation der Ergebnisse nach mehr als 30 Dienstjahren und 270 wissenschaftlichen Erstveröffentlichungen postwendend in den Ruhestand versetzt wurde, wurden in der Fachwelt kontrovers diskutiert. Viele Einwände scheinen berechtigt. Entscheidend ist aber, dass niemand wichtige daraus ableitbare Hypothesen überprüfte oder in andere Versuche mit einfließen ließ. Eine Vermutung war zum Beispiel, dass die Darmwandverdickung mit dem Promoter oder dem Plasmid aus dem Agrobakterium tumefaciens zusammenhängt.

Was bewirken Promotoren im Gesamtzusammenhang? Können schädliche Substanzen entstehen, wird der Stoffwechsel einer GV-Pflanze verändert? Sind sie tatsächlich inaktiv? Der Bereich der Wirkungsweise von Promotoren – etwa das häufig verwendete Blumenkohl-Mosaik-Virus (Cauliflower Mosaic Virus = CaMV) – ist nicht erforscht, kritisieren Terije Traavik, Wissenschaftlicher Direktor des norwegischen GENOK-Instituts für Gen-Ökologie, und Jack Heinemann, Direktor des NZIGE-Instituts für Gen-Ökologie in Neuseeland.[162] Es gebe keine einzige In-vivo-Studie dazu. Die Wissenschaftler listen darüber hinaus eine Reihe weiterer Felder unterbliebener Gesundheitsforschung auf.

Weshalb aber wird so wenig geforscht? Weshalb werden beunruhigende Ergebnisse von unabhängigen Forschungsgruppen nicht weiter geprüft? Die Antwort von Traavik und Heinemann: »Die nötigen Nachfolgestudien wurden (...) aus zweierlei Gründen nicht durchgeführt: i) das Geld für unabhängige Forschung ist nicht zu bekommen, ii) die Gentechnik-Firmen stellen kein Gentechnik-Material für weitere Analysen zur Verfügung.«

162) Agro-Gentechnik und unterbliebene Gesundheits-Forschung: Ein Einblick in die Arbeitsweise der Wissenschaft, Terje Traavik, Jack Heinemann, deutsche Version erstellt mit Professor Anton Moser, in: Gefahr Gentechnik, s.o. S. 245 ff.

## 6.7 Wer für die EU entscheidet

Im Gegensatz zu Ländern wie Neuseeland und Norwegen, die beispielhafte Systeme für die Einführung von GVOs etabliert haben, gestaltet sich der Zulassungsprozess auf EU-Ebene wenig demokratisch. Für Bewertungen, die der EU-Kommission als Entscheidungshilfe dienen, wird die Europäische Behörde für Lebensmittelsicherheit (EFSA) herangezogen. Die Agentur ist jung – 2002 gegründet, erst im Mai 2003 voll etabliert –, aber bereits sehr mächtig. Sie erarbeitet die generellen Leitlinien für den europäischen Lebensmittelmarkt. Nach eigener Darstellung beschäftigt sich die EFSA heute vorrangig mit Risikobewertungen, die insbesondere bei gentechnisch veränderten Lebensmitteln beziehungsweise bei GV-Saatgut von großer Brisanz sind. Die Kommission folgt in den meisten Fällen den Empfehlungen der EFSA. Mit Hilfe der EFSA wurde letztlich auch die Aufhebung des Gentech-Moratoriums begründet. Doch wie sieht die Zusammensetzung der Experten-Panels aus? Wie unabhängig agiert die EFSA tatsächlich?

Friends of the Earth lassen in dem Report »Throwing Caution to the Wind«, was so viel heißt wie »Alle Vorsicht in den Wind schlagen«, kaum ein gutes Haar an der Arbeitsweise der Agentur.[163] Der Bericht zeigt unter anderem die Nähe der EFSA-Gentechnik-Experten zur Industrie auf. Alle zwölf bis November 2004 von der EFSA verfassten Gutachten über GVO fielen zugunsten der Biotech-Industrie aus. Einige Mitglieder der EFSA haben direkte oder indirekte Verbindungen zur Biotech-Industrie und treten zum Beispiel in einem Informationsvideo der Biotech-Industrie auf. Kritische Stimmen werden zwar angehört, spielen jedoch keine Rolle in den Konsultationsverfahren. Auch durch widersprüchliche Gutachten zu einzelnen GVOs verliere die EFSA ihre Glaubwürdigkeit, so die Studie. Als konkretes Beispiel führt die österreichische Schwesterorganisation Global 2000 einen Fall aus Österreich an. So empfahl die EFSA zunächst, dass gentechnisch veränderte Organismen mit einem bestimmten Antibiotikaresistenz-Markergen nicht mehr kommerziell angebaut werden sollten. Österreich hatte deshalb gegen den GV-Mais Bt176, der eben dieses Gen enthält, ein Importverbot erlassen. In einem späteren Gutachten allerdings wies die EFSA die österreichische Begründung für die Aufrechterhaltung des Importverbots wieder zurück. Denn laut EFSA soll das Verbot für Genpflanzen, die dieses spezielle Resistenz-Markergen enthalten, nur für »zukünftige« Genpflanzen, jedoch nicht für bereits zugelassene gelten. »Ein solches Vorgehen hat mit Wissenschaftlichkeit nichts zu tun und ist als

---

163) Throwing caution to the Wind. A review of the European Food Safety Authority and its work on genetically modified foods and crops, Friends of the Earth Europe, November 2004

reines Zugeständnis an die Biotech-Industrie zu werten«, kritisiert Global 2000. Mit dem rechtlich begründeten Vorsorgeprinzip können die meisten Entscheidungen der ESFA nicht wirklich in Einklang gebracht werden.

Etwa ein Drittel der heute benannten EFSA-Gentech-Experten vertritt direkte oder indirekte Interessen der Biotech-Industrie oder der staatlicherseits verordneten Pro-Gentech-Position. Der Umweltorganisation sind insbesondere die personellen Verquickungen mit dem Projekt »Entransfood« ein Dorn im Auge. Entransfood ist ein EU-gefördertes Unterfangen mit dem deklarierten Ziel, die Markteinführung von GVOs in den europäischen Markt zu forcieren, um die europäische Industrie in eine konkurrenzfähige Position zu bringen. Der Vorsitzende des EFSA-GMO-Panels Harry Kuiper koordinierte auch das Entransfood-Projekt. Die Konzerne Monsanto, Bayer und Syngenta waren in diese Projekt massiv eingebunden. Nur eine einzige NGO, so Friends of the Earth, durfte Vertreter entsenden. Die NGO wurde angehört zu »sozialen Fragen«. Nach Ansicht der Umweltschützer eine Alibi-Aktion.

Die EFSA wies die Vorwürfe der Umweltorganisation hinsichtlich der Parteilichkeit der GVO-Panel-Mitglieder zurück:[164] »Die Europäische Lebensmittelbehörde (EFSA) ist der Ansicht, dass ihre Aufgabe, die darin besteht, unabhängige und zuverlässige Empfehlungen zu Fragen im Zusammenhang mit gentechnisch veränderten Organismen (GMOs) abzugeben, vollauf erfüllt. Die EFSA wird weder von wirtschaftlichen noch sonstigen Interessen auf diesem Gebiet beeinflusst. Die Tätigkeit der EFSA steht voll und ganz im Einklang mit den Bestimmungen, wie sie in der Gründungsverordnung 178/2002 niedergelegt und vom Rat der Europäischen Union und dem Europäischen Parlament verabschiedet wurden. Bei den Erklärungen zu eventuellen Interessenkonflikten von wissenschaftlichen Experten, Beratungen mit Interessengruppen sowie in Bezug auf Transparenz geht die EFSA sogar über die Anforderungen der Verordnung 178/2002 hinaus.«

Tatsächlich sind »declarations of interests« der Gremienmitglieder auch auf der Homepage der EFSA publiziert. Die Mehrzahl der Mitglieder weist keine direkten oder indirekten Interessen aus. Das muss aber nicht unbedingt den Tatsachen entsprechen, wie »Friends of the Earth« an den Beispielen Dr. Detlef Bartsch und Dr. Hans-Jörg Buhk darlegten. In den Deklarationen der beiden deutschen Experten scheinen keine direkten oder indirekten finanziellen Interessen auf. Allerdings sind beide für ihre positive Haltung zur grünen Gentechnologie bekannt. Buhk war lange Jahre in leitender Position am Zentrum für Gentechnologie des Robert-Koch-Instituts tätig. Der Gentechnik-Bereich des Instituts wird inzwischen aufgrund eines Beschlusses des Bundestags von Ende März 2004 in großen Teilen dem Bundesamt für Verbraucher-

164) Vgl.: Total verbandelt?, Telepolis 23.02.2005

schutz und Lebensmittelsicherheit zugeordnet. Laut »Friends of the Earth« war Buhk Mitglied des vorbereitenden Ausschusses einer u. a. von Bayer, KWS, Dupont und BASF gesponserten aber auch von der Gastgeber-Stadt Köln unterstützten Konferenz im Jahr 2004. Die biotechfreundliche Ausrichtung dieser alle zwei Jahre stattfindenden Veranstaltung ist Programm. Selbstdarstellung der Veranstalter: »Die ABIC ist eine der wichtigsten Konferenzen im Bereich landwirtschaftliche Biotechnologie. Investoren, Industriemanager und politische Entscheidungsträger kommen zu einem intensiven Erfahrungsaustausch zusammen, um Impulse für das Know-how der Agrarbiotechnologie zu geben. Dieses Forum wurde für die Diskussion von Ergebnissen aus Forschung und Entwicklung geschaffen, um Kooperationen zwischen akademischen Einrichtungen und Industriepartnern zu ermöglichen, damit der Transfer von Laborergebnissen in den industriellen Maßstab beschleunigt werden kann. Daneben soll die Veranstaltung die Akzeptanz der Biotechnologie im öffentlichen Meinungsbild verbessern.«

Die Teilnahme Buhks an der Organisation der Veranstaltung hätte in der »declaration of interest« genannt werden müssen, argumentiert die FoE. Buhk und Bartsch – der ebenfalls am BVL wirkt – treten außerdem in einem Promotion-Video der Biotech-Industrie in Erscheinung. Möglich, dass das Engagement der beiden im Dunstkreis der Biotech-Industrie tatsächlich harmlos war.

Insgesamt bleibt eine unschöne Optik trotz EFSA-Dementi. Wie unabhängig ist ein Expertengremium, dem eine Person vorsteht, die gleichzeitig Projekte betreibt, die definitiv die Markteinführung von GVO in Europa forciert?[165] Wie unabhängig kann ein Expertengremium agieren, in dem mehrheitlich deklarierte Befürworter sitzen? Sehen wir uns doch einmal in England um oder in Kanada. Für umfassende Gutachten im Bereich Umweltfolgen und mögliche gesundheitliche Risiken beauftragte der Staat immer unabhängig agierende Forschungseinrichtungen und Wissenschaftler. Auch wenn die meist kritischen Berichte im politischen Entscheidungsprozess oft nicht berücksichtigt wurden, gab und gibt es zumindest solche unabhängigen Meinungen. In der EU scheinen in wesentlichen Fragen häufig nur mehr in das System eingebundene, oder härter ausgedrückt, der politischen Stoßrichtung konforme Personen als entscheidende Experten aufzutreten. Eine bedauerliche Situation und ganz sicherlich nicht vertrauenerweckend.

---

165) Entransfood Webpage, *http://europa.eu.int/comm/research/quality-of-life/ka1/volume1/entransfood.htm*

## 6.8 Wenn Tiere die Wahl haben

Tiere kratzen politische Fragestellungen weniger. Sie wollen fressen und verhalten sich in der Frage der Futterwahl offensichtlich qualitätsbewusst. Wer die Wahl hat, entscheidet sich für das Beste. Das zumindest ergaben einige Fütterungsversuche. Dabei wurde die Wirkung von Lebensmitteln auf das instinktive Fressverhalten von Tieren (Ratten, Kaninchen, Hühner) untersucht. Die Versuchstiere durften dabei zwischen gleichartigen Produkten aus biologischen und konventionellen Anbausystemen wählen. Die Präferenz wurde durch die Bestimmung der gefressenen Menge pro Tag ermittelt. Die Studien zeigten, dass Laborratten oder -mäuse bei Möhren, Roten Rüben, Weizen und Äpfeln die ökologischen Erzeugnisse bevorzugen.[166] Worauf diese Bevorzugung zurückzuführen ist, konnten die Wissenschaftler nicht eindeutig klären. Eventuell spielen Amonisäure- und Zuckergehalt der Produkte eine Rolle. Bio-gefütterte Tiere wiesen höhere Gewichtszunahmen, bessere Fruchtbarkeit und weniger Fehlgeburten auf.

Die Wissenschaftler Alberta Velimirov und Werner Müller werfen in einem Artikel die interessante Frage auf, ob man auch dem instinktiven Fressverhalten bei der Auswahl beziehungsweise Verweigerung von GVO trauen kann. Es gebe dazu zahlreiche Erzählungen und Beobachtungen, allerdings erst zwei diesbezügliche Futterwahlversuche. »Hogendoorn (2000) gab 30 jungen weiblichen Mäusen die Wahl zwischen GV-Soja und GV-Mais und den nicht gentechnisch veränderten biologisch angebauten Varianten. Die Ergebnisse von neun aufeinander folgenden Tagen ergaben eine signifikante Präferenz für die nicht gentechnisch veränderten Produkte (61 % zu 31 %). Folmer et al. (2002) stellten bei einem Futterwahlversuch mit Stieren eine Tendenz zu Gunsten von nicht gentechnisch verändertem Mais im Vergleich zu Bt-Mais fest (52,5 % zu 47,5 %).«[167]

Es wäre eine Überlegung wert, diversen »Experten-Gremien« eine Mäusedelegation beratend zur Seite zu stellen. Diese könnte im Rahmen von Futterwahlstudien wertvolle Impulse für Entscheidungsfindungen liefern. Die Beobachtung von Tieren bei der Futterauswahl ist ein Jahrtausende altes Verfahren der Menschen, um wertvolle oder giftige Pflanzen zu identifizieren.

166) Vgl. Gentechnik-Nachrichten Spezial April 2004, Sind ökologisch angebaute Lebensmittel gesünder?, basierend auf Studien von: Edelmueller, 1984; Plochberger, 1989; Velimirov, 2001; Staier, 1986

167) Ausgeblendete Risiken, s.o. S. 24

## 6.9 Gentechnik auf meinem Teller

Die Mehrheit der Verbraucher – auch in den USA oder China – lehnt gentechnisch veränderte Nahrungsmittel ab. Aus Wissensmangel, wie Befürworter gerne behaupten. Die intuitive Ablehnung von Genfood mag vielleicht irrational sein, ist aber deshalb noch lange nicht unvernünftig.

Die Nahrungsmittelindustrie hat jedenfalls längst auf diese Unbehagen reagiert und setzt gentechnisch veränderte Ware nur in geringem Ausmaß ein. Selbst in den USA wandert das meiste an GVP in Futtertröge. In Europa sind es etwa 80 Prozent der GV-Ware, schätzt Greenpeace.[168] Trotzdem kommen heute immer mehr Lebensmittel auf irgendeiner Verarbeitungsstufe mit Gentechnik in Berührung. Dabei stehen neue Laborverfahren etwa für gentechnisch hergestelltes Labferment für die Käseproduktion selbst bei Kritikern nicht im Zentrum der Diskussion. Bei Produkten aus GV-Pflanzen wünschte die große Mehrheit der europäischen Verbraucher aber eine eindeutige Kennzeichnung, unabhängig von der Nachweisbarkeit von DNA (Erbmaterial) oder Proteinen (Eiweiß) im Endprodukt. Die EU trug dem Rechnung und erließ neue Kennzeichnungsrichtlinien. Seit April 2004 gelten sie in allen EU-Mitgliedsstaaten und brachten definitiv eine deutliche rechtliche Verbesserung für die Konsumenten. Früher herrschte das Nachweisprinzip. Heute gilt das Anwendungsprinzip.

Lebensmittel sind immer dann kennzeichnungspflichtig,

- wenn sie GVO (gentechnisch veränderter Organismus) enthalten, daraus bestehen oder daraus hergestellt wurden
- und zwar unabhängig davon, ob diese GVOs im Lebensmittel nachweisbar sind.

Heute müssen also alle Lebensmittel, die aus GVOs beziehungsweise deren Zutaten aus GVOs hergestellt werden, gekennzeichnet werden. Beispiele sind dafür Schokolade mit GV-Soja-Mehl, gentechnisch veränderter Mais, Joghurt mit GV-Milchsäurebakterien oder Öl aus GV-Sojabohnen. Keine Kennzeichnungspflicht besteht, wenn der aus GVO stammende Anteil einer Zutat im jeweiligen Lebensmittel unter 0,9 Prozent der gesamten Zutat liegt.

Keine Kennzeichnungspflicht gibt es für Lebensmittel, deren Zutaten mit Hilfe von GVOs gewonnen werden. Das betrifft etwa Käse, der mit Hilfe von gentechnisch erzeugtem Labferment hergestellt wurde, oder auch für Pulversuppe mit gentechnisch erzeugtem Geschmacksverstärker Glutamat.

Umwelt- und Konsumentenschützer ärgern sich aber vor allem darüber, dass Milch, Eier oder Fleisch von Tieren, die mit gentechnisch veränderten Futtermitteln versorgt werden, nicht gekennzeichnet werden müssen.

168) Alles sicher oder was?, Greenpeace Deutschland, August 2005

Wer ganz auf Gentechnik verzichten will, ist auf Produkte aus dem Biolandbau oder spezielle Markenlinien, die ausgewiesenermaßen auf Gentechnik verzichten, angewiesen. Gemäß einer EU-Verordnung zum ökologischen Landbau ist der Einsatz der Gentechnik definitiv verboten. Gentechnisch verändertes Futtermittel kommt hier nicht in den Futtertrog.

Unsicherheit bei den Verbrauchern besteht weiterhin. Oft wird hinter festen und länger haltbaren Tomaten Gentechnik vermutet, obwohl die berühmt-berüchtigte gentechnisch veränderte Anti-Matsch-Tomate bereits vor Jahren vom US-Markt genommen wurde und in Europa ohnehin nie ein Supermarktregal gesehen hat. Dennoch gibt es auch vereinzelt gentechnisch veränderte Lebensmittel im Handel. Selbst Deutschlands Kebab-Stuben sind nicht vor Gentech-Ware gefeit, wie ein Fall in Rheinland-Pfalz zeigte.[169] Bei Routinekontrollen wurden Döner-Spieße mit gentechnisch verändertem Sojaprotein weit über dem zulässigen Schwellenwert entdeckt. Die meiste Ware wird jedoch korrekt gekennzeichnet. Die Tests werden in Deutschland von Labors der Länder durchgeführt. In Österreich obliegt die Kontrolle der Kennzeichnung im Sinne des Täuschungsschutzes der Agentur für Ernährungssicherheit (AGES). Auch sie gibt relative Entwarnung: »In einer Schwerpunktaktion 2004 wurden zum Beispiel 241 Proben, die Mais oder Soja enthielten, auf GVO untersucht. Lediglich zwei Proben lagen über dem Kennzeichnungsschwellenwert und hätten daher entsprechend gekennzeichnet werden müssen.«

Bei Obst und Gemüse braucht sich der Europäer derzeit keine Sorgen zu machen. Augen auf heißt es bei Soja-Produkten, zumal gentechnikfreies Sojaprotein immer schwerer auf dem Weltmarkt zu beschaffen ist. April 2005 veröffentlichte das deutsche Magazin Öko-Test eine Untersuchung von 56 besonders gefährdeten Produkten. Ein Drittel wies Spuren von GVOs auf, wobei sich die gefundenen Anteile fast immer bei 0,1 Prozent bewegten. Einige der getesteten Produkte sind als Marken auch in Österreich bekannt. So erhielt der Kanadische Raps-Klee-Honig von Biophar nur die Note befriedigend. Öko-Test dazu: »Die kanadischen Honige sind mit gentechnisch verändertem Rapspollen belastet. Genraps wächst in Kanada auf mehr als 60 Prozent der Anbauflächen. Kennzeichnungspflichtig ist ein solcher Honig nicht.« Auch die ARO-Erdnuss-Flips (ARO ist eine Eigenmarke von Metro) erhielten nur ein befriedigend, da Spuren von gentechnisch verändertem Mais gefunden wurden. Negativ fielen auch Sportlernahrung und Schlankheitsdrinks auf, die viel Sojaprotein enthalten. Einige wiesen höhere GVO-Anteile, also über 0,1 Prozent, auf. Allerdings fanden die Öko-Tester in Deutschland nur ein Produkt, das gesetzlich hätte gekennzeichnet werden müssen: ein Vogelfutter.

169) Gen-Döner in Rheinland-Pfalz entdeckt, Telepolis 24.05.2005

# 7 Labor versus Natur

## 7.1 Gentechnik als Umweltplus?

Noch stärker als gesundheitliche Risiken beherrschen ökologische Bedenken die öffentliche Debatte. Dabei waren die Anfänge der Gentechnik-Forschung stark geprägt von dem Wunsch und dem Versprechen, Lösungen für Umweltprobleme zu entwickeln. Ein Paradeprojekt des staatlichen Umweltschutzes in Deutschland beziehungsweise der Gentechniker waren »gelehrige Bakterien – genauer, durch Gentechnik oder biotechnische Züchtung fortentwickelte Mikroorganismen«. Sie »wollte man als Umweltverbesserer einsetzen, um mit ihrer Hilfe die relevanten Umweltverschmutzungen zu beseitigen«, resümiert der Biologe Engelbert Schramm.[170] »Diese Strategie setzten die Gen- und Biotechnologen in den 70er Jahren und bis weit in die 80er Jahre mit einer Lösung der wichtigsten Umweltprobleme gleich.« Mikroben sollten die Ölpest auf Gewässern wegfressen, metallverseuchte Abwässer könnten mittels im Labor erzeugten Bakterien quasi recycelt werden usw. Die meisten dieser Vorhaben erwiesen sich trotz vielversprechender Labor-Experimente als wenig praxistauglich. Sie wurden auf Eis gelegt oder überhaupt verworfen, wie Schramm festhält. Weder zur »Umweltverbesserung« noch zur stofflichen Wiederverwertung und auch nicht zur Erhöhung der Ressourceneffizienz hätten die damals überschwänglich gefeierten biotechnischen Ansätze schließlich getaugt.

Bereits damals standen sich aber Gentechniker und Umweltschützer spinnefeind gegenüber. Beide Seiten reklamierten den Umweltschutzgedanken für sich. In der Frage des Teilbereichs der grünen Gentechnologie scheinen sich diese Muster fortzusetzen, zumindest was die in der Öffentlichkeit geführten Debatten betrifft. Die Befürworter sehen in der Agro-Gentechnik ein probates Mittel zur Verbesserung der Ökobilanz, etwa durch einen prognostizierten geringeren Aufwand an Spritzmitteln oder günstigere Bodenbearbeitung. Die Gegner hingegen befürchten langfristig eine massive Störung des ökologischen

170) Die Antworten der Gentechnik auf die Umweltproblematik, Engelbert Schramm, in: »Gen-Welten«, Katalog zum gleichnamigen Projekt, 1998, Kunst- und Ausstellungshalle der Bundesrepublik Deutschland GmbH

Gleichgewichts. Hinter den unversöhnlichen Positionen verbergen sich zwei grundverschiedene Denkrichtungen.

Die Pro-Seite forciert einen technischen Optimismus und ist überzeugt, dass Umweltfragen mit der Einführung einer neuen Technologie nachhaltig gelöst werden könnten. Die gegnerische Seite hingegen sucht nach integrativen Lösungen. Die Natur beobachten, erforschen, mit ihr arbeiten und nicht gegen sie – so die Stoßrichtung der Gentech-Kritiker. In diesem Konzept erhalten auch gesellschaftliche und ökonomische Faktoren ein erhebliches Gewicht. Heute vielfach diskutierte Umweltprobleme wie Bodendegradierung, Wassermangel, Erschöpfung von fossilen Rohstoffressourcen, Klimawandel werden nicht als Erscheinungen begriffen, denen mit singulären technischen Lösungen begegnet werden kann. Die potenzielle Rolle, die Gentechnologie in Lösungskonzepten für Umweltprobleme spielen kann, wird in diesem Ansatz als wesentlich geringer eingestuft. Das Risiko der grünen Gentechnologie sei größer als der Nutzen, der daraus erwachsen könnte, so die kritischen Stimmen.

## 7.2 Exkurs: Ökologiefolgen

Nach immerhin mehr als zehn Jahren seit der Einführung von GVOs in den USA sollte man eigentlich einen relativen Überblick über mögliche und bereits eingetretene Umweltfolgen im positiven oder negativen Sinn gewinnen können. Doch bis heute gibt es keine einheitlichen Systeme, die eine definitive – nach Regionen und eingesetzten GV-Sorten geordnete – Evaluierung ermöglichen würde. Nur in etwa einem Prozent aller Freisetzungen weltweit findet ökologische Begleitforschung statt. Bei den Versuchen in Deutschland sind es immerhin zirka 15 Prozent.[171] Langzeitfolgen wiederum sind derzeit nur hypothetisch auszumachen. Diese Defizite sind nicht unbedingt Folge politischen Unvermögens oder -willens, sondern verweisen vielmehr auf die Komplexität des Ökosystems. »Wissenschaftlich ist es unmöglich, die ökologischen Folgen transgener Pflanzen sicher vorauszusagen. Die Komplexität der Umwelt und die Langfristigkeit ökologischer Prozesse verhindern die Generierung von sicherem Wissen. Was bleibt, ist eine Unsicherheit, die durch gezielte Forschung und Freisetzungsversuch reduziert werden kann«,[172] meint Benno Vogel.

Punktuell können aber Risiken skizziert und genauer beschrieben werden, ebenso wie es möglich ist, bereits eingetretene Probleme anhand von Fallbeispielen zu beschreiben. Eine gute systematische Einteilung möglicher Ökolo-

---

171) Kempken, S. 193

172) Agro-Gentechnik & Naturschutz, Benno Vogel, Hrsg. Naturschutzbund Deutschland, Februar 2005

giefolgen gibt der österreichische Umweltbeamte und Wissenschaftler Helmut Gaugitsch. Sein Ausgangspunkt: »Eine fundierte Risikoabschätzung von GV-Pflanzen muss darauf abzielen, das Ausbreitungs- beziehungsweise Verwilderungspotenzial im Vergleich zur Empfängerpflanze, Gentransfer und daraus resultierende Auswirkungen sowie die ableitbaren Effekte auf die biologische Vielfalt zu beurteilen.«[173] Er unterscheidet drei Gruppen:

1. Primär ökologische Auswirkungen, z.B. Verstärkung der Unkrauteigenschaften, Gentransfer
2. Sekundäre ökologische Auswirkungen, z.B. Pflanzenschutzmitteleinsatz, landwirtschaftliche Praxis
3. Sozioökonomische Auswirkungen, z.B. Massenproduktion, Produktionsweise, landwirtschaftliche Strukturen

Über einige mögliche Folgen durch GVOs sind sich Befürworter ebenso wie Kritiker einig. Dazu gehört die erwartete Resistenz von Schadinsekten bei insektenresistenten Sorten, etwa Bt-Mais. Das Nachlassen der Wirksamkeit von herbizidresistenten Systemen aufgrund der Anpassung von Unkräutern nach einer gewissen Zeit fällt ebenfalls in die Kategorie der allgemein anerkannten Folgewirkungen. Welche Effekte nun ökologische Schäden oder akzeptable Umweltbeeinflussungen sind, lässt sich heute schwer beurteilen. Diskutiert werden zudem Potenziale der Verwilderung, Auskreuzung, horizontaler Gentransfer, Auswirkungen auf Artenvielfalt, Veränderungen in der Nahrungskette, Auswirkungen auf Nutzinsekten.

Bevor auf einige Fallbeispiele und Studien eingegangen wird, noch zwei Fachbegriffe, die durchgängig auftauchen:

- Von *Verwilderung* sprechen die Fachleute, wenn sich transgene Pflanzen auch außerhalb der Anbauflächen ausbreiten. Das Potenzial zur Verwilderung hängt von der vermittelten transgenen Eigenschaft ebenso wie von der Kulturpflanzenart ab. Das Risiko wird beispielsweise bei Mais und Kartoffeln als sehr gering eingeschätzt. Raps und Zuckerrüben werden allerdings immer wieder außerhalb der Feldgrenzen angetroffen. Bis dato haben Forschungen zu kommerzialisierten transgenen Pflanzen keine Hinweise auf ein erhöhtes Verwilderungspotenzial ergeben. Ausnahme: Bt-Raps. Hier gibt es Studien, die zeigen, »dass die transgene Eigenschaft unter Schädlingsdruck die Konkurrenzkraft erhöht, womit die Wahrscheinlichkeit einer Verwilderung steigt, falls der Schädling in naturnahen Lebensräumen einen Selektionsdruck ausübt.«[174]

173) Benno Vogel, s.o. S. 5
174) Quelle: Biosicherheit.de, http://www.biosicherheit.de/aktuell/104.doku.html

- Ein größeres Risiko stellen *Auskreuzungen* dar. Bei Auskreuzungen auf Wild- oder Kulturpflanzen werden genetische Eigenschaften auf eine verwandte Art übertragen. In der Regel geschieht dies durch Pollen.

  Wahrscheinlichkeit einer Auskreuzung durch Pollenflug in Mitteleuropa:[175]

| Kulturpflanze | innerhalb der Kulturart | auf verwandte Wildarten |
|---|---|---|
| Raps | hoch | hoch |
| Zuckerrübe | mittel bis hoch | mittel bis hoch |
| Mais | mittel bis hoch | verwandte Wildarten nicht bekannt |
| Kartoffel | gering | gering |

Der Risikoforscher Werner Müller sieht das »ökologische« Hauptproblem allerdings darin, dass »es völlig ungeklärt ist, wie synthetische Gene sich in der Natur verhalten«. Denn: »Diese Gene kommen in keinem einzigen Organismus vor, sie wurden im Labor designt. Im Gegensatz zu Chemikalien kennen wir die Halbwertszeit von Gentechnik nicht. Bleiben sie mehrere tausend Jahre oder verschwinden sie irgendwann?«[176] Die Folgen könnten irreversibel sein. Ackerflächen können auf Jahre, Jahrzehnte verunreinigt werden. Eine jüngst bekannt gewordene Studie, die vom britischen Umwelt- und Agrarministerium und Gentech-Firmen finanziert worden war, zeigt, dass bei GV-Raps Felder noch 15 Jahre nach dem Umstieg auf konventionelle Sorten verunreinigt sein können.[177] Diese Ergebnisse basieren auf Nachuntersuchungen zu britischen Feldversuchen, die im Kapitel »Weniger Wildkräuter, weniger Schmetterlinge« noch genauer beschrieben werden.

## 7.3 Den Boden schonen

Befürworter reklamieren hingegen positive Effekte. So könnte etwa die Bodenbeschaffenheit günstig beeinflusst werden, zumal bei manchen gentechnisch veränderten Pflanzen bodenschonende Praktiken angewandt werden können. Bodenbearbeitung wird heute generell als wichtiger ökologischer Indikator gesehen. Ungünstige Anbauverfahren führen jährlich zu erheblichen Verlusten an Ackerland. Seit langem sieht man sich deshalb auch in der konventionellen

---

175) »Es muss damit gerechnet werden, dass die mit Hilfe der Gentechnik möglichen tief greifenden Veränderungen noch bevorstehen«, Dr. Helmut Gaugitsch, Österreichisches Umweltbundesamt, Wien, im Interview zur Diskussion um ökologischen Schaden, veröff. auf *www.biosicherheit.de*

176) Werner Müller, pers. Mitteilung

177) GM crop »ruins fields for 15 years«, Geoffrey Lean, in: The Independent 09.10.2005

Landwirtschaft nach Alternativen zum traditionellen Pflügen um. Minimalbodenbearbeitung oder konservierende Bodenbearbeitung bieten sich dabei an. Oder bei gentechnischem Saatgut die Direktsaat (No-till-Verfahren). Für Direktsaat-Verfahren, die grundsätzlich auch bei konventionellen Sorten einsetzbar sind, benötigt der Landwirt spezielle Gerätschaft, die sich nur von Fall zu Fall rechnet – auch in gesamtökologischer Hinsicht. Direktsaat erhöht generell die Unkrautproblematik. Die gängigen herbizidtoleranten Systeme wie Roundup Ready bieten dem Landwirt aber mit der Anwendung von Totalherbiziden wirkungsvolle Instrumente, dieses Problem in den Griff zu bekommen.

Mit der Einführung herbizidtoleranter Sojasorten 1996 hat die pfluglose Bodenbearbeitung in den USA um 35 Prozent zugenommen (bis 2002). In Argentinien wurde Ähnliches beobachtet. Bei Argentinien darf allerdings nicht vergessen werden, dass die Einführung von HT-Soja Hand in Hand geht mit Rodungen und der Ausweitung von Monokulturen. was insgesamt aus ökologischer Sicht problematisch ist.

Ohne diese »neuen Anbaumethoden würden in den USA durch Niederschläge und Windverwehungen jährlich zirka eine Milliarde Tonnen mehr Erde von den Feldern abgetragen werden. Damit entfallen auch Kosten in Höhe von etwa 3,5 Milliarden US-Dollar, die für die Beseitigung dieser Sedimente in Gewässern, auf Straßen und zur Trinkwasseraufbereitung notwendig würden. Ein weiterer Effekt ist die Einsparung von Treibstoff für die Bodenbearbeitung. Schätzungsweise 1,2 Milliarden Liter Treibstoff konnten auf diese Weise im Jahr 2002 in den USA eingespart werden (zirka sechs Liter pro bearbeitetem Hektar). Schließlich bewahrt eine pfluglose Bodenbearbeitung besser die Feuchtigkeit im Boden und reduziert somit den Wasserverbrauch in der Landwirtschaft«, schreiben Kristina Sinemus und Klaus Minol in einem Beitrag zum Thema Nachhaltigkeit und Grüne Gentechnologie.[178]

Dieser positive Effekt kann über kurz oder lang ins Negative umschlagen, wie der kanadische Pflanzenwissenschaftler Rene Van Acker am Beispiel Kanadas zeigt. Die Farmer plagen sich dort vielerorts mit hartnäckigem HT-Durchwuchsraps und müssen inzwischen wieder vermehrt pflügen oder mehr spritzen, was auch in den USA bereits der Fall ist. Van Acker: »Minimalbodenbearbeitung hat in Kanada Vorteile für Umwelt, Natur und Wirtschaft, die sogar von der Bundesregierung Kanadas als Methode zur $CO_2$-Fixierung und als Mittel zum Erreichen der Ziele des Kioto-Protokolls anerkannt wurden. Die langfristige Nachhaltigkeit der Minimalbodenbearbeitung wird durch

178) Grüne Gentechnik – Ein Beitrag zur Nachhaltigkeit?, Kristina Sinemus, Klaus Minol, ersch. in: gsf: mensch+umwelt spezial, Grüne Gentechnik in Forschung und Anwendung, 17. Ausgabe – 2004/2005, Hrsg. GSF – Forschungszentrum für Umwelt und Gesundheit in der Helmholtz-Gemeinschaft

verbreitete Nutzung von Gentech-Kulturen jedoch gefährdet.«[179] Minimalbodenbearbeitung wird in West-Kanada bereits seit den 80er Jahren praktiziert, also bereits »10 bis 15 Jahre, bevor Roundup-Ready-Raps in Kanada eingeführt wurde«.[180] Bodenschonende Anbauverfahren sind demnach nicht abhängig von Gentech-Pflanzen – wie Befürworter häufig suggerieren –, sondern könnten durch diese sogar wieder verdrängt werden.

## 7.4 Weniger oder mehr Chemie?

Die Industrie warb zudem mit einer deutlichen Reduktion bei Spritzmitteln. Die Verringerung des Einsatzes teils hochgiftiger Unkrautvernichtungsmittel oder Insektizide in der Landwirtschaft wäre sicher wünschenswert. Wie aber sieht die Realität aus?

Obwohl in den USA seit 1995 grüne Gentechnik in großem Stil gepflanzt wird, gibt es kaum offizielle Vergleichsstudien zwischen konventionellem und GV-Landbau. Auf die Frage nach zuverlässigen Auswertungen verweist der Agrarökonom Jorge Fernandez-Cornejo vom Economic Research Service (ERS) des US-Landwirtschaftsministeriums (USDA) auf gerade mal eine Studie zu der Thematik.[181] Sein Forscher-Team wertete dafür die offiziellen Daten aus den Jahren 1997 und 1998 aus. Danach sei in diesem Zeitraum eine Verringerung des Gesamt-Pestizidverbrauchs feststellbar, die nach Ansicht der Forscher eindeutig mit dem Anstieg des GV-Anbaus in Beziehung stehen würde. 1997 stellten sie einen Rückgang von insgesamt 6,2 Prozent fest. Als besonders erfreulich werteten die Wissenschaftler, dass 2,5 Millionen Pfund an hochaktiven Substanzen eingespart wurden. Bei Sojabohnen sei ein geringfügiger Anstieg bei Spritzmitteln zu verzeichnen gewesen, was auf den vermehrten Einsatz von Glyphosat zurückzuführen sei. Das sei aber eher ein Vor- denn ein Nachteil, so die Wissenschaftler. Denn Glyphosat hätte Herbizide verdrängt, die mindestens dreimal so toxisch seien und auch die Umwelt länger belasten würden. Es gibt aber keine Ausführungen, welche Chemikalien konkret gemeint sind. Auffällig ist, dass in den USA offensichtlich massiv Herbizide eingesetzt werden, die in vielen EU-Ländern aufgrund ihrer hormonellen Wirksamkeit oder ökologischen Bedenklichkeit verboten sind. So war laut Fernandez-Cornejo Atrazin noch 1997 das »Top-Herbizid« für amerikanische Maisbauern. Von der EU-Kommission wurde Atrazin als »Kategorie 1«-Che-

179) Erfahrungen aus Nordamerika. Dr. Rene Van Acker, Ao. Prof., Abteilung für Pflanzenwissenschaften, Universität Manitoba, Winnipeg, MB, Kanada, 2003. Eine deutsche Version des Papiers ist auf *www.gentechnologie.ch abrufbar.*

180) Rene Van Acker, E-Mail Interview am 19.08.2005

181) Adoption of Bioengineered Crops, Jorge Fenandez-Cornejo et al., ERS, Washington D.C., Mai 2002

mikalie eingestuft.[182] Das heißt, es handelt sich um eine Substanz der höchsten Gefahrenklasse, deren »hormonähnliche Wirkung in lebenden Organismen (in vivo) nachgewiesen ist«. In Deutschland und Österreich kommt der konventionelle Landbau seit langem ohne Atrazin aus. Glyphosat mag dagegen das geringere Übel sein, harmlos ist es deshalb nicht. Ein Auszug aus dem Informationssystem des Instituts für Veterinärpharmakologie und -toxikologie an der Universität Zürich zeigt, dass einige Tiere bereits unangenehme Bekanntschaft mit dem Unkrautvernichtungsmittel machten. Das Institut beschreibt zwei »Fallbeispiele«[183]. »Vier Gitzi[184] (drei Monate) hatten Gras gefressen, welches zwei Wochen zuvor mit Glyphosat (Roundup) behandelt worden war. Zwei Tiere starben, zwei zeigten nur Durchfall und eine leichte Dehydration. Behandelt wurden sie mit Metamizol, Atropin und einer Mischinfusion. Sie erholten sich zwar, blieben aber Kümmerer.« Und ein anderes: »Eine Kuh (5 Jahre, 500 kg) hat eine unbekannte Menge Glyphosat aufgenommen. Sie zeigte eine halbe Stunde später Koliksymptome, Durchfall und Pansenatonie. Die Behandlung erfolgte mit einem Spasmolytikum.« Bei Säugetieren zeichnet sich Glyphosat zwar durch eine geringe Toxizität aus. Trotzdem wurde diese Substanz von Menschen für Selbstmordversuche missbraucht. In Dänemark ist Glyphosat aufgrund der Gefahr von Grundwassereinträgen nicht mehr erlaubt.

Aber zurück zur ERS-Studie. Eine weitere Tabelle zeigt einen signifikanten Rückgang von Spritzmitteln bei herbizidtolerantem Mais. Sollte das – was allerdings nicht explizit ausgeführt ist – mit einer Reduktion von Atrazin einhergegangen sein, so wäre das natürlich günstig für die amerikanische Landwirtschaft und Konsumenten. Für Europa hat die amerikanische Argumentation, dass quasi »weniger giftig« gespritzt wird, keine Relevanz, zumal diese Chemikalien ohnehin verboten sind.

Auch Insektizid-Einsparungen bei Bt-Mais wären auf europäische Verhältnisse kaum übertragbar, da ohnehin kaum Insektizide gegen den Maiszünsler ausgebracht werden. Das Bt-Toxin, welches der GV-Mais produziert, ist hingegen permanent da und verschwindet auch nicht einfach, sondern reichert sich im Boden an.[185]

Ein Weniger an ausgebrachten Insektiziden bei Bt-Sorten in den USA räumt sogar der kritische Charles Benbrook ein. Der Agrarökonom und ehemalige Geschäftsführer des Landwirtschaftsausschusses der US-amerikanischen National Academy of Sciences ist ein deklarierter Gentech-Kritiker und verfolgt nun

182) Vgl. Gefahren durch hormonell wirksame Pestizide und Biozide, WWF Deutschland, Frankfurt am Main, Stand 2002

183) Abrufbar unter: *http://www.vetpharm.unizh.ch/clinitox/toxdb/WDK_045.htm*

184) Gitzi sind junge Ziegen.

185) »Nach der Ernte ist das Bt-Toxin nicht einfach verschwunden«, Dr. Christoph Tebbe und Dr. Susanne Baumgarte über ein diesbzgl. FAL-Projekt gegenüber Biosicherheit.de

seit etlichen Jahren den Pestizideinsatz in Zusammenhang mit dem steigenden GV-Anbau in den USA. Darüber hinaus erstellte er eine Studie zu Argentinien. Seine »Technical Papers« sind die umfassendsten zum Thema Pestizideinsatz und die einzig verfügbaren Auswertungen von USDA-Daten von der Einführung an bis ins Jahr 2003.[186] »Genetisch veränderte Pflanzen und der Verbrauch an Pflanzenschutzmitteln in den USA: Die ersten neun Jahre« ist der siebente und derzeit aktuellste Bericht in der Serie Technical Papers, die von den Benbrook Consulting Services erstellt wurden.[187]

Die Studie zeigt, dass der Einsatz von Spritzmitteln auf den Gentech-Feldern in den ersten drei Jahren rückläufig war, seitdem jedoch wieder steigt. Dieses Anwachsen des Pestizidverbrauchs verursachen in erster Linie die herbizidresistenten Gentech-Pflanzen (Mais, Sojabohnen und Baumwolle). Bei den insektizidresistenten Pflanzen (Mais, Baumwolle) sank der Verbrauch um fünf Prozent. Da in den USA jedoch weitaus mehr herbizid- als insektizidresistente Pflanzen angebaut werden, ist der Pestizidverbrauch seit 1996 insgesamt wieder gestiegen. Benbrook sieht die Ursache darin, dass Unkräuter sich zusehends an die Chemikalien anpassen und widerstandsfähiger werden, außerdem bilden sich zunehmend Resistenzen aus. Schwer in den Griff zu bekommen ist heute bereits das so genannte »Horseweed«, das in mehreren Bundesstaaten bereits gegen Gloyphosat resistent ist. Aus Kanada sind ebenfalls Probleme mit »Superunkräutern« bekannt. Und in Argentinien wird bereits wieder das wesentlich problematischere Atrazin zugesetzt, um der Unkrautplage Herr zu werden.

Inwieweit Benbrooks Studie weiteren wissenschaftlichen Prüfungen standhalten würde, lässt sich schwer einschätzen. Sowohl die Dokumentation der Methode als auch die Ausführlichkeit der Darstellung erscheinen seriös. Jorge Fernandez-Cornejo gab auf Anfrage keine Stellungnahme zu Benbrooks Ergebnissen ab, weder dementierte noch bestätigte der ERS-Wissenschaftler die Ausführungen des kritischen Agrarökonomen. Allerdings ist auch auffällig, dass das amerikanische Ministerium seit Jahren keine Vergleichsstudien mehr herausgibt. Da die US-Politik gentechfreundlich eingestellt ist, könnte dies daran liegen, dass die Ergebnisse nicht sehr erfreulich ausfallen.

Generell lässt sich sagen: Wer es mit der Verringerung von chemisch-synthetischen Mitteln wirklich ernst meint, müsste sich konsequent für nachhaltige und biologische Landwirtschaftsformen stark machen. Im biologischen Landbau Europas sind chemischsynthetische Spritzmittel verboten. Die wenigen zugelassenen Mittel werden sehr sparsam eingesetzt. Vieles, das zum ver-

---

186) Vgl. Mehr Chemie trotz grüner Gentechnik?, Telepolis 15.12.2003

187) Genetically Engineered Crops and Pesticide Use in the United States: The first Nine Years, Technical Paper Number 7, Charles Benbrook, 2004

stärkten Auftreten von Schädlingen und Unkräutern führt, ließe sich zudem mit alternativen Bewirtschaftungsformen (Fruchtwechsel, spezielle Bodenbearbeitung, ...) wohl ganz gut in den Griff bekommen. Die GVPs scheinen da langfristig eher mehr Probleme zu kreieren als zu lösen.

## 7.5 Weniger Wildkräuter, weniger Schmetterlinge

Ein weiterer Streitpunkt in der Diskussion über Ökologie-Folgen ist die Auswirkung auf Wildflora und Insekten. 1999 beauftragte die englische Regierung verschiedene unabhängige Forschungsinstitute, die Auswirkungen des Anbaus von genetisch veränderten Pflanzen auf die Häufigkeit und Vielfältigkeit der natürlichen Tier- und Pflanzenarten in der Landwirtschaft zu untersuchen. Etwa 8,5 Millionen Euro ließ sich der Staat das kosten. Eine weltweit einzigartige Studie, die durch System und Methodik überzeugt.[188]

Die zentrale Fragestellung lautete: Wie könnte sich der Anbau von herbizidtoleranten GV-Sorten auf die Agrar-Ökosysteme auswirken? Dafür wurden in England, Schottland und Wales 273 Versuchsfelder angelegt. Auf 68 Feldern pflanzten Bauern Mais, auf 67 Sommerraps, und auf 40 Feldern wurden Zucker- sowie auf 26 Feldern Futter-Rüben angebaut. Eine Ackerhälfte war mit konventionellen Sorten bestellt, die andere mit herbizidresistenten GV-Sorten. Gentechnisch veränderte Pflanzen mit dem Merkmal Herbizidresistenz erlauben den Einsatz von Breitbandherbiziden, was im Wesentlichen agrar-ökonomische Vorteile für den Landwirt bringt. So muss er nicht mehrmals pro Saison unterschiedliche Spritzmittel ausbringen. Für die herbizidresistenten Sorten hatten sich die Briten deshalb entschieden, da die Zulassungsverfahren in der EU dafür damals am weitesten fortgeschritten waren. Die für die GV-Flächen eingesetzten Spritzmittel basierten je nach System auf dem Wirkstoff Glufosinat (etwa LibertyLink-System von Bayer) oder Glyphosat (etwa RoundupReady-System von Monsanto).

Drei Jahre lang beobachtete ein unabhängiges Konsortium die Entwicklung auf den Versuchsäckern. Zwischen 15 bis 20 Mal pro Jahr suchten Experten jedes Feld auf und überprüften verschiedene Parameter. Sie inspizierten Wild- beziehungsweise Unkräutervielfalt, Biomasse, Auswirkungen auf Bienen, Schmetterlinge, Spinnen u. Ä. Am 16. Oktober 2003 schließlich wurden die Ergebnisse bekannt gegeben. Die Kernaussage schlug ein wie eine Bombe. Denn, so der Grundtenor der Wissenschaftler, der Anbau herbizidresistenter GVO-Pflanzen könnte sich negativ auf die Artenvielfalt der Agrar-

---

188) GM Crops Effects on Farmland Wildlife, London 2002. Sämtliche Einzelergebnisse und Zusammenfassungen sind unter *http://www.defra.gov.uk/news/latest/2003/fseresults.htm* abrufbar.

ökosysteme auswirken. Die Kritiker fühlten sich in ihrer Haltung von einem unabhängigen Fachgremium bestätigt. Den Befürwortern blieb der Verweis auf das »rege Leben« im Mais-Feld.

In punkto Artenvielfalt schnitten HT-Raps und HT-Rüben bedeutend schlechter ab als konventionelle Sorten. 60 Prozent weniger Wildkräutersamen fanden sich in den HT-Rübenfeldern, gleich 80 Prozent weniger in den HT-Rapsfeldern. Ein wichtiges Wildkraut ist beispielsweise die »Fette Henne«, die zahlreichen Insekten und Vögeln als Nahrung dient. Die Pflanze kam in den genannten HT-Feldern hochsignifikant seltener vor. Mittels Computer-Simulation wurde errechnet, dass das Einführen einer herbizidresistenten Zuckerrübe innerhalb von 20 Jahren zum Aussterben der Feldlerche führen könnte.

Deutlich besser schnitt HT-Mais ab. Hierbei fanden sich wesentlich mehr Wildkräuter und Blumen als in den konventionell bestellten Äckern. Die Wissenschaftler führen dieses Ergebnis auf spezielle Unkrautmanagement-Techniken im Maisanbau zurück. Gerne stellen Befürworter dieses Beispiel heraus, um GV-Maisanbau zu forcieren. Der damalige britische Umweltminister Michael Meacher konkretisierte in einem Interview jedoch, wie das Ergebnis überhaupt zustande kam: »Zum einen wurde der konventionelle Mais mit dem Pestizid Atrazin besprüht, das inzwischen in der EU verboten ist. Zum anderen waren die Versuche praktisch in der Hand von Bayer, die den modifizierten Mais stellten und deren Mitarbeiter den Bauern rieten, sie sollten die Pflanzen nur einmal besprühen. Das gefiel den Bauern, weil es weniger kostete. Folgerichtig kamen die Unkräuter schnell wieder hoch, die den Tieren Nahrung bieten. Aber unter Marktbedingungen würde jeder Bauer natürlich nicht einmal, sondern zwei- oder dreimal sprühen. Und dann würde man die gleichen Ergebnisse bekommen wie bei den beiden anderen getesteten Pflanzen.«[189] Meacher sprach sich nach den schlechten Ergebnissen vehement gegen die Einführung herbizidresistenter Sorten aus und trat dann bald von seiner Funktion als Minister zurück. Offensichtlich hatte Premier Tony Blair damals den Interventionen der Industrie und auch diverser Pensionsfonds nachgegeben. In Großbritannien scheint Gentechnik aber bis heute keine Chance zu haben. Selbst groß angelegte Monsanto-Kampagnen schlugen fehl. Die Öffentlichkeit lehnt Genfood massiv ab und will davon nichts auf den Äckern sehen.

Zurück zur der britischen Studie: Insgesamt weniger dramatische Folgen sahen die britischen Forscher bei Hummeln und Schmetterlingen. Diverse

189) »Gier hinter der Maske des Wohltäters«, Michael Meacher im Spiegel-Interview am 07.11.2003

Käfer profitierten wiederum in den Mais-Feldern und litten unter Nahrungsmangel bei den anderen beiden HT-Sorten.

Das Department for Environment, Food and Rural Affairs (DEFRA) gab auch an, dass das Auskreuzungspotenzial von Mais, Raps und Zuckerrüben unterschätzt worden sei. Raps-Fangpflanzen wurden noch in einer Entfernung von 26 Kilometern mit transgenen Pollen bestäubt.

Insgesamt besonders lobenswert ist die Systematik dieser Praxisstudie. Solche »großen« Würfe sind den wissenschaftlichen Momentaufnahmen, die uns derzeit in der praktischen GV-Risiko-Forschung begegnen, vorzuziehen. Der österreichische Ökologe Helmut Gaugitsch würde sich für die nähere Zukunft ein solches Experiment auch für Bt-Pflanzen wünschen.[190]

## 7.6 Wie Raps zum Unkraut wurde

Während die britischen Freisetzungsversuche noch die Auswirkungen auf die Artenvielfalt erforschten und dokumentierten, zog in Kanada bereits längst anderes Ungemach mit herbizidresistenten GV-Pflanzen auf. Drei Risiko-Szenarien hatten Experten bei HT-Raps von Anfang an skizziert:

1. Resistente Rapssorten könnten als Durchwuchs im Folgejahr in der neu eingesäten Kultur auftauchen. Dann müssten wieder neue Strategien der Bekämpfung eingesetzt werden.
2. Durch Kreuzungen zwischen den verschiedenen herbizidtoleranten Sorten könnten Rapspflanzen entstehen, die gleich gegen mehrere Unkrautvernichtungsmittel resistent sind.
3. Transgene Sorten könnten die Herbizidresistenz via Pollen auf verwandte Wildpflanzen übertragen. Schwer kontrollierbare Unkräuter wären das Resultat.

Herbizidresistenter Durchwuchsraps und mehrfachresistente Pflanzen, denen gleich mehrere Unkrautvernichtungsmittel nichts mehr anhaben konnten, sind inzwischen Realität in Kanada. Und: Die unerwünschten Nebenwirkungen waren offensichtlich sehr früh eingetreten. Tony Huether, ein kanadischer Farmer, pflanzte erstmals 1997 auf einem Feld eine Roundup-tolerante Sorte, auf einem weiteren Feld eine Sorte, die tolerant gegenüber dem Liberty-Herbizid von Aventis war, und auf einem anderen Streifen noch eine weitere HT-Sorte.[191] Ein Jahr später entdeckte er Durchwuchs, der gegen zwei Unkrautvernichtungsmittel resistent war, wiederum ein Jahr später zeigte sich sogar

190) Telefon-Interview am 23.08.2005

191) Vgl.: Triple-resistant Canola Weeds Found in Alberta, Mary MacArthur, in: Western Producer, Canada, 10.02.2000

eine Dreifachresistenz. Doch erst zwei Jahre später räumten Behörden der Provinz Alberta Probleme mit Mehrfachresistenzen ein, ärgerte sich Huether. Als die Sache publik wurde, interviewte ein landwirtschaftliches Fachmagazin den Spezialisten Keith Downey, der lapidar meinte, man würde einfach andere Herbizide dem üblichen Chemie-Cocktail hinzufügen. Oft ältere, weitaus schädlichere – wie ein anderes kanadisches Medium konkretisierte. Die würden den neuen Pflanzen schon den Garaus machen, so Downey. »Ich denke nicht, dass das irgendetwas für die Konsumenten bedeutet.« – Farmer Huether allerdings wunderte sich. War das der von der Biotech-Industrie versprochene »Easy Way« für Farmer? Er stellte zunächst den Anbau von herbizidtoleranten Sorten »im Sinne der Konsumenten« ein. Ein Schritt, der heute nicht mehr so einfach zu setzen ist. Gentechfreies Raps-Saatgut ist heute rares Gut – zumindest in West-Kanada. Immerhin wurde nach dem Vorfall die empfohlene Distanz zwischen verschiedenen HT-Sorten auf mindestens 200 Meter erhöht, um derartige Ausbreitungen möglichst zu verhindern. Allerdings weiß man, dass gerade Raps sich über weite Distanzen ausbreiten kann.

Ein Jahr später, im Februar 2001, warnten auch die Biotech-Experten der angesehenen Royal Society of Canada vor einer »Superweed«-Invasion auf heimischen Canola-Raps-Feldern. »Genetisch modifizierte ›Superunkräuter‹ haben Kanadas Farmer eingeholt – Canola-Pflanzen, die ursprünglich kreiert wurden, um Farmern zu helfen, entfliehen und kreuzen sich miteinander aus, woraus stärkere Pflanzen als ihre Elternpflanzen entstehen. Die meisten Pestizide können diese Canola-Superunkräuter nicht mehr vernichten. Pflanzen, die jetzt in Weizenfeldern hochschießen und an anderen Plätzen, wo die Farmer sie nicht wollen, sagt Kanadas Experten Panel für Biotechnologie«,[192] so die kanadische Presse über den ungewöhnlich scharfen Report der Royal Society. Die Biotech-Industrie sei »naiv« gewesen zu behaupten, dass die Regeln der »guten fachlichen Praxis« alleine diese Superunkräuter in Zaum halten könnten.

Das war 2001. Von staatlicher Seite gab es aber keinen Anbau-Stopp. Die Entwicklung scheint in vielen Gebieten heute irreversibel, die Kontamination weit fortgeschritten. Ein Blick auf die Website des kanadischen »Canola Council« spricht Bände.[193] Ein eigenes, viele Seiten langes Factsheet zur Gesamt-Problematik »Volunteer Canola« – so der Fachbegriff für Durchwuchsraps – beschreibt die oft recht aufwändigen Unkrautmanagement-Strategien.

---

192) »Superweed« invasion threatens farms. Industry has created a canola monster on the Prairies, Tom Spears, Southam Newspapers – Saskatoon Star Phoenix 06.02.2001

193) *http://www.canola-council.org/volunteercan.aspx*

Eine allgemeine Bilanz von Rene Van Acker:[194] »Die Verunreinigung von ursprünglich gentechnikfreien Feldern mit Fremdgenen wird bedeutende Auswirkungen auf landwirtschaftliche Bewirtschaftungsmethoden haben. Das adventive Auftreten von genetisch veränderten, herbizidresistenten Nutzpflanzen könnte zur Folge haben, dass entweder zusätzliche Herbizide eingesetzt werden müssen oder der Boden wieder intensiver bearbeitet wird.« Sollten ungefährliche Herbizide gefunden werden, sei das aus ökologischer Sicht noch verkraftbar, sollten jedoch wieder bodenwirksamere eingesetzt werden müssen, sei das ein Problem. Verstärkter Pflugeinsatz würde wiederum die jahrelangen Bemühungen um den Ausbau von bodenschonenden Verfahren zunichte machen.

## 7.7 Die vergessenen Bienen

Und was den kanadischen Imkern wiederfuhr, zumal ihr Rapshonig weitgehend verunreinigt ist und kaum Abnehmer in Europa findet, könnte bei GV-Anbau in Europa auch unseren Imkern blühen.

Walter Haefeker, Vorstandsmitglied des Deutschen Berufs- und Erwerbsimkerbunds (DBIB), staunte nicht schlecht, als er im Januar 2004 den ersten Entwurf zur Novellierung des deutschen Gentechnikgesetzes durchblätterte. Nicht nur auf EU-Ebene waren Bienen nicht explizit berücksichtigt worden. Selbst der deutsche Gesetzesentwurf, der immerhin unter einer Ministerin der Gentechnik-kritischen Grünen erarbeitet worden war, hatte die Bienenvölker übergangen. Sträfliche Ignoranz, so die Meinung der Imker. Schließlich spielen die emsigen Tiere eine wesentliche Rolle bei der möglichen Verbreitung von GVOs in der Natur und sind somit auch entscheidende Faktoren für die Möglichkeit der von der EU angestrebten Koexistenz – dem »friedlichen« Nebeneinander – von konventionellem, biologischem und GV-Landbau.

Dabei ist der Nutzen von Bienen für die Landwirtschaft und den Erhalt der Pflanzenvielfalt im Allgemeinen unbestritten. Die Biene entwickelte sich vor Millionen Jahren gemeinsam mit Blütenpflanzen. Heute sind Bienen und Blütenpflanzen perfekt aufeinander abgestimmt und wechselseitig aufeinander angewiesen. Etwa achtzig Prozent der Kulturpflanzen sind vom Besuch von Honigbienen abhängig. Sie gewährleisten den Erhalt und die Erneuerung von Blütenpflanzen, sorgen für reichlichen Frucht- und Samenansatz bei Wildpflanzen und -kräutern. Damit nimmt die Honigbiene einen hohen Stellenwert in der gesamten Ökologie ein. »Sie sorgt für nahezu die gesamte Nahrungs-

194) Erfahrungen aus Nordamerika, Dr. Rene Van Acker, Ao. Prof., Abteilung für Pflanzenwissenschaften, Universität Manitoba, Winnipeg, MB, Kanada. Dokument zitiert nach *www.gentechnologie.ch*

kette unserer belebten Umwelt«, betont das bayerische Staatsministerium für Land- und Forstwirtschaft. Honig kann importiert werden, die Bestäubungsleistung der Biene nicht.

Drei Kilometer weit kann eine Biene leicht fliegen. Neuere Studien wiesen sogar bis zu zehn Kilometer nach. Imker Haefeker rechnet vor, dass der Flugkreis eines Bienenvolks mindestens 30 Quadratkilometer beträgt. Das entspreche etwa der Stadtfläche von Köln. Die Tiere fliegen Pflanzen an, tragen Pollen weiter und können bei manchen Pflanzen auch die artfremden Gene von GV-Pflanzen verbreiten. Speziell bei Raps besteht hier eine große Gefahr. »Wo die Bestäubung stattfindet, hängt von dem komplexen Verhalten der Bienen ab und lässt sich daher kaum durch einfache Maßnahmen wie Abstandsflächen oder Mantelsaaten begrenzen«, erklärt Haefeker. »Pflanzen und Bienen haben 50 Millionen Jahre Ko-Evolution hinter sich und sind optimal einander angepasst. Bienen haben eine hoch entwickelte Sprache, um ihre Sammeltätigkeit zu koordinieren. Bienen sind blütenstet. Sie besuchen über einen längeren Zeitraum nur Blüten einer einzelnen Pflanzenart. Dieses Verhalten ist ideal für eine effiziente Bestäubung der Blütenpflanzen, aber dadurch auch ein sehr starker Vektor für die Verbreitung von GVO.« Die wichtigen Nutztiere würden dann zu unfreiwilligen Gentaxis mutieren.

Auch die Bienengesundheit könnte Schaden nehmen, befürchten die Züchter. Die Zunft leidet ohnehin seit langem unter der Intensivlandwirtschaft. Das früher vorhandene vielfältige Nahrungsangebot wurde drastisch reduziert. Oft fehlen Zwischenfrüchte, Beikräuter werden einfach weggespritzt, Wiesen häufig bereits vor der Blüte gemäht. Dies alles sowie die aus Asien eingeschleppte Varroa-Milbe, ein Parasit, machen den europäischen Imkern das Leben schwer. Der GV-Anbau könnte das Fass zum Überlaufen bringen, befürchtet der österreichische Imker Hermann Elsasser. Ein Dorn im Auge sind ihm dabei insbesondere insektenresistente GV-Pflanzen wie Bt-Mais, der ja selbst Toxin bildet.[195] »Honigbienen benötigen wie Wildbienen oder Hummeln zur Larvenaufzucht Pollen. Wenn Bt-Mais auf einem Feld vorhanden ist, sammelt die Honigbiene den Pollen und lagert ihn in den Waben. Mais blüht im Spätsommer, doch erst wenn im Frühjahr die Bruttätigkeit beginnt, werden die Pollen verstärkt verwendet. Bt ist ein Wachstumshemmer – werden die Bienenlarven nun mit diesen Bt-Maispollen gefüttert, entwickeln sie sich langsamer und sind anfälliger gegen sekundäre Krankheiten. Durch die längere Entwicklungszeit werden die Larven von noch mehr Varroa-Milben befallen, wodurch sich die Sterblichkeit erhöht und beschleunigt. In weiterer Folge sterben viele Bienen im darauf folgenden Jahr schon im Spätsommer statt im

195) Ausgesummt? Imker kämpfen um ihre Zukunft, Hermann Elsasser, in: Gefahr Gentechnik, Wien 2005

November oder Dezember«, erklärt Elsasser. Auf wissenschaftlicher Ebene untersucht Prof. Dr. Hans Heinrich Kaatz vom Institut für Ernährung und Umwelt der Universität Jena seit 2001 die Auswirkungen von Maispollen des insektenresistenten Bt-Mais auf die Honigbiene. Auch er machte einige beunruhigende Entdeckungen. In einem ersten Versuch mit Bienen, führte die Verfütterung von Bt-Toxin zu einer signifikant stärkeren Abnahme der Zahl an Bienen und in deren Folge zu einer verringerten Brutaufzucht als bei jenen Bienen, die ohne Bt-Toxin gefüttert wurde. Kaatz konnte außerdem nachweisen, dass Genmaterial gentechnisch veränderter Pflanzenpollen auf Hefen im Darm der Honigbiene wechseln, die Artgrenze also überschreiten (horizontaler Gentransfer). Inwieweit dieses Geschehen Auswirkungen auf die Honigbiene haben könnte, sei aber schwierig abzuschätzen, so der Wissenschaftler.

Schließlich können die Genkonstrukte von Gentech-Pflanzen auch in die Produkte selbst gelangen. Die kanadischen Imker können davon ein trauriges Lied singen. Ihr Rapshonig weist bereits heute hohe Kontaminationswerte auf. Langnese, in Österreich unter dem Namen Eskimo bekannt, listete bereits vor Jahren den Kauf von kanadischem Rapshonig aus. Für Naturheilkundler oder auch für die Hersteller von Phytopharmazeutika könnten sich ebenfalls Risiken ergeben, wenn Honig, Propolis oder Gelee Royal verunreinigt ist. Nicht zuletzt deshalb gehen Imker regelmäßig auf die Barrikaden, wenn ruchbar wird, dass in ihrer Umgebung irgendwo GVOs angepflanzt werden.[196] Gegen den kommerziellen Anbau von insektenresistentem Mais, der in Deutschland erstmals 2005 unter strengen Auflagen gestattet worden war, protestierte etwa der Imkermeister Jürgen Binder gemeinsam mit dem Agraringenieur Michael Grolm und weiteren rund 250 Mitstreitern. In einer öffentlichen Aktion wollten sie die Gentech-Pflanzen ausreißen. Der Bauer sollte dafür auch symbolisch entschädigt werden. Die Polizei hatte man ebenfalls eingeladen, wenngleich diese angehalten worden war, das Feld vor den Toren Berlins zu schützen. Binder begründete seinen Protest nachvollziehbar: »Der Maispollen ist ein begehrter Eiweißspender für den Bienennachwuchs und wird zudem für die Überwinterung im Bienenstock eingelagert. Geraten die Bienen nun an gentechnisch veränderten Mais, so transportieren sie die biologische Verunreinigung nicht nur in die eigene Behausung und damit am Ende auch in ihr Produkt, den Honig. Sie infizieren mit dem an den Hinterbeinen ,zwischengelagerten' Pollen auch die ursprünglich gentechnikfreien Felder.« Dafür durften sich Binder und seine Mitstreiter von der CDU-Abgeordneten Katherina Reiche als »Bio-Terroristen« beschimpfen lassen.

Wie auch immer, weniger oder geschädigte Bienen können das ökologische Gleichgewicht empfindlich stören und beeinträchtigen. Allerdings scheint das

---

196) Tanz ins Genfeld, Telepolis 31.07.2005

die Gentech-Industrie nicht wirklich zu kümmern. So wurde für Sachsen-Anhalt etwa eine Hotline eingerichtet. Dort wurde behauptet, dass durch den Versuchsanbau auf staatlichen und privaten Flächen keine Imker betroffen seien. Begründung: In einem Umkreis von 200 Metern um die geheimen Anbauflächen befinde sich kein Imker. Nur zur Erinnerung: Der Flugkreis eines Bienenvolks beträgt drei bis zehn Kilometer!

# 8 Teuer und pannenanfällig

## 8.1 Hohe Kosten für Staat und Konsument

Kurz rekapituliert: Nur eine von 250 Entdeckungen im Labor schafft den Weg auf den Markt.[197] Die Kosten können zwischen 30 bis 50 Millionen US-Dollar betragen, so US-Under Secretary für Landwirtschaft, Alan Larson,[198] in manchen Fällen sogar noch wesentlich mehr. Die Grundentwicklung einer neuen Maislinie mit konventionellen Verfahren kostet laut Major M. Goodmand and Martin L. Carson von der North Carolina State University 52.000 US-Dollar.[199]

Bei Einführung beziehungsweise Ausweitung des GVP-Anbaus in Europa kommen, wie bereits im Kapitel »Kostspieliges Nebeneinander« ausgeführt, erhebliche weitere Kosten hinzu. Der biologische Anbau müsste laut EU-Forschern bei einzelnen Sorten mit einer Kostensteigerung von bis zu 40 Prozent rechnen. Insgesamt ist sowohl bei konventionellen als auch bei biologischen Produkten mit Preiserhöhungen zu rechnen. Wie in den beiden Abschnitten über gesundheitliche und ökologische Risiken gezeigt, ist die diesbezügliche Datenlage noch äußerst dürftig und eine Ausweitung der Forschungsaktivitäten entsprechend den europäischen Qualitätsansprüchen dringend anzuraten. Die Novität des eingebrachten genetischen Materials macht solche Prüfungen notwendig. Wer es mit Sicherheitsprüfungen wirklich ernst nehmen würde, müsste aber jede Sorte, jedes GV-Event genau unter die Lupe nehmen und enorme Summen investieren. Für die Sicherheitsforschung bei Bt-Mais, der gegen den Maiswurzelbohrer wirken soll, wurden 2005 allein in Deutschland zehn Millionen Euro vom Bundesministerium für Bildung und Forschung zur Verfügung gestellt. Was könnte mit diesem Geld an Alternativ-Projekten zur Lösung des Problems geforscht werden! Wie viele Mittel haben Forscher aus

197) Graff & Newcomb 2003, zit. nach: SAG – Studienpapier Verschobene Marktreife

198) The Future of Agricultural Biotechnology in World Trade: The Promise and Challenges, Alan P. Larson, Under Secretary for Economic, Business, and Agricultural Affairs – Remarks at Agricultural Outlook Forum 2002 Panel, Crystal Gateway Marriott Hotel, Arlington, Virginia, February 21, 2002

199) The Emperor's New Chromosomes, Stan Cox, in: The Lend Report # 70 2001

den Bereichen des ökologischen oder konventionellen Landbaus bekommen, um Alternativen zur Gentech-Lösung zu erarbeiten? Auch 10 Millionen Euro? Wohl kaum. Sie bekommen keine fairen Chancen, obwohl Öko-Bauern aus Ägypten oder Mais-Bauern in Kenia mit alternativen Methoden einen durchweg höheren Schädlingsdruck sehr gut in den Griff bekommen, ohne sich dem Risiko von Schädlingsresistenzen auszusetzen, wie dies bei Gentechnik der Fall ist. Nichts gegen Sicherheitsforschung, es stellt sich nur die Frage, weshalb derart viel Geld durch eine Technologie blockiert wird? Weder die Ägypter noch die Kenianer konnten wohl 10 Millionen Euro in die Entwicklung ihrer alternativen Anbauformen investieren, die aber gut funktionieren. Deutschland investiert zehn Millionen Euro in die Erforschung der Risiken einer offensichtlich nicht unproblematischen Technologie. Irgendwie klingt das ein wenig absurd! Warum lässt man nicht konventionelle, ökologische und gentechnikorientierte Landwirtschaft unter fairen Bedingungen mit gleichen Mitteln gegeneinander antreten und sieht mal, wer die besseren Lösungen findet? Müssen alle Ressourcen auf die grüne Gentechnik fokussiert werden?

Man könnte sich einen Teil der Kosten auf jeden Fall ersparen, wenn man auf GV-Anbau in Europa verzichten würde. Weshalb der Konsument beziehungsweise Steuerzahler für Forschungen, Risikoabwägungen und erhöhte Koexistenzaufwendungen mitzahlen muss, obwohl er die Produkte gar nicht haben will, ist nicht einsichtig. Man kann zwar einzelne Mais-Bauern, die auf sandigen Böden sitzen und zur Schädlingsbekämpfung kaum unterpflügen können, in ihrer Sehnsucht nach Bt-Sorten verstehen. Bei dem geringfügigen Schadenspotenzial und gleichzeitigem Nahrungsmittelüberschuss in Europa sowie der intakten Chance, konventionelle und biologische Alternativen zu entwickeln, ist der GV-Anbau in keinem Mitgliedsstaat derzeit aus volkswirtschaftlicher Sicht notwendig.

Der Konsument wird letztlich aber mehrfach für seine Nahrung zur Kasse gebeten. Er zahlt bei der dringend reformbedürftigen Subventionierung der Landwirtschaft mit, er zahlt für die teurere GV-Saat respektive für die Vermeidung dieser Produkte, er zahlt für die Risiko-Forschung und die Sicherheitsprüfungen. Er zahlt für etwas, das er nicht will und nicht braucht. Eigentlich sollten Fonds errichtet werden, in die Anbieter-Industrie, Anwender und bestimmte Verarbeiter einzahlen, um die verursachten Zusatzkosten für biologische und konventionelle Ware auszugleichen. Erst dann könnte man von Wahlfreiheit, wie sie die EU vorsieht, sprechen. Echte Wahlfreiheit ist nämlich dann nicht gegeben, wenn sich herkömmliche Produkte aufgrund des GVP-Anbaus verteuern.

Die Lebensmittelhersteller haben indes auf das Verbrauchermisstrauen reagiert und setzen alles daran, keine kennzeichnungspflichtigen Produkte auf den Markt zu bringen. »Vermeiden ist billiger«, so der Grundtenor der Branche.[200] Sie hat Angst vor Boykottaufrufen durch NGOs wie Greenpeace. Eigentlich sollte ihr aber generell an einer Vermeidung gelegen sein. Denn getrennte Verarbeitungswege, laufende Kontrollen, Kennzeichnung, Aufwendungen für Rückverfolgbarkeit und so weiter sind erhebliche Kostenfaktoren. Nicht zuletzt kommt es immer wieder zu Verunreinigungen, was zu teuren Rückholaktionen führen kann. Nachfolgend dazu einige Fallbeispiele.

## 8.2 Tierfutter in Tortilla-Chips

Der 18. September 2000 ging als schwarzer Tag in die Firmengeschichte des deutsch-französischen Agro-Konzerns Aventis[201] ein. Die angesehene Washington Post hatte eben einen Artikel unter dem Titel »Biotech Critics Cite Unaproved Corn in Taco Shells – Gene-Modified Variety Allowed Only for Animal Feed Because of Allergy Concerns« veröffentlicht. Die Story basierte auf Untersuchungsergebnissen der Umweltorganisation Friends of the Earth und des Anti-Gentechnik-Bündnisses GEFA (Genetically Engineered Food Alert). Die beiden NGOs hatten eine Reihe von Untersuchungen für eine Kampagne durchgeführt. Sie wollten damit der amerikanischen Öffentlichkeit vor Augen führen, wie viele Nahrungsmittel – von der legendären Campbell-Tomaten-Suppe bis hin zu Popcorn – bereits mit Gentechnik in Berührung kommen. Folgenschwer verliefen die Tests von Taco-Bell-Maisfladen. In sieben Packungen fanden sich Spuren der GV-Maissorte StarLink und zwar bis zu einem Prozent. StarLink war nun keine »normale« GV-Maissorte, sondern von den amerikanischen Behörden nur als Futtermittel zugelassen. In dieser Sorte wird eine spezielle Variante des gegen Schädlinge wirksamen Bt-Toxins gebildet. Der Fachname dafür ist Cry9C, ein Protein, das sich von dem bisher üblichen Bt-Wirkstoff auch dadurch unterscheidet, dass es im menschlichen Verdauungstrakt nicht nach wenigen Sekunden zerfällt, sondern länger stabil bleibt. Den amerikanischen Zulassungsbehörden war das verdächtig.

Eine höhere Verdauungsstabilität führt zwar nicht automatisch dazu, dass ein Protein Allergien auslöst, das Risiko wird aber als wesentlich höher eingeschätzt. Die Behörden verlangten dem Unternehmen weitere Untersuchungen ab. Aventis wiederum wollte möglichst schnell auf den Markt und ließ nicht locker. Die Hartnäckigkeit des Konzerns erklären sich Experten damit, dass

200) Vermeiden ist billiger, Christian Schwägerl, FAZ 19.04.2004

201) Aventis ging aus der 1994 gegründeten Agrevo hervor, einer Tochter von Hoechst und Schering. An dem Deal war auch die französische Rhône-Poulenc beteiligt. Später übernahm der Bayer-Konzern das Unternehmen. Die amerikanischen Zulassungsanträge für StarLink beziehungsweise die kritischen Stellungnahmen der US-Behörden sind anfänglich noch unter dem Firmennahmen Agrevo zu finden.

zwischen 1995 und 1999 ein harter Konkurrenzkampf zwischen den aufstrebenden Biotech-Firmen tobte.[202] Investoren, die hohe Summen an Risiko-Kapital in diesen aufstrebenden Industriezweig gesteckt hatten, wollten Erfolge sehen. Aventis schien gegenüber den Konkurrenzunternehmen an Boden zu verlieren. Schließlich stimmte man strengen Auflagen der Behörden zu und willigte trotz erheblicher Mehrkosten in die beschränkte Zulassung von StarLink als Futtermittel ein. Bei der partiellen Zulassung von StarLink ging man davon aus, dass es möglich wäre, den Mais so anzubauen, zu ernten und zu verarbeiten, dass er nicht in Lebensmittel gelangen könnte. Im Jahre 1998 wurde mit der Aussaat begonnen. Im Jahr 2000 wurde in sechs amerikanischen Bundesstaaten auf etwa 120.000 Hektar StarLink angebaut. Aventis richtete zudem ein spezielles Beratersystem ein, um zu verhindern, dass der GV-Mais in die Nahrungsmittelkette gelangen könne.

All diese Vorsichtsmaßnahmen halfen nichts, wie die Taco-Bell-Fladen zeigten. Bis heute ist nicht eindeutig geklärt, wie es zu der Vermischung mit Nahrungsmittel-Mais kommen konnte: Zufällige Verunreinigungen, unkontrollierbarer Pollenflug, Verwechslungen verschiedener Mais-Chargen kommen als Ursachen in Frage. Aber auch absichtliche oder fahrlässige Vermischungen werden vermutet. Einige amerikanische Experten gehen davon aus, dass etlichen Bauern die eingeschränkte Verwendbarkeit von StarLink nicht wirklich bewusst war.

Wie auch immer, was der Entdeckung der kontaminierten Taco-Bell-Maisfladen folgte, war beispiellos in der Geschichte der amerikanischen Nahrungsmittelindustrie. Zunächst rief Kraft Foods 2,5 Millionen Taco-Bell-Produkte aus dem Handel zurück. Doch das war erst der Anfang. Eine Reihe anderer Nahrungsmittelverarbeiter und Supermarktketten holten Tortilla Chips und andere Maisprodukte aus den Supermarktregalen. Mission Foods, Conagra Foods, Safeway, Food Lion und auch Kellogg zogen Konsequenzen. Der Skandal zog immer weitere Kreise. Am 20. Oktober 2000 wurde bekannt, dass Tyson Foods sogar die Verfütterung von StarLink-Mais an seine Hühner stoppte.

Im November 2000 veröffentlichte die US-Lebensmittelbehörde FDA eine Liste mit 300 Produkten, in denen StarLink-Mais nachgewiesen worden war.

Wie viel die Rückholaktion der amerikanischen Wirtschaft in Summe gekostet hatte, ist nicht bekannt. Vereinzelt wird von einem Schaden von gut einer Milliarde US-Dollar gesprochen. Allein 110 Millionen US-Dollar wurden US-Maisfarmern, die zwischen 1998 und 2002 andere Maissorten anpflanzten, vom »U.S. District Court for the Northern District of Illinois« im

202) The StarLink Situation, Neil E. Harl, Roger G. Ginder, Charles R. Hurburgh, Steve Moline, Iowa 2003

April 2003 zugesprochen. Der Schaden beschränkte sich aber nicht alleine auf Rückhol-Aktionen, Aufkauf von kontaminiertem Saatgut und Ernte sowie Entschädigungszahlungen. Auch die US-Exportwirtschaft litt unter der »Panne«. Denn die Befürchtungen, dass Mais-Lieferungen aus den USA mit StarLink verunreinigt sein könnten, hatten signifikante Auswirkungen auf US-Mais-Exporte. Ende November 2000 erreichten sie den niedrigsten Stand seit drei Monaten, wie ein Sprecher des Landwirtschaftsministeriums erklärte.[203] Die Flaute hielt an. Noch im März 2001 beklagte der Farmer-Channel Agriculture Online die massiven Exporteinbrüche.[204] Das »StarLink-Problem« hatte wesentlich dazu beigetragen.

Das Allergie-Risiko ist übrigens bis heute nicht eindeutig geklärt. Zwar hatte die US-Gesundheitsbehörde FDA ein bekanntes Fachinstitut, das »Center for Desease Control and Prevention« (CDC), eilig mit Untersuchungen beauftragt. Allerdings wurden nur knapp 30 Menschen mit Beschwerden untersucht. Dabei konnten keine eindeutigen Hinweise gefunden werden, dass das StarLink-Protein tatsächlich Ursache der gemeldeten Allergie-Fälle sei. Eine definitive Entwarnung konnte aber ebenso wenig gegeben werden. Das CDC erklärte in einer späteren abschließenden Stellungnahme,[205] dass der Fall StarLink zeige, wie schwierig eine Beobachtung im Nachhinein sei. Das allergene Potenzial von GVOs müsse künftig eindeutig geklärt sein, bevor sie in die Nahrungsmittelkette gelangen könnten.

Die StarLink-Affäre blieb nicht auf Amerika beschränkt. Wie eine Karte der britischen NGO Genewatch.org recht eindrucksvoll zeigt, breitete sich das kontaminierte Gut weltweit aus. Aus Südkorea, Ägypten, Kanada, Guatemala, Bolivien und Japan wurden Verunreinigungsfälle gemeldet. Aventis beantragte kurz nach dem Aufkommen der Affäre die Löschung der Zulassung von StarLink. Das Unternehmen tat sein Möglichstes, um den Schaden zu begrenzen. Doch noch 2003 fanden staatliche Tester StarLink in mehr als ein Prozent der untersuchten Proben von Züchtern und Händlern. Treffender Kommentar eines Juristen: »Es ist schwer, die Zahnpasta wieder zurück in die Tube zu bekommen.«

StarLink ist keineswegs ein bedauerlicher Einzelfall. Immer wieder kommt es zu – angeblich – ungewollten Verunreinigungen. In Europa respektive in Deutschland gab es allein 2005 dreimal Verunreinigungsalarm. Zunächst flog der Fall Bt11 und Bt10 – zwei GV-Maissorten von Syngenta – auf. Durch ein Versehen hatte Syngenta zwischen 2001 und 2004 rund 700 Tonnen Saatgut der illegalen Sorte auf den US-Markt gebracht – genug, um 150.000 Tonnen

203) Agriculture Online, 1.12.2000
204) No sign of improvement for corn exports, Tich Pottorff, Agriculture Online, 16.3.2001
205) Cry9c Report: Summery and Recommandations, CDC Juni 2001

Mais zu produzieren. Dieser gelangte als Futtermittel auch nach Europa. Bt10 enthält im Gegensatz zur zugelassenen Sorte Bt11 ein Antibiotikaresistenz-Markergen gegen Ampicillin.[206] Die Sache weitete sich zu einer politischen Affäre aus. Das US-Landwirtschaftsministerium wusste nämlich bereits seit Dezember 2004 von dem illegalen Handel mit Bt10. Doch die Beamten schwiegen, bis das Wissenschaftsmagazin »Nature« Ende März von dem Vorfall berichtete. Brüssel zeigte sich erbost und verhängte eine Art Einfuhrverbot. Von Importeuren werden jetzt Zertifikate verlangt, die in den USA mangels Rückverfolgungsregeln kaum existieren. Die US-Regierung zeigte sich verärgert. Empörung herrschte auch über die illegalen Gentech-Zucchini, die im Herbst 2005 in Deutschland auftauchten. Die Monsanto-Tochter Seminis hatte irrtümlich 90 Gentech-Samen nach Deutschland geschickt, in Gewächshäusern gezogen und an ahnungslose Mitarbeiter zur Verwendung für ihre Privatgärten verteilt. Als die Sache aufflog, wurden die Pflanzen wieder ausgerupft und außer Landes geschafft. Seminis verstieß nach Ansicht von Greenpeace gleich gegen eine ganze Reihe von Rechtsvorschriften, die Grünen-Abgeordnete Ulrike Höfken erstatte Anzeige bei der Staatsanwaltschaft.[207] Das Schadensausmaß ist in diesem Fall sicher gering, doch geht es ums Prinzip. Die Frankfurter Rundschau kommentierte den Vorfall so: »Die internationalen Saatgutkonzerne wissen aufgrund ihrer eigenen Kontrollen ganz genau, was sie tun. Sie dulden unerlaubtes Handeln oder gehen mindestens unglaublich lax mit der Materie um. Manchmal drängt sich der Verdacht auf, dass die Konzerne die Ausfälle bewusst in Kauf nehmen. Denn ein Nebeneffekt könnte ein schleichendes Gefühl der Ohnmacht sein: Weil man nichts mehr gegen die Durchsetzung der Gentechnik tun kann, schluckt man die vermeintlichen Errungenschaften – obwohl sie keiner braucht und kaum einer will.«

## 8.3 Als sich die Apotheke vom Acker machte

Dass die Konzerne wirklich immer alles im Griff haben, wie der Kommentator der Frankfurter Rundschau vermutet, ist aber nicht so klar. Dafür gibt es inzwischen zu viele Verunreinigungsfälle, die auch sehr negative finanzielle Auswirkungen hatten. Wirklich katastrophal sind »Schlampereien«, wenn nicht für den Nahrungsmittelbereich geeignete Gentech-Ware in Umlauf kommt, wie in folgendem Fall:

Es begann mit der Unachtsamkeit eines Farmers im US-Bundesstaat Nebraska. 2001 säte er auf einer kleinen Fläche gentechnisch veränderten Pharma-Mais

206) Gentech-Konzern verwechselt eigene Saatgut-Varianten, Bettina Stang, Telepolis 07.04.2005

207) Gentech-Zucchini im Schrebergarten, Telepolis 29.09.2005

der texanischen Firma Prodigene[208] aus. 2002 baute er auf demselben Feld Soja an. Und dann geschah, was nicht hätte geschehen dürfen. Obwohl der Landwirt laut Vorschrift alle Maispflanzen sorgfältig hätte entsorgen müssen, keimten doch wieder einige Maispflanzen auf. Die gelangten in das Sojaerntegut. Seine 13 Tonnen wiederum landeten zusammen mit weiteren 13.000 Tonnen Soja in einem Sammelsilo. Dort entdeckte die US-Landwirtschaftsbehörde für Pflanzenhygiene, Aphis[209], die GV-Spuren. Um welche Art gentechnischer Veränderung es sich konkret handelte, wird von Aphis nicht erklärt und in Medienberichten unterschiedlich dargestellt. Meist ist die Rede davon, dass es sich um eine Pharmapflanze gehandelt habe, die einen Impfstoff gegen eine Viruskrankheit bei Schweinen produzierte. Andere Berichte wiederum behaupten, dass Maispflanzen angebaut wurden, die aufgrund einer gentechnischen Veränderung zusätzlich Trypsin, ein Protein der Bauchspeicheldrüse, herstellen können. Trypsin wird in der Pharmaindustrie unter anderem zur Herstellung von Insulin verwendet.

Im selben Jahr schritt Aphis übrigens auch noch in Iowa ein. Wieder wurde Prodigene als Übeltäter ausgemacht. Das Unternehmen musste etliche Hektar mit Mais, der in Nachbarschaft zu dem Testfeld wuchs, ernten und zerstören. In Iowa registrierte Aphis unter anderem Durchwuchspflanzen von transgenem Pharma-Mais in einem Sojafeld. Zwei Millionen Dollar kostete die Biotech-Firma allein der Aufkauf und die Vernichtung des kontaminierten Soja in Folge der Panne von Nebraska. 250.000 Dollar beträgt zudem die gesetzliche Strafe für jede Nichteinhaltung von gesetzlichen Auflagen. Prodigene zahlte.

Doch für die amerikanische Öffentlichkeit war der Skandal damit nicht aus der Welt geschafft. Erstmals trat ins breitere Bewusstsein, dass es überhaupt so etwas wie Molecular Farming gibt. Gentech-Kritiker, aber auch die amerikanische Lebensmittelindustrie betonten in seltener Einmütigkeit, dass gentechnisch veränderte Pflanzen, die Stoffe für die Pharmaindustrie liefern sollen, unter allen Umständen von der Nahrungsmittelkette ferngehalten werden müssen. Doch Experten bezweifeln, ob das bei Versuchen im freien Feld überhaupt zu 100 Prozent möglich sein kann.

Die Affäre Prodigene jedenfalls hat sicher nichts zur beschleunigten Entwicklung der Pharma-Pflanzen beigetragen. Im Gegenteil. Insbesondere die ansonsten nicht eben gentechfeindliche amerikanische Lebensmittelsindustrie war aufgeschreckt. In einem dringenden Appell forderte die weltweit größte Vereinigung von Nahrungsmittelherstellern Grocery Manufacturers of America (GMA), keine Pflanzen zur Pharma-Produktion zu nutzen, die der Ernäh-

---

208) *http://www.prodigene.com/*

209) USDA Investigates Biotech Company for Possible Permit Violations, Pressemitteilung der Aphis, 13. Nov. 2002

rung dienen.[210] Doch gerade an diesen hatte die Biotech-Industrie geforscht. Mais, Spinat, Salat, Tomaten, Soja, Bananen und Kartoffeln wurden gentechnisch für die Bedürfnisse der Pharmaindustrie verändert. Prodigene erteilte dem Wunsch der Nahrungsmittelindustrie eine prompte Absage. »Wir haben uns sehr viele verschiedene Alternativen angeschaut, und das beste derzeit verfügbare Produktionssystem für diese Technologie ist der Mais«, wird Anthony Laos, Chef von Prodigene, zitiert. Die Entwicklung hätte zudem fast 20 Jahre gedauert. (Die Frage sei erlaubt, warum niemand früher auf die Idee kam, wichtige Nahrungspflanzen erst gar nicht für die Biotech-Pharma-Forschung zuzulassen?) Doch auch die Lebensmittelindustrie ließ nicht locker. Hundertprozentige Sicherheit, ansonsten besser keine Biopharmazeutika, so die Devise. Zwischen den Behörden und Standesvertretern gab es regen Schriftverkehr, der bis heute andauert.[211] Inzwischen wurden bedeutend strengere Regelungen von den US-Behörden fixiert. Die im März 2003 veränderten Richtlinien beinhalten eine Erhöhung von Brachflächen, der Abstandszonen und verstärkte Kontrollen sowie die Pflicht zur Verwendung getrennter Anbau- und Erntemaschinen. Ob dies ausreicht, wird vielfach bezweifelt. Die Liste der Risiken bei Pharma-Pflanzen ist ungleich länger als bei herkömmlichen GV-Pflanzen, zumal ja pharmazeutische Wirkstoffe quasi in freier Wildbahn produziert werden sollen. Dass es sich bei Pharma-Pflanzen um ein hochriskantes Unternehmen handelt, scheint der Biotech-Industrie aber auch bereits vor der Prodigene-Affäre klar gewesen zu sein. So unterschrieben die Mitgliedsunternehmen der amerikanischen Biotech-Industrievereinigung »BIO« eine Selbstverpflichtungserklärung[212]. Darin verpflichteten sie sich, von 2003 an keine transgenen Pharma-Pflanzen in den landwirtschaftlichen Hauptanbaugebieten der USA und Kanada anzubauen. Der Mais-Gürtel im mittleren Westen etwa sollte frei von auf Mais basierenden Pharmapflanzen bleiben. Eine echte Entwarnung ist das freilich nicht. Es sei »schlicht Wahnsinn«, was einige US-Biotechfirmen im Freiland riskierten, ärgerte sich der Brite Jeremy Sweet, ein Forscher, der Gentechnik eigentlich nicht abgeneigt ist. In der Nahrungsmittelindustrie, die offensichtlich durch Prodigene aus ihrem Dornröschenschlaf unsanft geweckt wurde, haben die Biopharma-Produzenten jetzt allerdings einen gewichtigen Gegenspieler.

Molecular farming ist ein wirklich attraktives Segment der grünen Gentechnik, zumal auch lukrativer als der Nahrungsmittelbereich,[213] im freien

---

210) GMA urges the use of non-food crops for biotech drugs. ProdiGene's Errors Raise Serious Concerns, Says GMA, Presseaussendung November 2002

211) Alle Dokumente sind auf der Webpage der GMA abrufbar, *http://www.gmabrands.com/publicpolicy/docs/Comment.cfm?docid=1068*

212) Statement on Plants Intended Not to Be Used for Food or Feed, BIO, Oktober 2002

213) Vgl. Kapitel: Molecular Farming

Feld hat das aber nichts verloren. Schließlich sind hochaktive Pharmazeutika, insbesondere Impfstoffe, überall in der zivilisierten Welt verschreibungspflichtig und nicht etwas, das man vom nächsten Baum pflücken sollte.

Aber irgendwie scheinen einige Gentech-Forscher etwas anders zu ticken als der Normalbürger. Denn 2003 flog bereits der nächste seltsame Fall auf, wenngleich es auch nicht um gentechnisch veränderte Pflanzen, sondern um Gentech-Schweine ging. Über 300 genmanipulierte Schweine wurden zwischen April 2001 und Januar 2003 von Forschern einer Versuchsstation der Universität Illinois an Zwischenhändler weiterverkauft und vermutlich illegal zu Schnitzeln oder Wurst verarbeitet. Nach Angaben der US-Lebensmittelbehörde hätten die Tiere auf gar keinen Fall in die Lebensmittelkette gelangen sollen. Die Wissenschaftler hingegen waren der Überzeugung, nicht gegen Gesetze verstoßen zu haben. Es seien ja ohnehin nur jene Nachkommen verkauft worden, bei denen die neu eingebrachten Gene – »eines von einer Kuh und ein synthetisches« – nicht mehr nachgewiesen werden konnten.[214] Die FDA hingegen hatte angeordnet, so wie dies wohl jede andere Behörde der westlichen Welt handhaben würde, alle Tiere der Versuchsreihe zu schlachten. Für die Forscher waren die Gentech-Schweine der zweiten Generation wahrscheinlich »wesentlich gleichwertig« gegenüber normalen Schweinen. Der Verkauf konnte das Forschungsbudget sicherlich auch etwas aufbessern.

Ob aus Gedankenlosigkeit oder Versehen, auf weitere Pannen wird sich die Nahrungsmittelindustrie mit weiterer GVP-Verbreitung einstellen müssen. Damit kommen zu den ohnehin bereits vorhandenen Risiken in der Nahrungsmittelproduktion neue, teilweise wesentlich schwieriger abzuschätzende. Gerade weil gentechnisch veränderte Pflanzen neue Proteine bilden, werden bei Vermischungen mit nicht genehmigten Sorten teure Rückholaktionen einzukalkulieren sein.

214) US-Behörden suchen Gentech-Schweine, Wolfgang Löhr, taz 11.02.2003

# 9 Jobwunder?

## 9.1 Visionen

Teuerungen würden die Deutschen und viele andere Europäer gerne hinnehmen, wenn in gleichem Maße gut dotierte Jobs entstehen würden. Im Fall der grünen Gentechnik wurden diese Hoffnungen von Befürwortern immer massiv geschürt. 2001 skizzierte der damalige EU-Landwirtschaftskommissar, der Österreicher Franz Fischler, in der Wochenzeitung »Die Zeit« seine Vision einer ganz neuen Landwirtschaft im Jahre 2051.[215] »Überhaupt entstehen neue Pflanzen jetzt ausschließlich biotechnisch. (...) Einfach fabelhaft. Die Biotechnik wird streng kontrolliert, von Zertifizierungs- und Sicherheitsdiensten. Ein gewaltiger Aufwand. Aber auch jede Menge neuer Jobs.«

Visionen und Träume sind eine Sache. Was aber zeigt die Realität? Was hat es mit den vielen Jobs auf sich, die Politiker so gerne beschwören? Die Diskussion flammte 2005 im Streit um das deutsche Gentechnik-Gesetz auf. Die Union bezichtigte damals die rot-grüne Regierung, systematische Jobs zu verhindern, wenn nicht gar zu vernichten. »Offener denn je bleibt zudem die Frage, wie nach rot-grünen Vorstellungen in Deutschland neue Arbeitsplätze überhaupt noch entstehen sollen. Die systematische Verhinderung von Forschung und Innovation ist nichts anderes als die systematische Verhinderung von Arbeitsplätzen«,[216] wetterte Norbert Röttgen, parlamentarischer Geschäftsführer der CDU/CSU-Bundestagsfraktion, als wieder einmal heftig über die grüne Gentechnik gestritten wurde. Angesichts der über fünf Millionen arbeitslosen Menschen in Deutschland schmerzen solche Vorwürfe. Sieht man jedoch näher hin, so entpuppt sich die Debatte als politisches Scheingefecht. Denn die Frage, ob mit der grünen Gentechnologie ein neues Jobwunder aufziehen könnte, lässt sich gar nicht so einfach beantworten.

215) Ich habe einen Traum, EU-Landwirtschaftskommissar Franz Fischler, Die Zeit 35/2001

216) Grüne Forschungsfeinde?, Telepolis 31.03.2005,
Jobmoter grüne Biotechnologie?, Telepolis 04.04.2005,
*http://www.telepolis.de/r4/artikel/19/19815/1.html*

## 9.2 Positive und negative Beschäftigungseffekte

Es gibt nämlich kaum Wissenschaftler, die sich überhaupt jemals ausführlicher mit dieser Problematik wissenschaftlich auseinander gesetzt haben. Einer der wenigen ist der Ökonom Anthony Arundel[217] vom Maastricht Economic Research Institute in den Niederlanden. Er untersuchte vor einigen Jahren im Auftrag der EU-Kommission u. a. das Beschäftigungspotenzial der Agrarbiotechnologie. Arundel sieht nach wie vor ein großes Potenzial in der grünen Biotechnologie, was Beschäftigungseffekte betrifft, betont aber, dass es kaum konkrete Zahlen zu dem Thema gibt. Ökonomische Forschungen hätten bisher vorrangig auf Produktivitätssteigerungen abgezielt. Man könne lediglich Tendenzen skizzieren. Und tendenziell würden weltweit gesehen eher Arbeitsplätze verloren gehen, wenngleich auch nur in einem Ausmaß von »wenigen Prozentpunkten«. Positive Effekte könnte es für die Forschungsabteilungen der Saatguthersteller beziehungsweise Agro-Konzerne geben. Diese wenigen – dafür aber hoch qualifizierten – neuen Arbeitsplätze würden aber den zu erwartenden Verlust an Jobs in der Produktion keinesfalls kompensieren können. Die grüne Gentechnologie sei eine Rationalisierungstechnologie und damit sicherlich nicht dafür geeignet, neue Arbeitsplätze zu schaffen, so der Experte.

Ähnlich sieht das auch der deutsche Wirtschaftswissenschaftler Ulrich Dolata[218] vom Forschungszentrum Nachhaltigkeit (artec), Universität Bremen. Er weist genauso wie Arundel darauf hin, dass kaum seriöse Potenzialabschätzungen vorliegen würden. Und er greift sogar weiter als Arundel: Bereits 2001 warnte er vor überzogenen Hoffnungen. Denn dass mehr Beschäftigung in den Konzernen entstehen könnte, zweifelt er an: »Die Beschäftigungsentwicklung im großindustriellen Sektor ist negativ. Vor allem die Fusions- und Akquisitionspolitik der Großunternehmen, die immer das Ziel verfolgt, Einsparungen zu erzielen und Kapazitäten zusammenzulegen, ist arbeitsplatzvernichtend. Allein die Übernahme von Aventis Crop Science durch den Bayer-Konzern ist mit dem Abbau von 4000 Stellen verbunden. Biotechnologiefirmen werden diese Arbeitsplatzverluste nicht ausgleichen können. In Deutschland sind in den gut 300 Firmen derzeit insgesamt etwa 10.000 Menschen beschäftigt. Von diesen Firmen sind allerdings nur etwa 13 Prozent im Bereich Pflanzenbiotechnologie und Ernährung tätig.«

217) Prof. Anthony Arundel ist Ökonom am Merit-Institut. Sämtliche Zitate beziehen sich auf eine E-Mail-Korrespondenz.

218) Grüne Gentechnik in der Krise, Ulrich Dolata, Blätter für deutsche und internationale Politik 11/ 2001

Keine rosigen Aussichten also, einen gut bezahlten Job in einem Biotech-Konzern zu ergattern. Und wie sieht es nach Meinung Dolatas im Bereich der Pflanzenzucht aus? Mehr Jobs? Fehlanzeige! Auch hier seien Fusionen zu erwarten, die Arbeitsplätze kosten. Dolata wörtlich: » Zu erwarten steht ferner, dass auch im Bereich mittelständischer Pflanzenzucht-Unternehmen, von denen es in Deutschland zirka 50 gibt, angesichts der prekären Ertragssituation der Branche, eines hohen Innovationsdrucks und steigender Forschungs- und Entwicklungsaufwendungen der Zwang zu Fusionen sowie die Gefahr von Pleiten und Übernahmen steigen wird – mit entsprechend negativen Auswirkungen auf die Arbeitsplätze.« In der Landwirtschaft selbst geht Dolata von demselben Szenarium aus wie Arundel, also von einem Trend zur rückläufigen Beschäftigung. Die deutsche Bundestagsabgeordnete Ulrike Höfken (Grüne) schätzte im Juni 2005, dass in Deutschland bisher maximal 2000 Arbeitsplätze in der Agro-Gentechnik geschaffen wurden.[219] »Wer mit dem Beschäftigungs-Argument ein schwaches Gentechnik-Gesetz erreichen will, führt eine Scheindebatte um Potemkinsche Arbeitsplätze«, erklärte auch Dr. Felix Prinz zu Löwenstein, Vorsitzender des Bundes Ökologische Lebensmittelwirtschaft[220]. Am ehesten werden noch von der öffentlichen Hand finanzierte Arbeitsplätze in der Sicherheitsforschung entstehen oder in Kontroll-Labors. »Nur wenige hundert Arbeitsplätze sind dem Bereich Agro-Gentechnik zuzuordnen. Sie werden zu einem nicht unerheblichen Teil aus Steuergeldern bezahlt. Wenn die Agro-Gentechnik Arbeitsplätze hervorbringt, dann in den Laboren, in denen wir unsere Produkte auf Gentechnikfreiheit untersuchen lassen«, ätzte Löwenstein nicht ganz zu Unrecht in Richtung Befürworter. Im Gegensatz dazu sei durch den biologischen Landbau allein 2004 ein Umsatzwachstum von zehn Prozent auf 3,5 Milliarden Euro realisiert worden. Und: »Im vergangenen Jahrzehnt wurden 75.000 neue Arbeitsplätze geschaffen.«

---

219) Agrogentechnik: Die Mär von den Arbeitsplätzen, Pressemeldung der verbraucher- und agrarpolitischen Sprecherin der Bundestagsfraktion Bündnis90/Die Grünen Ulrike Höfken am 15. Juni 2005

220) *http://www.boewl.de*

# 10 Die Schlüsselrolle Europas

## 10.1 Gesetze und Machtspiele

Verglichen mit US-Bürgerinnen und -Bürgern, die sich bereits mit zu Wurst verarbeiteten Gentech-Schweinen und Impfstoffen, die sich vom Acker machten, konfrontiert sahen, hatten Europäer bisher ein recht sorgenfreies Leben bezogen auf Gentech-Pannen. Das 1998 eingeführte De-facto-Moratorium für alle Neuzulassungen von gentechnisch veränderten Lebensmitteln trug wesentlich dazu bei, dass die europäischen Äcker bis heute durchweg gentechnikfrei sind. Mangelnde Kennzeichnungspflicht, fehlende Bestimmungen zur Rückverfolgbarkeit und ungenügende Haftungsregelungen hatten damals eine Reihe von EU-Ländern bewogen, mit ihrer Sperrminorität alle Gentech-Neuzulassungen zu blockieren. Die EU-Umweltminister verständigten sich darauf, diese erst dann wieder in der EU zuzulassen, wenn neue, strengere Rechtsvorschriften erarbeitet und angenommen worden sind.

In der Zwischenzeit ist die neue Freisetzungs-Richtlinie (2001/18/EG) in Kraft getreten. Die Europäische Kommission hat die Genehmigungsverfahren für GVOs entsprechend dieser Richtlinie wieder aufgenommen. Außerdem wurden im November 2003 die beiden neuen EU-Verordnungen zu gentechnisch veränderten Lebens- und Futtermitteln (EG 1829/2003) sowie zur Rückverfolgbarkeit (EG 1830/2003) rechtskräftig. Damit sind nach Ansicht der EU-Kommission die im Jahr 1998 formulierten Bedingungen erfüllt. Die Vorgänge in Europa wurden international genau beobachtet. Denn das Moratorium der EU hatte für die Anwenderländer erhebliche Probleme verursacht. Zum einen brachen den GV-Erzeugern große Absatzmärkte weg. Darüber hinaus verwiesen andere Länder, von Japan über China bis hin zu den afrikanischen Staaten, immer wieder auf die europäischen Bedenken, um Importverbote für gentechnisch veränderte Ware zu begründen.

Der Handelskonflikt gipfelte 2003 in der Anrufung der Welthandelsorganisation (WTO) durch die USA, Kanada und Argentinien. Vertreter der US-Regierung setzten Ende August 2003 sogar die Einrichtung einer Streitfall-Kommission bei der WTO in Genf durch. Die Sache hat sich selbst mit der Aufhebung des De-facto-Moratoriums nicht erledigt. Denn die USA ficht auch die nationalen Verbote an und sieht in der Zulassungspolitik der EU ein nicht zu rechtfertigendes Handelshemmnis. Das WTO-Procedere ist äußerst langwierig und wird im Wesentlichen hinter verschlossenen Türen verhandelt. Insider fühlen sich an den Handelsstreit um den Einsatz von Masthormonen in der Rinderhaltung erinnert, der in einer Niederlage der EU mündete. Das seit Ende der 80er Jahre bestehende Importverbot für derart erzeugtes Rindfleisch wurde ebenfalls von den USA vor der WTO angefochten. Ende der 90er Jahre entschied dann die WTO, dass das EU-Einfuhrverbot auf keiner angemessenen Bewertung der Risiken für die menschliche Gesundheit basieren würde. Die USA dürfen seit August 1999 Strafzölle in der Höhe von jährlich etwa 116 Millionen US-Dollar auf Lieferungen von EU-Ware erheben. Im Gegensatz zum Gentech-Moratorium gab die EU im Hormonstreit das Verbot nicht auf und rächte sich subtil mit einigen Gegenklagen beziehungsweise mit Strafzöllen auf etliche US-Importwaren, was George W. Bush doch ein wenig in Bedrängnis brachte.[221]

Dass die USA in der Gentech-Frage Druck machen würde, war eigentlich klar. Schließlich hatte das Land massiv die Forschung und Verbreitung von GVP gefördert und stellt mit Monsanto den Marktführer bei gentechnisch verändertem Saatgut. Und: Es ist der erklärte Regierungswille, gentechnisch veränderte Pflanzen weltweit zu forcieren.[222] Auf den Webseiten der US-Regierung finden sich zahlreiche Reden und Dokumente, in denen die ablehnende Haltung Europas beklagt wird. Bereits 2002 lagen die Nerven in der Führungsetage des US-Landwirtschaftsministeriums blank. Alan P. Larson, Under Secretary für landwirtschaftliche Angelegenheiten, hielt am 25. September 2002 wieder einmal eine seiner Lobreden auf die angeblichen Segnungen der grünen Gentechnik und holte zu einem Rundum-Schlag gegen die europäische GVP-Politik aus. Er warf den Politikern Europas vor, »wissenschaftlich unfundierte« Vorbehalte zu schüren und damit Handelsbarrieren aufzubauen. Seine Rede gipfelte in folgendem Ratschlag an die EU-Politiker: »There is a fairly simple way out. Permit the market to function. Allow science to determine food safety regulatory decisions. Consider voluntary biotech-free labeling systems. Make it possible for those consumers who so desire to purchase non-biotech, but let them pay the higher price for these products.«[223] Im Klartext heißt das, wenn die Europäer unbedingt Kennzeichnung wollen, dann sollen jene, die sich gentechfrei ernähren wollen, zur Kasse gebeten werden und für diese Produkte einen hohen Preis zahlen. Der europäische Konsument dankt.

---

221) Um versöhnliche Töne in punkto Strafzölle bemüht, AgriManager 02.03.2004

222) Bush: African hostage to GM fears, BBC 22.05.2003

223) U.S. Differences With Europe on Plant Biotechnology, Alan P. Larson, Under Secretary for Economic, Business, and Agricultural Affairs, Remarks Before the CATO Institute, Washington, DC, September 25, 2002

Kam eigentlich irgendein europäischer Politiker damals auf die Idee, den amerikanischen Freunden zu erklären, dass die meisten europäischen Konsumenten die Sache wohl eher umgekehrt sehen? Zu Zeiten des Moratoriums kam der europäische Markt schließlich sehr gut ohne Gentechnik zurecht und Mehrkosten, die jetzt durch die Zulassung von gentechnisch veränderten Lebensmitteln entstehen, sollten eher die Verursacher tragen. Leider legt die Brüsseler Entscheidungspraxis die Vermutung nahe, dass man entweder Larsons Vorschlag durchaus etwas abgewinnen konnte oder die Kostenfrage schlicht vergessen wurde. Wie sonst ist es zu erklären, dass das wichtige Thema der Verteilung anfallender Kosten von den Entscheidungsträgern in der EU fast gänzlich ausgeblendet wird? Abgesehen von der im Kapitel »Kostspieliges Nebeneinander« erläuterten Studie des Joint-Research-Instituts, welche erst auf verschlungenen Wegen bekannt wurde, fand nichts dergleichen Eingang in die breitere Diskussion oder in Gesetzesvorschläge.

Irgendwann werden junge Familien den Verantwortlichen Fragen stellen. Etwa die Frage, warum sie künftig für Babynahrung in Hipp-Qualität tiefer in die Tasche greifen müssen, zumal sich die Herstellerkosten durch die weitere Verbreitung von GVOs erhöhen. Die Trennung von Warenströmen, der Mehraufwand für Laboruntersuchungen schlägt zu Buche. Warum aber sollen um das Wohl ihrer Kinder bemühte Eltern diese Kosten tragen, obwohl sie denen anzulasten wären, die gentechnisch veränderte Pflanzen unbedingt auf den europäischen Äckern sehen wollen? Hier sollten alle rechtlichen Möglichkeiten ausgeschöpft und Ausgleichsfonds gespeist von Gentech-Anwendern und Herstellern eingerichtet werden.

Auf EU-Ebene war das alles kein Thema. Dagegen ließ die Kommission im Mai 2004 den gentechnisch veränderten Mais Bt11 auch als Lebensmittel innerhalb der EU zu und beendete damit das Moratorium. Seitdem wurden eine Reihe von weiteren Genehmigungen erteilt. Bisher entschied die Kommission durchweg positiv. Wenn es Widerstand gibt, so wird dieser von Vertretern der EU-Mitgliedsstaaten in die Diskussion getragen. Die Anträge auf Zulassung werden zunächst in dem jeweils zuständigen EU-Ministerrat, der sich aus den Ministern der Mitgliedsländer zusammensetzt, behandelt. Bei den jüngsten Entscheidungen blockierten sich die Minister meistens, was deutlich die derzeitige Uneinigkeit über GV-Nahrungsmittel in Europa widerspiegelt. Das EU-Recht sieht in diesem Fall vor, dass der Antrag zurück zur EU-Kommission geht. Dieser obliegt dann die endgültige Entscheidung. Bei GV-Lebensmitteln folgte sie bisher überwiegend den Empfehlungen der gentechfreundlichen Europäischen Lebensmittelbehörde (EFSA). Eine erste schwere Schlappe musste die Kommission jedoch im Juni 2005 hinnehmen. Erstmals fand sich im EU-Umweltministerrat eine qualifizierte Mehrheit, die ein Aufweichen nationaler Regelungen ablehnte. Konkret ging es um die Möglichkeit nationaler Gentech-Importverbote. Mehrere Mitgliedsstaaten hatten zuvor eine Schutzklausel der Richtlinie 90/220/EWG geltend gemacht, die später auch in die Richtlinie 2001/18/EG, welche 90/220/EWG ersetzt, übernommen wurde. Danach kann ein Mitgliedsstaat den Einsatz und/oder Verkauf eines Produkts, für das eine schriftliche Zustimmung für das Inverkehrbringen vorliegt, in seinem Gebiet vorübergehend einschränken oder verbieten, wenn er berechtigten Grund zu der Annahme hat, dass dieses Produkt eine Gefahr für die menschliche Gesundheit oder die Umwelt darstellt. Die Klausel wurde in neun verschiedenen Fällen geltend gemacht, dreimal von Österreich, zweimal von Frankreich und jeweils einmal von Deutschland, Luxemburg, Griechenland und Großbritannien. Die Mitgliedsstaaten übermittelten den jeweils zuständigen wissenschaftlichen Ausschüssen der Europäischen Union wissenschaftliche Gutachten zur Begründung der Restriktionen. »In allen Fällen kamen die zuständigen Ausschüsse zu dem Schluss, dass es keine neuen Erkenntnisse gab, die eine Aufhebung der ursprünglichen Zulassung rechtfertigten«, hieß es im EU-Papier.[224] Daraufhin bereitete die Kommission Entscheidungen vor, mit denen die betroffenen Länder aufgefordert werden sollten, ihre Verbote aufzuheben. Österreich, Luxemburg und auch Deutschland hatten Maßnahmen gegen den insektenresistenten Mais Bt176 der Firma Syngenta, der ein Antibiotika-Resistenz-Gen enthält, ergriffen. Österreich trat zudem gegen den GV-Mais MON810 von Monsanto und den herbizidresistenten Mais T25 von Bayer auf. Griechenland und Frankreich wiederum hatten die Raps-Saat Topas 19/2 der Firma Bayer abgelehnt, Frankreich darüber hinaus die herbizidresistente Raps-Saat MS1xRF1 ebenfalls aus dem Hause Bayer. Kaum ein Beobachter hatte mit dem Zustandekommen einer qualifizierten Mehrheit für die Verbote gerechnet. Das Abstimmungsergebnis, das weiterhin nationale Importverbote ermöglicht, sorgte für Aufregung in der Kommission. Stavros Dimas, für die Umwelt zuständiges Kommissionsmitglied, erklärte: »Die Kommission ist juristisch verpflichtet sicherzustellen, dass die geltenden Rechtsvorschriften bezüglich der Freisetzung von GVO von den Mitgliedsstaaten korrekt umgesetzt werden. Daher haben wir vorgeschlagen, die derzeit in Österreich, Frankreich, Deutschland, Griechenland und Luxemburg geltenden Verbote beziehungsweise Einschränkungen bezüglich einiger GVO aufzuheben. Die Tatsache, dass der Rat alle acht Vorschläge abgelehnt hat, wirft viele Fragen auf. Zumindest steht fest, dass die Mitgliedsstaaten mit der heutigen Abstimmung ein politisches Signal ausgesandt haben, dass sie einige Aspekte des bestehenden Systems überprüfen möchten.« Dimas sprach ein weises Wort gelassen aus. Denn trotz der erheblichen Aufwendungen für

---

224) EU-MEMO/05/104 vom 22.03. 2005,
*http://europa.eu.int/rapid/pressReleasesAction.do?reference=MEMO/05/104&format=HTML&aged=1&language=DE&guiLanguage=en*

diverse Aktionen, die ein gentechfreundliches Klima in Europa erzeugen sollten, verstärkte sich in der Bevölkerung eher der Widerstand. Immer mehr Menschen haben das Gefühl, dass ihnen Gentech-Produkte quasi von oben herab aufgezwungen werden sollen. Das ohnehin schwindende Vertrauen in die EU-Institutionen könnte mit einer Fortführung der bisherigen Politik in Sachen Gentechnik weiter nachlassen und das Misstrauen erheblich steigen. Schließlich erscheinen die Entscheidungsprozesse vielen Bürgern zu undemokratisch. Auch die Unabhängigkeit diverser Fachleute wird immer häufiger bezweifelt, man denke etwa an die Mitglieder der EFSA. Es gibt nicht einmal eine zentrale Überblicksdatei, die zugelassene oder beantragte GVP beziehungsweise GV-Produkte mit allen durchgeführten Tests und auch kritischen Einwendungen ausweisen würde. Vielmehr muss sich der interessierte Bürger quer durch den EU-Server kämpfen und außerdem die Seiten der kritischen Organisationen sichten, um zumindest ein wenig Einblick zu bekommen. Wie soll sich da jemand ein Urteil bilden können? Geld fließt hingegen in Projekte, die dem EU-Bürger die Gentechnik »näher bringen« sollen, und auch in die Forschung an den gentechnisch veränderten »Pflanzen der Zukunft« möchte die EU kräftig investieren. Eine Vergleichstabelle, was an Fördergeldern in die Entwicklung welcher Gentech-Pflanzen und in konventionelle, biologische Saatgutentwicklung geflossen ist, steht den interessierten EU-Bürgern nicht zur Verfügung und ist wieder ein Beispiel dafür, wie wenig Transparenz auf EU-Ebene herrscht.

## 10.2 Europa: Nahezu gentechfrei

In den EU-Mitgliedsländern selbst sind die Äcker noch überwiegend gentechnikfrei. Lediglich in Spanien wird auf etwa 58.000 Hektar gentechnisch veränderter Mais angebaut. Die neue sozialdemokratische spanische Regierung hat aber angekündigt, die umstrittene Mais-Sorte Bt176 künftig zu verbieten. Derzeit scheint die Gentech-Industrie nirgends sonderlich willkommen zu sein. In Großbritannien gibt es trotz der grundsätzlich freundlichen Haltung Tony Blairs kaum eine realistische Chance auf den Anbau von GVP in naher Zukunft. Zu vernichtend waren die Ergebnisse der Großfeldversuche. Außerdem ist die Stimmung der Medien und der Bevölkerung eindeutig ablehnend. Monsantos 1998 in Großbritannien lancierte PR-Kampagne stürzte bald ab. Als dann 1999 das Unternehmen Granada Food Services, das die Monsanto-Kantine in High Wycombe (West-London) betreibt, erklärte, man serviere nur noch Lebensmittel, die garantiert nicht gentechnisch verändert worden seien, sorgte das für erhebliche Erheiterung in den britischen Medien.[225] Ins

225) Keine gentechnisch veränderte Nahrung mehr in Monsanto-Kantine, dpa-Meldung Dez. 1999

Gewicht fällt zudem, dass Prinz Charles sich mehrfach gegen grüne Gentechnik ausgesprochen hat. Zahlreiche Reden dazu finden sich auf der Homepage des Prinzen von Wales, der 2003 schließlich dazu aufrief, Großbritannien komplett gentechnikfrei zu halten.[226] Bis heute erklären alle großen englischen Supermarktketten, Genfood auch künftig vermeiden zu wollen.

Wie die Briten lehnen die französischen Konsumenten gentechnisch veränderte Nahrungsmittel massiv ab. Dabei trat das offizielle Frankreich zunächst als starker Befürworter der grünen Gentechnik auf. Kleinere französische Bauernverbände, allen voran die Gewerkschaft des Agrarrebellen José Bové, die Confédération Paysanne, sprachen sich von Anfang an dagegen aus. Die Vereinigung der Industriebauern hingegen setzte zunächst große Hoffnungen in die neue Technik. Die Franzosen waren allerdings sehr fix in der Formierung von Widerständen und nicht eben zimperlich in der Wahl der Mittel. »Die Aktionen der Bauern waren sehr deutlich«, berichtet Etienne Vernet vom NGO-Netzwerk Ecoropa. »Sie wandten einfach das Vorsorgeprinzip an: Sie pflügten Felder mit GVOs um und zerstörten gentechnisch verändertes Saatgut, da sie der Ansicht waren, dass das Zulassungsverfahren nicht ordnungsgemäß durchgeführt worden war. Eine ihrer Aktionen fand internationale Unterstützung, nämlich die Überflutung eines Novartis-Feldes mit gentechnisch verändertem Saatgut, welches angeblich eine Million Euro wert war. Die Bauern wurden zwar verurteilt, Novartis hat bisher jedoch noch keine Entschädigung von der Gewerkschaft erhalten.«[227] Das politische Frankreich zeigt sich inzwischen sehr vorsichtig. Nur auf sehr kleinen Versuchsflächen werden gentechnisch veränderte Pflanzen angebaut. Allerdings berichtete im September 2005 die französische Tageszeitung »Le Figaro«, dass inzwischen GV-Mais auf etwa 1000 Hektar Land angebaut wird. Es wird vermutet, dass es sich dabei um aus Spanien eingeführtes Monsanto-Saatgut handelt. Frankreich hat bis heute keine Richtlinien zur Koexistenz erarbeitet, GVP-Flächen müssen nicht gemeldet werden. Die Landwirte handeln also nicht illegal. In diesem rechtsfreien Raum konnten die Gentech-Konzerne unterstützt von der mächtigen Maisbauernvereinigung AGP ihren Spielraum ausdehnen. »Kommunikation über Genmais hält AGP-Präsident Christophe Terraind für ›nicht hilfreich‹. Der gewöhnlich über die Geschäfte seiner Branche gut informierte Mann erklärt jetzt, dass er keine Ahnung habe, ob es in Frankreich mehr als 500 Hektar mit solchen Pflanzen bebauten Landes gebe.«[228] Der Fall sorgte in Frankreich für großes Aufsehen. Der in den letzten Jahren in der Öffentlich-

226) Alle Reden auf *http://www.princeofwales.gov.uk/*

227) Frankreichs vorsichtige Haltung, Etienne Vernet, in: Konfliktpotential Grüne Gentechnik, Wien 2000. Anm.d.Verf.: Leider gelang es mir nicht herauszufinden, ob Novartis jemals eine Entschädigung erhielt.

228) Wildwuchs bei französischem Genmais, Dorothea Hahn, taz 08.09.2005

keit eher vorsichtig agierenden französischen Regierung wird nun Untätigkeit vorgeworfen. Jacques Maret, Biobauer und Grünen-Sprecher, zeigte sich »kein bisschen überrascht« über den GV-Maisanbau. Dazu habe der »liberale Kurs der Regierung« und der »Druck der Bauernlobby geführt«. Den Kritikern weht seit kurzem ein scharfer Wind entgegen. So beantragte der Generalstaatsanwalt am Berufungsgericht im südfranzösischen Toulon gegen José Bové wegen der Zerstörung von GVP-Feldern eine Aufhebung der Bürgerrechte für die Dauer von einem Jahr. Für sieben weitere Angeklagte in dem Verfahren, darunter die Grünen-Abgeordneten Noel Mamère und Gérard Onesta, forderte der Generalstaatsanwalt einen einjährigen Entzug der Bürgerrechte, der allerdings zur Bewährung ausgesetzt werden soll. Das Strafverfahren bezieht sich auf eine Protestaktion vom Juni 2004, bei der rund 200 Umweltschützer ein Feld mit gentechnisch verändertem Mais bei Toulouse zerstört hatten. Bové und Mitstreiter stellten sich anschließend der Polizei. Die Justiz zog allerdings nur die Anführer zur Verantwortung.[229] Der Prozess läuft zur Zeit noch. Die Gegner des GV-Anbaus lassen sich aber nicht unterkriegen. Maret bereitet bezüglich des Anbaus von Gentech-Mais jetzt eine Klage wegen Vergiftung vor.

Auch wenn sich in Frankreich inzwischen ein wenig Gentechnik eingeschlichen hat, scheint Deutschland dasjenige Land in Europa zu sein, in dem die Gentech-Industrie derzeit massiv versucht, an Boden zu gewinnen. Wie in vorangegangenen Kapiteln bereits ausgeführt wurde, hat in den Bereichen Saatgut und Futtermittel bereits ein beinharter Verdrängungswettbewerb eingesetzt. Hinzu kommt, dass Deutschland über eine starke Chemie-Industrie verfügt, die mit der grünen Gentechnik liebäugelt. Eine sehr gentechnik-freundlich eingestellte Wissenschaftlerriege, die Schlüsselpositionen im öffentlichen Dienst sowie im universitären Betrieb besetzt, trägt darüber hinaus zu der Forcierung der grünen Gentechnik in Eliten bei. Im Gegensatz zu den meisten anderen europäischen Ländern ist auch der Bereich der verarbeitenden Industrie nicht grundsätzlich negativ eingestellt. Wie der Streitfall Müller-Milch gegen Greenpeace zeigte, gibt es durchaus gewichtige deutsche Unternehmen, die auf Gentechnik im Futtermittelbereich setzen. Bei den Landwirten ist das Interesse an Gentechnik jedoch vergleichsweise gering, sei es aus Angst vor Feldrupfungen, Absatzschwierigkeiten oder Skepsis gegenüber der neuen Technologie. Es wird zwar bereits Gentech-Mais angebaut, die 2005 angemeldeten Flächen fielen jedoch wesentlich geringer aus als ursprünglich erwartet. Zudem regt sich auch in Deutschland vermehrter Widerstand bei den Konsumenten. Verbraucherverbände führen regelmäßig Befragungen bei Herstellern durch. Greenpeace gibt eigene Einkaufsführer heraus. Als Österreicherin hat mich die Vehemenz der Debatte in Deutschland immer sehr erstaunt. Hier werden von

229) Asterix droht politische Auszeit, Christian Giacomuzzi, Paris, Junge Welt 23.09.2005

Befürwortern Mythen und Positiv-Szenarien kolportiert, die längst von der gentechnischen Realität entzaubert wurden. Insbesondere in der deutschen Wissenschaft scheint sich eine eigene Gemeinde der Befürworter gebildet zu haben, die sich – mit Verlaub – die Butter nicht vom Brot nehmen lassen will. Vielfach wird ehrliche Überzeugung dahinter stecken, aber auch Ignoranz gegenüber Alternativen zu gentechnisch veränderten Pflanzen und vielleicht auch ein wenig Selbstmitleid, dass man nicht mithalten kann mit den Kollegen in den USA. Aber weshalb will sich ein Wissenschaftler mit internationalen Konkurrenten messen, die in den letzten Jahrzehnten nicht eben Großartiges hervorgebracht haben? Ist die Erfindung von Pflanzen mit begrenzter Wirkung (Stichwort: Resistenzbildungen bei Unkräutern und Insekten) tatsächlich so nachahmenswert? Sollte ein verantwortungsbewusster Wissenschaftler nicht doch eher die richtigen Konsequenzen aus den bisherigen Erfahrungen ziehen? Die pilzanfällige virusresistente Hawaii-Papaya ist ja nun wirklich nicht das Ei des Kolumbus, ebenso wenig die zehnprozentige Resistenz gegen den Stinkbrand bei Weizen, wenn gleichzeitig ein Bio-Züchter eine fast hundertprozentig resistente Sorte entwickelt. Die Produktorientierung gewisser Gen-Ingenieure ist mir persönlich ein Rätsel. Wie auch immer, Befürworter finden auf politischer Ebene Entgegenkommen bei der CDU/CSU. Mit dem Politikwechsel könnte es also durchaus sein, dass der Einstieg in die grüne Gentechnik künftig forciert wird, sollten sich die deutschen Konsumenten nicht ausreichend Gehör verschaffen.

Der restliche deutschsprachige Raum hat es nicht so sehr mit der grünen Gentechnik: In Österreich gab es vor etlichen Jahren ein Gentechnik-Volksbegehren, dass regen Zustrom fand. Nicht zuletzt aufgrund des öffentlichen Drucks kam es zu einem Konsens aller politischen Parteien, welcher besagt, dass man gentechnisch veränderte Pflanzen möglichst außen vor halten will. In der weitgehend kleinräumig strukturierten Landwirtschaft Österreichs macht es tatsächlich wenig Sinn, sich auf gentechnische Experimente einzulassen. Bei auskreuzungsfreudigen Sorten wie GV-Mais oder Raps scheint die Koexistenzfrage kaum lösbar. Mit dem Wunsch nach gesetzlicher Verankerung gentechnikfreier Regionen blitzte man aber vor den EU-Richtern ab. Indes setzt Österreich verstärkt auf Bio-Landbau. Viele größere Landwirte steigen inzwischen auf den Öko-Landbau um. Große Supermarktketten bieten seit langem eigene Bio-Label an, die sich wachsender Beliebtheit erfreuen. Selbst der österreichische Ableger von Aldi, die Hofer-Supermärkte, bietet zahlreiche Gemüsesorten, Aufstriche, Eier, Joghurt, Brot etc. in Bio-Qualität im fixen Sortiment zu erschwinglichen Preisen an. Lediglich die Verfütterung von Gentech-Ware sorgt bei Verbraucherschützern und Ökoaktivisten für Unmut. Aber auch hier haben inzwischen viele Lebensmittelhersteller umgestellt und nehmen den Zulieferern nur Fleisch oder Milch von Tieren, die gentechfrei gefüttert wurden, ab. Dafür werden den Landwirten auch Aufpreise gezahlt.

In der Schweiz, die eine starke chemische Industrie hat, war die Sachlage ein wenig anders. Hier begrüßte man zunächst die grüne Gentechnik. Rein rechtlich könnten GV-Pflanzen in der Schweiz unter bestimmten Auflagen angebaut werden. Allerdings gibt es von bäuerlicher Seite und aus der Bevölkerung starke Widerstände, denn die Schweiz ist ebenso kleinteilig strukturiert wie Österreich und somit scheint kein friedliches Nebeneinander zwischen den verschiedenen Bewirtschaftungsformen möglich zu sein. Derzeit sind Anhörungen zu der wichtigen Koexistenz-Frage im Gange. Die Schweizer Stimmbürger können am 27. November 2005 darüber entscheiden, ob sie der Initiative für ein fünfjähriges Anbau-Moratorium für gentechnisch veränderte Pflanzen zustimmen wollen. Wird die Initiative angenommen, so dürfen in den kommenden fünf Jahren in der Schweiz keine GV-Pflanzen angebaut werden. Große Lebensmittelhersteller wie beispielweise Emmi haben bereits seit langem auf gänzlich gentechnikfreie Produktion umgestellt, da sie sich als Qualitätsmarke verstehen. Selbst so deklarierte Befürworter wie der Schweizer Klaus Ammann halten den Ausbau des Bio-Landbaus in der Schweiz für richtig und sehen kaum sinnvolle Einsatzmöglichkeiten der heute existierenden GV-Sorten in der Schweizer Landwirtschaft. Außerdem wurden Forschungsgelder für weitere Gentech-Experimente gekürzt. Die Entwicklung von GV-Pflanzen habe keine Priorität, heißt es von Seiten diverser Politikverantwortlicher.

Und wie sieht es im Rest Europas aus? Im »Alten Europa« ist der Widerstand der Bevölkerung meist hoch. Die Niederländer schneiden in diversen Umfragen immer wieder als die aufgeschlossensten EU-Bürger ab. Die neuen EU-Mitgliedsländer, insbesondere die ehemaligen Ostblockstaaten, haben teilweise sehr strenge Richtlinien erarbeitet und sind vielfach negativ gegenüber der grünen Gentechnik eingestellt. Allerdings fehlen in vielen Ländern Labors, um die tatsächliche Gentechnik-Freiheit auf den Äckern zu gewährleisten. Sorgen macht Beitrittskandidat Rumänien. Neben Spanien ist es das einzige europäische Land mit einer größeren GVP-Anbaufläche. Angebaut wird Monsanto-Soja, das sich in den letzten Jahren wildwuchsartig verbreitet hat, wie Greenpeace kürzlich feststellte. Ein ehemaliger Monsanto-Manager kritisierte die Praktiken des Konzerns in Rumänien, da das Saatgut ohne entsprechende Schulungen und Monitoring-Maßnahmen verbreitet worden sei. An dieser Stelle sei auf eine sehr interessante Initiative des Europarats (nicht zu verwechseln mit dem Europäischen Rat oder dem Ministerrat), dem auch die Russische Föderation und andere Nicht-EU-Mitglieder angehören, verwiesen. Die parlamentarische Versammlung der 46 Mitgliedsstaaten forderte Anfang 2005 klare Regeln zur Gentechnik-Kennzeichnung sowie die konsequente Anwendung des Vorsorgeprinzips ein. Die Lage in den ehemaligen Ostländern wurde als Besorgnis erregend eingestuft. »Obwohl zumindest EU-weit Regelungen bestehen, gibt es Besorgnisse, dass über einzelne Länder in Zentral- und Osteuropa eine schleichende und unkontrollierte Verbreitung von GVO erfolgt. Deshalb sollen über den Europarat auf dem ganzen Kontinent vergleichbare Sicherheitsstandards beim Umgang mit GVO als Mindestnorm erreicht werden. Berichterstatter Wolfgang Wodarg (SPD) wies darauf hin, dass die Diskussion in Mittel- und Osteuropa noch nicht sehr weit fortgeschritten und dass das Problembewusstsein ungleich ausgeprägt sei. Nur in Tschechien und Ungarn gebe es die technischen Voraussetzungen, um GVO-Reste in Lebensmitteln nachzuweisen. Bei in Moskau gekauften Lebensmitteln seien Kontaminationen von 30 Prozent nachgewiesen worden, obwohl in Russland der Anbau von gentechnisch veränderten Pflanzen verboten ist. Diese Situation könne damit im Zusammenhang stehen, dass in den USA im Jahr 2000 30 Millionen Dollar bewilligt wurden, damit die amerikanische ›agrobiotechnische Industrie‹ sich in Osteuropa ausbreiten könne«, so ein Bericht über die Diskussion im Europarat.[230] – In Osteuropa besteht demnach erheblicher Bedarf an Unterstützung, wenn die EU-Bürger und -Bürgerinnen auch künftig auf ein im Wesentlichen gentechfreies Europa Wert legen. Die Europäische Union sollte hierfür ausreichend Mittel zur Verfügung stellen.

## 10.3 Nationale Spielräume nutzen

Trotzdem ist die grüne Gentechnik keinesfalls unausweichlich. Man sollte sich immer vor Augen halten, dass erst fünf bis sechs Prozent der weltweiten Ackerfläche von insgesamt 1,4 Milliarden Hektar mit GVP bestellt werden. Es gibt genügend Spielräume, Europas Felder und Nahrungsmittel weitgehend gentechfrei zu halten – über Allianzen mit Verarbeitern und Lebensmittelherstellern, durch Hilfestellung für beziehungsweise Solidarität mit den europäischen Landwirten.

Ganz einfach ist es zwar nicht mehr, zumal die EU-Gesetzgebung ein generelles Verbot des Anbaus von gentechnisch veränderten Pflanzen in einzelnen Regionen nicht duldet. Als das österreichische Bundesland Oberösterreich im Herbst 2002 einen Entwurf für ein Gentechnik-Verbotsgesetz vorlegte, das ein landesweites GVO-Verbot im Pflanzenbau vorsah, wurde der Entwurf bei der Europäischen Kommission abgelehnt. Oberösterreich argumentierte, dass in der kleinteilig strukturierten Landwirtschaft Koexistenz nicht realisierbar sei und brachte im November 2003 eine Nichtigkeitsklage beim Europäischen

230) Strikte Kennzeichnung gentechnisch veränderter Lebensmittel – Der Europarat will Regeln für Gentechnik in der Landwirtschaft, Hartmut Hausmann, in: Das Parlament, 55. Jahrgang/Nr. 8, 21. Februar 2005

Gerichtshof ein. Im September 2005 kippte der Europäische Gerichtshof das Verbotsgesetz. Der Spruch der EU-Richter stieß auf Enttäuschung und Kritik. Denn ein wesentlicher Punkt, nämlich die Frage, ob Koexistenz möglich sei, wurde nicht eingehend von den Richtern erläutert. Oberösterreich hatte eine umfassende Studie dazu vorgelegt. Der Richterspruch der EU ging darauf nicht näher ein und handelte diesen Kernpunkt der Klageführung in einem Absatz ab: »Es ist festzustellen, dass die Kläger keine Beweismittel vorgelegt haben, die es erlauben würden, die Stichhaltigkeit dieser Beurteilung hinsichtlich des Vorliegens eines spezifischen Problems zu bezweifeln, sondern dass sie sich darauf beschränkt haben, die kleinbetriebliche Struktur der Landwirtschaft zu unterstreichen und die Bedeutung der ökologischen Landwirtschaft im Land Oberösterreich zu betonen.«[231]

Mit dem Urteil wurde ein Präzedenzfall geschaffen, der das Selbstbestimmungsrecht einer Region in gewisser Weise aushebelt. Ein rechtsverbindliches Gentechnik-Verbot aus Gründen der Vorsorge scheint damit nicht mehr möglich. Darauf hatten allerdings viele Regionen gehofft, die sich inzwischen zu freiwillig gentechnikfreien Gebieten erklärt haben. Das im November 2003 gegründete Netzwerk der gentechnikfreien Regionen Europas wächst indes weiter. Inzwischen zählt es bereits über 20 Regionen, darunter die österreichischen Bundesländer Oberösterreich, Salzburg, Steiermark und Burgenland, die Regionen Aquitaine, Baskenland und Limousin (Frankreich), Marken und Toskana (Italien), Schleswig-Holstein (Deutschland), Thrace-Rodopi (Griechenland) sowie Wales und Highland Council (Großbritannien), Lazio, Südtirol, Sardinien, Emilia-Romagna, Ile de France, Pitou-Charentes und die Bretagne. Das Problem freiwilliger Zusammenschlüsse liegt in der Rechtsunsicherheit. Wenn ein Landwirt – aus welchen Gründen auch immer – »umfällt«, kann rechtlich nichts dagegen gemacht werden. Die österreichischen Regionen haben indes strenge Hürden für den GVP-Anbau aufgebaut und spezielle Vorsorgegesetze erlassen. Die konsequente Anwendung des Vorsorgeprinzips ist einer der wenigen wirkungsvollen Spielräume, die auf nationaler Ebene noch bleiben. Zudem kann ein Land eigene Koexistenzregelungen erlassen. Die innerstaatliche Regelung der Koexistenz ist zwar ein zweischneidiges Schwert, zumal Pollenflug bekanntlich keine Grenzkontrollen kennt, sie bietet aber gewissen Spielraum für den Schutz eigener Regionen. Eine EU-weit verbindliche Regelung würde wahrscheinlich aufgrund der unterschiedlichen Interessen sehr verwaschen ausfallen.

231) Urteil des Gerichts (Vierte Kammer) EuGH vom 5. Oktober 2005

## 10.4 Teure Gentech-Visionen aus Brüssel

Die Öffentlichkeit sollte darüber hinaus genau im Auge behalten, wohin Forschungsgelder fließen. Denn es ist keineswegs so, dass die EU in der Gentechnik-Frage lediglich von der WTO und den USA getrieben wird. Vielmehr gibt es massive Bestrebungen, die grüne Gentechnik in der EU definitiv zu verankern und Unternehmen bei der Entwicklung transgener Pflanzen zu fördern. Dies zeigt beispielsweise das Projekt »Pflanzen der Zukunft«, welches der für Forschung zuständige Kommissar Philipp Busquin im Juni 2004 präsentierte. Nach dem Willen der EU sollen diese Pflanzen gentechnisch veränderte sein. Und dafür sollen in den nächsten zehn Jahren 45 Milliarden Euro von privater und öffentlicher Seite aufgebracht werden.[232] Die meisten Förderprogramme sind drittelfinanziert, das würde in diesem Fall bedeuten, dass auf nationaler und EU-Ebene etwa 30 Milliarden Euro öffentliche Gelder in die grüne Gentechnik fließen sollen. Busquin begründete dieses Vorhaben folgendermaßen: »In den Pflanzenwissenschaften und der Biotechnologie hat Europa in den letzten Jahren seine führende Rolle eingebüßt, da die Auswirkungen dieser Technologien in der Öffentlichkeit Bedenken auslösten, die Vorteile dieser Technologien der Öffentlichkeit nicht angemessen vermittelt werden konnten und strategische Forschungsprogramme fehlten. Dies ist angesichts der Herausforderung, vor denen Europa steht, alarmierend: die nachhaltige Versorgung einer anwachsenden Weltbevölkerung mit gesünderen Lebensmitteln und der Ersatz von Materialien fossilen Ursprungs durch neue, umweltfreundliche Biomaterialien aus erneuerbaren Pflanzenressourcen.«

Die Art der Argumentation ist wieder einmal linear und vermischt so allerhand. Erstens: Das Problem der »Bevölkerungsexplosion« ist primär politisch zu lösen, eine Pflanze kann das sicher nicht. Dass eine Risikotechnologie wie die grüne Gentechnik gesündere Lebensmittel hervorbringen könnte, muss sich erst einmal weisen. Bis dato ist trotz langjähriger weltweiter Forschungen nichts diesbezügliches auf dem Markt. Und ob der goldene Reis wirklich »gesünder« ist, wird erst zu beweisen sein. Die Fragwürdigkeit dieses Projekts wurde bereits hinreichend erläutert. Die Wirtschaft hat jedenfalls bis dato wenig Aktivitäten gesetzt, Produkte mit »Konsumentennutzen« zu entwickeln, wie die Schweizerische Arbeitsgruppe Gentechnologie nach Durchsicht von Freisetzungsanträgen weltweit belegte. Die Studienautoren führen das unter anderem auf die technischen Schwierigkeiten in der Entwicklung derartiger Pflanzen mit so genannten »Output«-Eigenschaften zurück.[233] Abgesehen davon operiert Busquin mit einem sehr engen Konkurrenzbegriff. Denn

232) Plants for the Future, Brüssel Juni 2004

233) Verschobene Marktreife, Vogel/Potthof, Feb. 2004

nur weil Europa nicht alles den USA nachmacht, heißt das noch lange nicht, dass Europa nicht konkurrenzfähig ist. Im Gegenteil, gerade die Biobranche hat in den letzten Jahren erhebliche Leistungen bei der Erhaltung und Weiterentwicklung der Sortenvielfalt erbracht und qualitativ hochwertige Pflanzen erzeugt. Wie das Schweizer Beispiel des stinkbrandresistenten Weizens zeigt, war die Biozüchtung um Klassen schneller und besser und wohl auch nicht so kostenintensiv wie die wesentlich schlechtere Gentech-Variante.[234]

Und warum ist in einem EU-Projekt, das den Titel »Pflanzen der Zukunft« trägt, kein einziger Bio-Züchter vertreten? Die konsequente Ausblendung konventioneller und biologischer Alternativen durch die EU-Politik ist im Grunde genommen eine Frechheit gegenüber den europäischen Bürgern, die Gentech-Pflanzen mehrheitlich ablehnen. Es ist beschämend und der demokratischen Verfasstheit der EU unwürdig.

Unterzeichnet wurde die Gentech-Pflanzen-Vision aus Brüssel von Vertretern der Forschung, der Lebensmittel- und Biotech-Industrie sowie der Landwirtschaft. Eggert Voscherau, Vize-Chairman von BASF, Jochen Wulff, ehemals CEO von Bayer CropScience, Peter Gruss, Präsident der Max-Planck-Gesellschaft, und die Biologin Christiane Nüsslein-Volhard, die das Max-Planck-Institut für Entwicklungsbiologie in Tübingen leitet, sind ebenso dabei wie der Vorstandschef der europäischen Biotechnologie-Vereinigung EuropaBio. An der Ausarbeitung dieses visionären Papiers war Nestlé ebenso beteiligt wie der britische Wissenschaftler Chris Lamb, der selbst ein Patent in den USA und Australien auf ein Gen hält und auch die Mär von signifikant höheren Erträgen bei GV-Baumwolle in Indien kolportierte.[235] Wie bereits ausgeführt, wurde im indischen Hauptanbaugebiet für Baumwolle die transgene Monsanto-Baumwolle aufgrund wiederholter Missernten bereits verboten.

Hatte man zunächst den Eindruck, dass es sich bei diesem EU-Draft um einen Papiertiger handelt, so nahm das Projekt inzwischen konkretere Formen an. Im August 2005 wurde ein 102 Seiten starkes »Stakeholder Proposal« veröffentlicht, das die Ziele des Projekts konkretisierte.[236] Eingebunden in die Erarbeitung waren 290 Personen aus 30 Ländern, die verschiedene Nutzergruppen repräsentierten, darunter Forscher, Vertreter der Industrie, Land- und Forstwirtschaft ebenso wie Bildungs- und Kommunikations-Experten, Konsumenten- und Umweltorganisationen. Biobauern oder kritische Umweltgruppen scheinen aber nicht eingeladen worden zu sein, jedenfalls fehlen bei den

---

234) Vgl. Kapitel: Erfolgreiche Biozüchter

235) Leserbrief 2003 an die britische Tageszeitung »The Independent«, *http://www.monsanto.co.uk/news/ukshowlib.phtml?uid=7154*, *http://www.lobbywatch.org/profile1.asp?PrId=192*

236) Plants for the Future, Stakeholder Proposal 09.08.2005, *http://www.epsoweb.org/catalog/TP/docs/SRA-II.PDF*

meisten festgelegten Zielen kritische Kommentare. Das gesamte Spektrum zielt nämlich auf die Entwicklung transgener Pflanzen oder molekulare Züchtung ab. Bei transgenen Pflanzen hätten ernst zu nehmende Konsumentenschützer und Umweltgruppen wohl ihr Veto eingelegt. Davon ist in dem Proposal jedoch nichts zu lesen.

Der Schwerpunkt liegt auf Nahrungsmittelpflanzen. Dabei ist das Spektrum an Züchtungszielen derart weit gefasst, dass man sich wirklich fragen muss, ob das noch als strategischer Forschungsplan gewertet werden kann. So wird etwa die Entwicklung von Früchten mit verbessertem Geschmack angestrebt. Das mag ja den Konsumenten freuen, zählt aber zur Kernkompetenz von Züchtern. Die Produktverbesserung muss ohnehin ihr Ziel sein, um konkurrenzfähig zu bleiben. Weshalb hier mit öffentlichen Geldern der Einsatz einer Risikotechnologie massiv forciert werden soll, ist völlig schleierhaft. Anders sieht das vielleicht bei Allergien oder Nahrungsmittelunverträglichkeiten aus, etwa bei Gluten-Unverträglichkeit. Die Fragestellung öffentlich finanzierter Forschung kann aber auch hier nicht einfach lauten, wie man eine transgene glutenfreie Sorte entwickelt. Die richtige Fragestellung muss sein: Wie kann ich dem Betroffenen das Leben erleichtern und ihm ausreichend glutenfreie Lebensmittel zur Verfügung stellen? Hier ist wieder ein interdisziplinärer Lösungsansatz gefragt, der transgene Pflanzen lediglich als eine Option sieht. Die Möglichkeit, Gene abzuschalten, die Allergien auslösen, wird von Gentech-Befürwortern gerne in die Diskussion eingebracht. Was durchaus positiv klingt, ist praktisch aber noch nicht in Sicht. Die Schwierigkeiten bei diesem Unterfangen werden in der Fachliteratur wie folgt beschrieben: »Inwieweit diese (Anm.: heute angewandten) Strategien Erfolg haben werden, kann zur Zeit nicht abgeschätzt werden. Entscheidend hiefür dürfte die Anzahl der allergenen Faktoren in einem Nahrungsmittel sein. Außerdem hängt der Erfolg auch davon ab, ob verbleibende Restmengen bereits ausreichen, eine Allergie auszulösen.«[237]

Ein wichtiges Ziel ist sicherlich die Reduktion der Mykotoxin-Belastung (Pilze). Die Entwicklung von Produktionssystemen, die Pilze bei Nahrungsmittelpflanzen reduzieren können, hat tatsächlich einen gesundheitlichen Vorteil und würde bei etlichen Sorten erhebliche Ernteverluste reduzieren. An diesem Beispiel zeigt sich jedoch auch, wie begrenzt die Denkweise der Projekt-Verantwortlichen auf EU-Ebene ist. Zum einen hat das Schweizer Weizenprojekt bereits gezeigt, dass klassische Züchtung in manchen Fällen sogar weitaus bessere Ergebnisse liefern kann als die grüne Gentechnik. Zum anderen ist die Reduktion von Mykotoxin-Befall auch eine Frage der Anbauweise und Fruchtfolge. Um das Problem Mykotoxin in den Griff zu bekommen, kann

237) Gentechnik bei Pflanzen, Kempken/Kempken, 2004

deshalb das Forschungsziel nicht primär die Entwicklung einer weniger anfälligen Pflanze sein. Sondern: Wie gestalte ich den landwirtschaftlichen Anbau, um das Mykotoxin-Problem zu reduzieren? Hier sind also auch Agrarexperten gefragt, die sich damit auseinander setzen. Und ein Teil der Lösungsstrategie wird dann auch die Entwicklung unempfindlicher Sorten sein. Erst wenn man das Problem systemorientiert begreift, können echte Lösungen gefunden werden. Der Pflanzenzüchter hat eine wichtige, aber eben nur eine Funktion in einem derart integrativen Problemlösungskonzept. Sobald ein systemorientiertes Forschungsprojekt aufgesetzt ist, sollte man verschiedene Lösungsstrategien mit gleichen finanziellen Mitteln ausstatten und in einen fairen Konkurrenzkampf schicken. Im Sinne eines geordneten Wettbewerbs könnte das praktisch so aussehen: Man nehme pilzanfälligen Weizen, entwickle klassische und transgene Sorten, mache biologisch orientierten und daneben konventionellen Modellanbau sowie ein Feld mit einer transgenen Sorte. Wer die nachhaltigere Lösung findet, kann weiter gefördert werden.

Das EU-Proposal hingegen ist im Wesentlichen eine Ansammlung an Möglichkeiten der grünen Gentechnik nach dem Prinzip, was noch alles biotechnisch designt werden könnte. Es ist aber sicher kein Konzept, das die relevanten Problemfelder herauskristallisiert. Besonders lustig wird es an jenen Stellen, in denen die Pflanzenzüchter sich Sorgen über die zunehmende Fettleibigkeit der Menschen in Industrieländern machen. Adipositas ist zwar tatsächlich ein gravierendes Problem für die Gesundheitssysteme, eine Lösung fällt aber sicher nicht unter die Kernkompetenzen der Gen-Ingenieure.

Bevor 30 Milliarden Euro an öffentlichen Mitteln und somit Steuergelder in fragwürdige Wissenschafts- und Industrieprojekte verpulvert werden, sollte man zuerst die wirklich wichtigen Fragestellungen klären. Eine vernünftige, an den Bedürfnissen der Menschen orientierte Forschungsstrategie muss sich unter größtmöglicher Vermeidung von Risikotechnologien auf folgende Entwicklungen konzentrieren:

- Methoden zur Gewährleistung der Ertragssicherheit
- Methoden zur ressourcenschonenden Sicherstellung und nach Maßgabe Erhöhung der Erträge
- Methoden zur Reduktion von Nahrungsmittelverschwendung
- Sicherstellung von finanziell leistbaren, qualitativ hochwertigen Nahrungsmitteln
- Entwicklung von Pflanzen und Agrarsystemen, die der zu erwartenden Klimaveränderung standhalten

Die Bewältigung dieser Aufgaben kann nur durch die gemeinsame Anstrengung von Landwirten, Agrarexperten, Ökologen und Ökonomen, Medizinern, Bildungs- und Ernährungsexperten, also interdisziplinär bewältigt werden. Eine besondere Rolle kommt dabei der sozialen Ausrichtung der Politik zu, die Verteilungsgerechtigkeit abzusichern hat. In Hinblick auf ernährungsspezifische Fragestellungen ist die öffentliche Förderung von Fitness- und Ernährungsberatern ebenso wie Informationskampagnen zu befürworten.

## 10.5 Echte Optionen

Im Nahrungsmittelbereich kann in einer ökosozialen Politikausrichtung und an Stakeholder orientierten Forschungspolitik grüne Gentechnologie nur in ganz wenigen Bereichen eine Rolle spielen. Beispielsweise in der Laborpraxis, die zu einem besseren Verständnis der Funktionen von Genen einer Pflanze beitragen kann oder in der Entwicklung von Pflanzen, die stresstolerant und Klimaveränderungen angepasst sind. Letztgenannte Pflanzen werden von Ökologen allerdings sehr gefürchtet, zumal sie eine Art Überlebensvorteil gegenüber konventionellen Pflanzen hätten und ungewollte Auskreuzung beziehungsweise Verbreitung beschleunigen könnten. Auch deshalb sollte die Suche nach konventionellen Möglichkeiten Priorität haben. Ein Blick auf die Pflanzen der Wüste oder solchen, die unter anderen extremen Klimabedingungen gedeihen, etwa die Maca, die noch auf 4000 Meter Höhe wächst und extreme Kälte erträgt, ist dabei sicher hilfreich.

Andere Anwendungsbereiche der grünen Gentechnik scheinen gegenüber dem Nahrungsmittelbereich wesentlich lukrativer und attraktiver. Häufig genannt werden nachwachsende Rohstoffe und der Bereich »Molecular Farming«. Unter der Voraussetzung, dass sichere Produktions- beziehungsweise Anbaumethoden gefunden werden, liegen hier meines Erachtens die echten Optionen. Nachfolgend einige Möglichkeiten:

## 10.6 Nachwachsende Rohstoffe und Industrieanwendungen

Unabhängig davon, ob ökologisch, konventionell oder gentechnisch produziert, wird der Bereich nachwachsende Rohstoffe beziehungsweise Rohstoffe für die Industrie immer fallabhängig zu beurteilen sein. Sinn machen alle Projekte nur dann, wenn die Ökobilanz unterm Strich stimmt. Zur Beurteilung von Umweltvorteilen sind die Auswirkungen auf die Umwelt über den gesamten Lebenszyklus des Produkts hinweg (Erzeugung der Rohstoffe, Verarbeitung, Vertrieb, Verwendung, Entsorgung) in einer integrierten Betrachtung, eben in Form einer Ökobilanz, zu prüfen.

Aussichtsreiche Potenziale für nachwachsende Rohstoffe bestehen aus Umweltgesichtspunkten etwa in den Bereichen Waschmittel (Tenside aus

Pflanzenölen), Faserstoffe (Ersatz von Glasfasern durch Pflanzenfasern) und einer verstärkten energetischen Nutzung fester Biomasse. Ökologische Vorteile ergeben sich auch dort, wo Verluststoffe die Umwelt belasten. Dies ist bei Verlustschmierstoffen (z.B. Hydrauliköle) der Fall. Hier ist die biologische Abbaubarkeit von hoher Bedeutung.

Wenig Sinn macht es aber, wenn etwa Raps in großem Stil angebaut wird, um daraus Benzinzusätze zu gewinnen, der Einsparungseffekt bei $CO_2$-Emissionen aber zu gering ist, um vergrößerte Anbauflächen zu rechtfertigen. Als Beispiel sei hier ein Bundesland in Österreich genannt, das auf Biodiesel setzt. Grundsätzlich eine begrüßenswerte Initiative des Landes Niederösterreich. Problematisch wäre aber eine Ausweitung der Rapsanbauflächen in dieser Region, wie die österreichische Umweltschutzorganisation Global 2000 aufzeigte: »Sehr optimistisch berechnet können bis 2008 rund 1,3 Millionen Tonnen $CO_2$ durch Biodieselbeimischung eingespart werden«, so die Organisation in einer Aussendung. Danach sei in Österreich aufgrund der begrenzten Anbaufläche keine Steigerung möglich. Fazit der Umweltorganisation: »Für diese im Vergleich zu anderen Maßnahmen geringe Reduktion der $CO_2$-Emissionen wäre ein großflächiger, intensiver Rapsanbau notwendig. Die Anbaufläche müsste von jetzt 31.000 auf 400.000 Hektar gesteigert werden. Dies hat negative Folgen für Grundwasser und Boden. Denn Intensiv-Rapsanbau bringt enormen Einsatz von Pestiziden und Düngemitteln mit sich. Zudem ist die Aufbereitung zu Treibstoff sehr energieintensiv, was die Ökobilanz weiter verschlechtert. Beimischung ist aus ökologischer Sicht keine sinnvolle Verwendung von Raps-Diesel.« Öko ist also per se nicht gut oder schlecht, ebenso wenig wie die grüne Gentechnologie. GV-Raps ist in Europa abzulehnen, da ein übermäßig hohes Auskreuzungspotenzial besteht. Dies würde nur dann Sinn machen, wenn eine hundertprozentige Pollensterilität erzeugt werden könnte.

Vielversprechender erscheint der Bereich der Industriestoffe. Unter den zahlreichen Möglichkeiten ein interessanter Ansatz ist aus ökologischer Sicht sicherlich die GV-Kartoffel mit amylosefreier Stärke.[238] Die pflanzliche Stärke ist ein wichtiger erneuerbarer industrieller Rohstoff. In der Textil-, Papier- und Bauwirtschaft wird amylosefeie Stärke beispielsweise als Kleister oder Bindemittel verwendet. Derzeit muss die amylosefreie Stärke aufwändig aus der Stärke von Industrie-Kartoffeln gewonnen werden. Dabei fallen beträchtliche Mengen organischen Abfalls an. Würden die Pflanzen nur wenig oder keine Amylose produzieren, könnte die technische Gewinnung von Amylopektin vereinfacht und weniger belastend für die Umwelt durchgeführt werden. Versuchspflanzungen fanden bereits in Deutschland und den Niederlanden statt. Dabei konnte der Amylosegehalt auf vier bis sechs Prozent gesenkt werden.

238) Material gibt es dazu auch auf *www.biosicherheit.de.*

Ein Problem bei den Zulassungsanträgen war das eingebaute Antibiotikaresistenzgen, die ja je nach Gefahrenklasse aus den GVOs eliminiert werden sollen. Einen Vorteil bietet die Kartoffel aber generell gegenüber Mais oder Raps. Ein Gentransfer innerhalb der Art oder auf Wildarten ist bei der Kartoffel unwahrscheinlicher. Die Kartoffel wird in den westlichen Ländern überwiegend vom Menschen über Knollen vermehrt.

Manche für industrielle Anwendungen erzeugte transgene Pflanzen wird man unter strengen Auflagen in freier Wildbahn anbauen können, andere wohl besser in geschütztem Rahmen (unterirdisch, im Glashaus ...) züchten und dann auch noch strikt getrennt vom Nahrungsmittelbereich transportieren und verarbeiten. Für Forschungsvorhaben in diese Richtung sollten zudem nur solche Anwendungen ins Auge gefasst werden, bei denen sich die erforderliche aufwändige Entwicklung und Risikoprüfung tatsächlich lohnt. Vorab-Marktforschung bei der Industrie wäre deshalb angebracht.

Mit Sorge betrachten Ökologen die Entwicklung von transgenen Bäumen.[239] Die Forschungsziele sind unterschiedlich. Eine Richtung beschäftigt sich mit schnellwachsenden Gentech-Bäumen, die für die Aufforstung gerodeter Landstriche eingesetzt werden sollen. Nach einem Beschluss der 9. UNO-Klimakonferenz in Mailand im Dezember 2003 dürfen transgene Bäume zur Reduktion von Treibhausgasen eingesetzt werden. Diese $CO_2$-Senken stehen generell in Kritik, zumal sie an der Ursache nichts ändern. Mit transgenen Bäumen gibt es offiziell weltweit etwa 150 Freisetzungsversuche. Im Gegensatz zu einjährigen Nutzpflanzen wie Mais oder Raps sind Bäume ungleich langlebiger und die ökologischen Risiken noch schwerer einzuschätzen. Es steht zu befürchten, dass aus einem Gentech-Baum durch unerwünschte Ausbreitung irgendwann ein Gentech-Wald werden könnte mit unabsehbaren Folgen für das ökologischen Gleichgewicht.

## 10.7 Molecular Farming

Gute Gründe gibt es dafür, dass die Pharmabranche seit langem mit der grünen Gentechnik liebäugelt. Und sollten geschlossene Produktionssysteme gefunden werden, die jegliche Ausbreitung verhindern, ist dagegen nichts einzuwenden. Die auf Molecular Farming spezialisierten Unternehmen beziehungsweise die Pharma-Branche insgesamt sehen jedenfalls große Chancen in diesem Teilbereich der Biotechnologie. Breits seit den frühen 90er Jahren wird damit experimentiert. Über 200 Feldversuche[240] wurden vom US-amerikanischen

239) Vgl.: Bessere Luft, besseres Holz und der Weihnachtsbaum nach Maß?, Telepolis 16.02.2004

240) Verschobene Marktreife, Vogel/Pothoff, Feb. 2004, S. 56

Landwirtschaftsministerium inzwischen registriert. Beim Molecular Farming wird die Pflanze als eine Art Biofabrik genutzt, um technische Enzyme oder pharmazeutisch wichtige Proteine in großen Mengen zu produzieren.

Die Pharmabranche erhofft sich Alternativen zu bisherigen Herstellungsverfahren. Dabei werden sowohl ökonomische als auch qualitative Vorteile genannt. Pharmakologische Stoffe in Pflanzen herzustellen, anstatt wie derzeit meist üblich in menschlichen oder tierischen Zellen, könnte sicherer sein. Denn bei herkömmlichen Verfahren können Krankheitserreger, z.B. Viren, übertragen werden. Pflanzenviren dagegen seien für den Menschen ungefährlich, betonen Forscher. Zudem erwartet man Kostenvorteile: Pflanzen unter freiem Himmel, ohne die Sicherheitsauflagen eines Labors, Kosten für Fermenter (Rührbehälter), Personal usw. könnten die Herstellung von Medikamenten zu einem Bruchteil der heutigen Kosten ermöglichen, zehn- bis hundertmal billiger, so die Aussage eines Wissenschaftlers.[241] Das allerdings erschreckt viele Menschen. Und zwar zu Recht, denkt man daran, dass sich dann »die Apotheke vom Acker machen kann«, wie bereits beim Fall Prodigene ausgeführt.

Bei den Wirkstoffen haben es den Forschern insbesondere Impfstoffe angetan. Einen Erfolg verbuchten US-Forscher aus Ithaca Anfang 2005. Sie wiesen erstmals in einer klinischen Studie nach, dass man sich mit einer gentechnisch veränderten Pharma-Kartoffel gegen Hepatitis B immunisieren kann. Zumindest scheint sie als Impfauffrischung zu taugen. Um die Impf-Kartoffel zu erzeugen, bauten die Forscher DNA für das Hepatitis-B-Oberflächen-Antigen (HBs-Ag) in das Genom von Kartoffelpflanzen ein. Die Pflanzen produzierten daraufhin das Virus-Protein in hohen Konzentrationen in den Knollen. Die Forscher prüften die Kartoffeln zunächst bei 42 Freiwilligen, mit vielversprechenden Ergebnissen. »Bei zehn von 16 Teilnehmern mit drei Portionen Impf-Kartoffeln kam es zu einem deutlichen Anstieg des HBs-Antigen-Titers. Vier Teilnehmer erreichten Werte, wie sie mit einer konventionellen Vakzine (Impfstoff) möglich sind«, berichtet die Ärztezeitung.[242] Bei den anderen Testpersonen, die niedrigere Dosen der rohen Impf-Kartoffeln bekommen hatten, fielen die Ergebnisse etwas schlechter aus. Die Forscher wollen in einem nächsten Schritt die Kartoffel bei nicht geimpften Personen testen.

Teils erfolgreich experimentiert wurde auch an Impfstoffen gegen Malaria, Grippe, Cholera, Diarrhoe und autoimmune Diabetes, aber auch an einem HIV-Impfstoff aus transgenen Pflanzen arbeiten Forscher. Doch selbst in den USA ist trotz des vergleichsweise langen Forschungs-Zeitraums bis heute kein Produkt tatsächlich kommerzialisiert. Eine Ausnahme scheint hier Trypsin der

241) »Schlichter Wahnsinn« – Pharmapflanzen mit menschlichen oder tierischen Genen, Andreas Bauer, Nov. 2004

242) Erster Erfolg mit einem essbaren Impfstoff, Ärzte-Zeitung 15.02.2005

Firma Prodigene zu bilden. Vogel und Pothoff halten in ihrem Studienpapier »Verschobene Marktreife« fest, dass, obwohl der transgene Mais noch nicht für den Anbau zugelassen sei, »das rekombinante Trypsin bereits kommerziell« angeboten wird. »Die dazu notwendige Menge scheint die Firma aus den Maispflanzen zu gewinnen, die sie in Freisetzungsversuchen ›testet‹.« Trypsin habe verschiedene Anwendungsmöglichkeiten, etwa bei der Herstellung von Impfstoffen oder Insulin. Der Handelsname sei TrypZean.

Die »verzögerte Marktreife« bei anderen transgenen Pharma-Pflanzen führen Vogel und Pothoff auf die längere Entwicklungsdauer sowie technische Probleme zurück: »Einer der Gründe liegt darin, dass eine erfolgreiche Entwicklung bei Pharma-Pflanzen mehr Zeit in Anspruch nimmt als bei anderen transgenen Pflanzen, da die rekombinanten Proteine zusätzlich in klinischen Versuchen getestet werden müssen. Andere Gründe sind technischer Natur. So gelingt es zum Beispiel nicht immer, dass die transgene Pflanze das rekombinante Protein in ausreichender Menge bildet. Schwierigkeiten bereitet auch der Glykosilierungsapparat der Pflanzen. Da dieser etwas anders funktioniert als derjenige vom Menschen, können rekombinante Proteine entstehen, die ein falsches Glykosilierungsmuster aufweisen und deshalb nicht weiterverwendet werden können. Ungelöst ist in einigen Fällen auch noch die Frage der Extraktion. Die Anforderungen an die Reinheit von rekombinanten Medikamenten sind sehr hoch. Um diesen zu entsprechen, müssen geeignete und kostengünstige Methoden entwickelt werden.«

Vor einem Jahr hat sich auch ein von der EU finanziertes internationales und interdisziplinäres Team aus mehr als dreißig Forschungsgruppen aus elf Ländern zusammengetan – das »Pharma Planta«-Konsortium[243]. Zwölf Millionen Euro aus dem 6. Rahmenprogramm für Forschung und Entwicklung lässt die Europäische Union dafür springen, was nicht gerade viel ist in diesem Segment. Das zuvor erwähnte Projekt »Pflanzen für die Zukunft« integriert diesen Bereich ebenfalls. Und wahrscheinlich sind hier Fördermittel für bestimmte Projekte ganz gut aufgehoben, zumal der pharmazeutische Bereich nicht nur ökonomisch lukrativ ist, sondern auch vielen Menschen tatsächlich nutzt.

Das Hauptproblem bei Molecular Farming ist, wie man es anstellt, dass die Wirkstoffe nicht entweichen und in die Nahrungskette gelangen. Einen vielversprechenden Ansatz fand ein Team von Forschern aus den USA, indem sie in einem Stollen Pflanzen in Blumentöpfen züchteten.[244] Eine Art Hochsicherheitstrakt im Untergrund. Unter den stabilen klimatischen Bedingungen konnten die Erträge um bis zu fünfzig Prozent erhöht werden, was ebenfalls einen Vorteil gegenüber dem höchst problematischen Freilandanbau darstellt.

---

243) Pharma Planta Consortium, *http://www.pharma-planta.org/*

244) Grüne Gentechnik aus dem Stollen, Telepolis 26.07.2005

# 11 Rückzug oder Revolte

Zehn Jahre wachsen transgene Nahrungsmittel-Pflanzen nun bereits auf den Äckern dieser Welt, wenn auch konzentriert auf einige wenige Länder. Und nach so kurzer Zeit zeigt die grüne Gentechnik schon erhebliche Ermüdungserscheinungen. Von den anfangs gemachten Versprechungen der Industrie und der Gen-Ingenieure blieb so gut wie nichts übrig. Keine nennenswert höheren Erträge, nur kurzfristig geringfügige Einsparungen von Chemikalien. Freilich gibt es Monokultur-Bauern in den USA, die sich über Arbeitserleichterungen bei herbizidresistenten Pflanzen freuen, mit der Zunahme unempfindlicher Unkräuter flacht diese Freude aber auch schon wieder ab. Und ja, anfänglich gab es gesundheitliche Vorteile für chinesische GV-Baumwoll-Bauern, die weniger giftige Insektizide ausbringen mussten. Doch schlägt das Pendel heute in eine andere Richtung aus, und die Spritzmitteleinsparungen sind bei weitem nicht so hoch wie zunächst erhofft.

Alles, was bisher gentechnisch probiert und erfunden wurde, hält einer genaueren Betrachtung nicht stand. Von der transgenen Hawaii-Papaya bis hin zum stinkbrandresistenten GV-Weizen, vom Bt-Mais bis zu Roundup-Ready-Soja hat die grüne Gentechnik nur magere oder überhaupt negative Ergebnisse geliefert. Und trotzdem soll die grüne Gentechnik demnächst auf europäischen Äckern eingeführt und mit öffentlichen Mitteln massiv forciert werden? Obwohl Lebensmittel teurer werden, es eines hohen bürokratischen Aufwands bedarf und außerdem Arbeitsplätze wegrationalisiert werden?

Alle jene, die glauben, gentechnische Tatsachen auf den Feldern Europas schaffen zu müssen, sollten sich das genau überlegen. Denn im Nahrungsmittelbereich wird der Widerstand der europäischen Konsumenten kaum abflachen. Wir haben Überproduktion und keinen Bedarf an weiteren Monokulturen und schon gar nicht an Risikotechnologien. Was Europa braucht, ist nachhaltige Landwirtschaft, Förderung von Mischkulturen sowie die Absicherung fairer Preise für Landwirt und Konsument. Selbst wenn bei diversen Umfragen herauskommt, dass manche GV-Produkte eventuell akzeptiert werden würden, wenn entweder weniger gespritzt wird oder gesündere Produkte erfunden werden, sollten sich weder Industrie noch Wissenschaft und Politik in die Tasche lügen. Herbizidresistente Systeme sind in letzter Konsequenz nur kurzfristige Scheinlösungen für Fehlentwicklungen der Intensivlandwirtschaft, die kaum jemand goutieren wird. Kein Mensch wird Bt-Mais, der selbst permanent Toxine produziert und diese an den Boden abgibt, gutheißen, wenn er erfährt, dass der konventionelle Landwirt gegen Schädlinge wie den Maiszünsler ohnehin nicht spritzt, weil das Schadenspotenzial zu gering ist. Sobald der Konsument außerdem mitbekommt, wie kompliziert herzustellen und teils recht instabil GV-Pflanzen sind, welche Unabwägbarkeiten und Risiken sie bergen, wird auch die Akzeptanz bei angeblich »gesünderen« GV-Nahrungsmittelpflanzen schnell wieder schwinden. Lediglich in Teilbereichen, etwa in der Entwicklung von Pflanzen, die allergenes Potenzial reduzieren, könnte es unter Umständen positive Reaktionen geben. Ansonsten wird im Nahrungsmittelbereich kaum etwas über transgene Sorten zu holen sein.

Die grüne Gentechnik – welche mit synthetischen Genkonstrukten, die so noch nie in der Natur vorgekommen sind, operiert – ist und bleibt auf freier Flur eine Risikotechnologie, über deren langfristige Auswirkungen auf Gesundheit und Umwelt wir definitiv nichts sagen können. Politiker und Beamte sind deshalb heute mehr denn je gefordert, ihre Rolle als »ehrliche Makler« wieder zu finden und sich nicht von einzelnen Interessengruppen treiben zu lassen. Im Nahrungsmittelbereich, der so sensibel ist, sollten die Verantwortlichen tunlichst zu einer angemessenen Position finden. Optionen offen halten, Forschung ja – aber keine öffentlichen Gelder für Risikoprodukte, solange es hinreichend Alternativen gibt. Es geht nicht an, dass unverhältnismäßig hohe Mittel und Ressourcen durch die grüne Gentechnik, die nach Jahrzehnten der Forschung so wenig Praxistaugliches hervorgebracht hat, blockiert werden.

Diese Position ist nicht wirtschaftsfeindlich. Denn wie gezeigt, rechnen sich aufgrund der hohen Entwicklungs- und Akquisitionskosten nur wenige GV-Sorten und auch nur dann, wenn sehr viel davon verkauft wird. Wie ein Unternehmen agieren muss, um die teuer entwickelte GV-Ware unter die Leute zu bringen, sieht man an Monsanto. Will Europa mit seiner humanistischen Tradition wirklich, dass seine Konzerne irgendwann auf diese Art und Weise operieren müssen oder wollen, um Geschäfte zu machen? Europa hat wahrlich Besseres in anderen Wirtschaftssegmenten zu bieten.

Vielfach schlägt die Agro-Gentechnik-Industrie selbst bereits neue Wege ein. Einer der großen Player, Syngenta, gab am 29. November 2004 den Stopp aller Feldversuche mit gentechnisch veränderten Pflanzen und Saatgut-Sorten in Europa bekannt. Ganz auf der Linie der Agro-Gentech-Konzerne bedauerte Forschungschef David Lawrence zwar auch die »feindliche« Haltung Europas. Für sein Unternehmen habe sich aber erwiesen, dass klassische Methoden ohnehin häufig effektiver seien als die Biotechnologie, so Lawrence. »Wir haben bei Saatgut und Pflanzenschutz schon viel mit der Gentechnik experimentiert und sind oft gescheitert.« Im Gegensatz dazu gebe es oft hervorragende Ergebnisse mit dem traditionellen Züchtungsansatz. Als bestes Beispiel steht die handliche Wassermelone »Pure Heart«.[245]

Und man sieht auch sonst schon das Ende der grünen Gentechnik. Dem Marktführer bei transgenem Saatgut, Monsanto, brechen die Märkte weg und bis dato machte der Konzern noch nicht einmal gute Geschäfte. Darüber hinaus gibt es viele andere Anzeichen, dass in der Branche eher Rückzug angesagt ist. Viele Wissenschaftler sprechen heute nicht mehr von Produkten. Die Losung: »Eigentlich wollen wir nur sehen, wie das Gen funktioniert und was es macht«, ist heute in einschlägigen Forscherkreisen angesagt. Eine vernünftige Position, denn gegen die Erforschung des Pflanzengenoms ist nichts einzuwenden, ebenso wenig wie gegen das Experimentieren mit Methoden der grünen Gentechnik im geschützten Raum. Konzerne wie Bayer und BASF haben davon abgesehen ohnehin bis heute ihren Fokus nicht primär auf Gentech-Saatgut gelegt. Bayer CropScience erzielte in 2002 einen Umsatz von 6,5 Milliarden Euro. Davon entfielen mit etwa 250 Millionen Euro lediglich knapp vier Prozent auf GV-Saatgut und darauf abgestimmte Pflanzenschutzmittel.[246] Es handelt sich also noch immer um ein Mini-Segment verglichen mit traditionellem Saatgut und Pflanzenschutzmitteln. Für die Konkurrenzfähigkeit Europas braucht es keine Anschubfinanzierung im Bereich Gentech-Saatgut. Warum teure Alpha-Männchen-Kämpfe ausfechten? Es gibt hier für die Konzerne wenig zu gewinnen. Wer will schon Patent-belastetes Saatgut?

Lehnen wir uns also einmal zurück und überlegen. Was würde passieren, wenn die EU-Länder konsequent das Vorsorge-Prinzip anwenden und die bei GVP-Anbau für die konventionelle und biologische Landwirtschaft entstehenden Kosten ebenso wie die zusätzlichen Aufwendungen für die Lebensmittelindustrie konsequent auf die Anbieter, Anwender und überzeugte GVP-Konsumenten abwälzen? Schließlich ist ja nicht einzusehen, dass die Mehrheit der Verbraucher für etwas zahlen soll, das sie nicht will und nicht braucht. Wahrscheinlich gäbe es dann in den nächsten 100 Jahren kaum eine GV-Pflanze hier, es sei denn, eine Schädlings- oder Virusepedemie würde diverse Monokulturen heimsuchen. Monsanto und die Bush-Administration würden sich sicher ärgern, weil sie viel investiert haben. Die europäischen Konzerne würden ein wenig meckern, haben sie doch auch investiert, wenn auch nicht viel im Vergleich zu Monsanto. Die kanadischen Bauern wären möglicherweise froh, den ungeliebten US-Konzern weiter in Schach halten zu können. Natürlich würden auch manche patentorientierten Gen-Ingenieure motzen. Um

245) Syngenta stoppt Gentechnik-Projekte in Europa, in: Die Welt 29.11.2004

246) »Die grüne Gentechnik ist zurzeit alles andere als sexy«, Ulrich Dolata, in: Frankfurter Rundschau 06.01.2003

hochqualifizierte Molekularbiologen braucht sich aber niemand wirklich zu sorgen. Da gibt es andere Betätigungsfelder. Die afrikanischen Länder, die Chinesen und andere Länder hingegen würden sich freuen, weil sie sich weiter auf Europas Bedenken berufen könnten und insbesondere die Entwicklungsländer mit unserer Hilfe nachhaltige Landwirtschaft für den Eigenbedarf und Fair-Trade-Export aufbauen könnten, ohne in die Abhängigkeit von Konzernen wie Monsanto zu geraten und Lizenzen auf Saatgut zahlen zu müssen, was sich ohnehin kein Kleinbauer dort leisten kann. Alles in allem wäre der Verzicht auf den kommerziellen Anbau von GV-Pflanzen in Europa keine Tragödie.

In letzter Konsequenz läuft die Frage der grünen Gentechnik auf die Entscheidung hinaus, in welche Welt wir gehen wollen. In eine biotechnisch designte, die im Eigentum einiger weniger Konzerne steht, oder in eine kreative, freie Welt, die den fairen Umgang mit den verschiedenen gesellschaftlichen Gruppen pflegt. Als Österreicherin bin ich verwöhnt und meine Sympathie gilt der zweiten Variante. Hier in Österreich wurde aus pragmatischen Gründen bereits eine Entscheidung zugunsten nachhaltiger Landwirtschaft getroffen. Als Jugendliche, in einer Zeit, als die grüne Revolution noch propagiert wurde, beobachtete ich das Verschwinden von Blumen, Kräutern und vielem mehr, was in meiner Kindheit noch um mich herum wuchs. Doch seit etlichen Jahren mit einer umstrukturierten Förderpolitik blüht vieles wieder auf. Von Wien aus fahre ich mit dem Zug zwei Stunden zu einer Dame, die eine »Arche Noah« betreibt und alles Saatgut akribisch sammelt. 15 Minuten Fahrt mit der Schnellbahn bringen mich zu einem Gärtner, der aus ihrem Saatgut die Pflanzen wieder kultiviert. Zwanzig verschiedene Basilikumsorten bekomme ich dort für 1,60 Euro pro Topf. Am Wochenende gehe ich zum Bio-Bauernmarkt und staune über den Salzburger Hanfbauern, der aus seinem Hanf laktosefreie Milch erzeugt, die nach Haselnüssen schmeckt, über die Steirerin, die aus Weizen eingelegte Filets macht, die einen hohen Eiweißgehalt aufweisen und sich wie Fleisch braten lassen. Und wenn die Kasse mal knapp bemessen ist, kann jeder immer noch bei Hofer, dem österreichischen Aldi, Bio-Grundware günstig kaufen. Das nenne ich Kreativität und Lebensqualität. Europa hat Esskultur und wir brauchen keine Gentech-Gourmet-Küche. Dagegen graut es mich vor jedem Deli in New York, wo die großen Plastikdosen stehen und der Lachsaufstrich fürs Sandwich genauso künstlich undefinierbar schmeckt wie der Schinkenaufstrich. In New York muss jeder für akzeptables Essen tief in die Tasche greifen. Was wollen wir also? Freiheit oder Konzernabhängigkeit?

Es könnte natürlich auch ganz anders kommen. Etwa so wie es Franz Fischler, vormaliger EU-Landwirtschaftskommissar, in dem Artikel über seine Vision des Jahres 2051 in der »Zeit« skizzierte.[247] Inmitten der Ausweitung biotechnologischer Agrarproduktion platzt nämlich eine Revolte. Spätestens 2030 würde es zu einem Aufstand gegen die Gier der Shareholder kommen. Jene Gier, die in Sachen grüne Gentechnik heute unter der Maske des Wohltäters erscheint, wie es der ehemalige britische Umweltminister Michael Meacher ausdrückte.

»Vor 20 Jahren fand eine Revolution statt. Ein neuer Gesellschaftsvertrag musste her. Die Reichen wurden immer reicher, die vielen wurden aus der Wohlstandsentwicklung zusehends ausgeklammert. Das führte 2030 zu Aufständen, einer Revolution. Es gab viele Tote. Einen Bürgerkrieg. Daraus hat man gelernt, auch wenn die Diskrepanz zwischen innerer Einsicht und äußerem Tun weiter besteht. Im neuen Gesellschaftsvertrag wurden die Standesunterschiede massiv abgebaut. Man lässt nicht mehr zu, dass die Spanne beim Geldverdienen zu groß wird. Das sehen alle ein, zu gut ist noch in Erinnerung, wie sehr die Wohlstandsgewinner in der Revolution zu leiden hatten. Um die Solidarität ist es in unserer heutigen Demokratie und Marktwirtschaft also besser bestellt, auch wenn keiner im Paradies lebt«, schrieb Fischler. Seine Worte mögen ihren Weg in die Gehörgänge der Befürworter der grünen Gentechnik und ihrer Investoren finden. Insbesondere jener weise Satz, wonach der Wohlstandsgewinn ein zweischneidiges Schwert ist, wenn er über rücksichtslose Ausbeutung erwirtschaftet wird.

Heute kann Europa noch entscheiden: Welchen Weg wollen wir gehen? Wollen wir die letzte Freiheit, die natürlichen Ressourcen, dem Patentamt und einer Handvoll Konzernen überlassen? Könnten wir uns diese Entwicklung und eine darauf folgende Revolte nicht ausnahmsweise einmal ersparen?

247) Die Zeit 35/2001

# Literaturauswahl und Links

**Gentechnik, Walter Kleesattel**
Berlin 2002
Das Buch informiert knapp und verständlich über die biologischen Grundlagen des Gentransfers, Methoden und Anwendungsgebiete der Biotechnologie allgemein.

**Gentechnik bei Pflanzen, Frank und Renate Kempken**
Berlin – Heidelberg 2004
Ausführliches technikorientiertes Lehrbuch zur grünen Gentechnik

**Das Geschäft mit den Genen, Mae-Wan Ho**
Kreuzlingen – München 1999
Kritische technische Auseinandersetzung der bekannten britischen Biochemikerin

**Gefahr Gentechnik – Irrweg und Ausweg, Manfred Grössler (Hrsg.)**
Graz 2005
Umfangreiche Sammlung von kritischen Experten aus Landwirtschaft, Molekularbiologie, etc. ...

**Genesis zwei. Biotechnik – Schöpfung nach Maß, Jeremy Rifkin**
Hamburg 1988
Der Klassiker für Intellektuelle. Umfassende gesellschaftskritische Auseinandersetzung des bekannten US-Ökonomen

## WorldWideWeb

**Informationsportale zu Forschungsprojekten:**

*www.transgen.de*
*www.biosicherheit.de*

**Kritische Info-Portale mit ausführlichem Hintergrundmaterial:**

*www.gentechnologie.ch*
*www.eco-risk.at/*
*www.biotech-info.net (engl.)*
*www.biopiraterie.de*
*www.genfood.at*

**Info-Portale Landwirtschaft, ökologische Lebensmittelwirtschaft:**

*www.saveourseeds.org*
*www.abl-ev.de/*
*www.boelw.de/*

**Unternehmen:**

*www.monsanto.com*
*www.syngenta.com*
*www.bayercropscience.de/de/pf/*

**Protestaktionen, kritische Einkaufsführer etc.:**

*www.greenpeace.de*
*www.global2000.at*
*www.foodwatch.de*

# Exkurs: Synthetisches Gen

Der österreichische Risikoforscher Dipl.-Ing. Werner Müller zum Begriff »synthetisches Gen«:

> Die in Pflanzen eingebrachten Gensequenzen sind synthetische Genkonstrukte, die in dieser Zusammensetzung nicht natürlich vorkommen. Es werden einzelne Komponenten/Gensequenzen wie Promotoren, Enhancer, Stop-Module u. dgl. aus verschiedenen Organismen verwendet, um ein synthetisches Genkonstrukt mit den erwünschten Eigenschaften zu konstruieren. Das eingeführte Gen ist deshalb ein Mix von Gensequenzen unterschiedlicher Organismen. Hierfür findet sich auch der Begriff rekombinante Gene. Bei den bisher zugelassenen transgenen Pflanzen sind Gene bakteriellen Ursprungs wie etwa das Bt-Gen in die Pflanze eingeschleust worden. Solche Gene werden nicht nur rekombiniert, sondern es werden darüber hinaus diverse Genabschnitte verkürzt bzw. modifiziert, um sie dem Expressionsapparat der Pflanze anzupassen. Streng genommen werden nur jene Gene synthetische Gene genannt, deren Sequenz modifiziert worden ist. Da jedoch bei den bisher zugelassenen transgenen Pflanzen die überwiegende Mehrzahl der eingeführten Gene bakteriellen Ursprungs und deshalb nicht nur rekombiniert, sondern auch modifiziert sind, trifft die Bezeichnung auch im engeren Sinn des Begriffes »synthetisches Gen« zu. Hier wird der Begriff »synthetisches Gen« als Oberbegriff für synthetische wie auch rekombinante Gene verwendet. Da nach Ansicht mehrerer Molekularbiologen (z B. Glössl, Heberle-Bohrs, persönliche Mitteilung 2000) die Problematik des Auskreuzens von Gensequenzen auch auf die konventionelle Pflanzenzüchtung ausgedehnt werden sollte, ist es wichtig, Begriffe zu finden, die auf eindeutige Weise die qualitativen Unterschiede von Gensequenzen aus konventionell gezüchteten zu jenen aus GVOs verdeutlichen. Der Begriff »synthetisches Gen« kommt dieser Anforderung in einer prägnanten und kurzen Weise nach. Zudem sei angemerkt, dass der englische Begriff »synthetic gene« mittlerweile in einer Vielzahl von wissenschaftlichen Publikationen (z B. SUTTON et al. 1992, MOLINA et al. 1992, DE ROCHER et al. 1998, ALAM et al. 1999, CAO et al. 1999, LYNCH et al. 1999, VELASCO et al. 1999, CHRISTOV et al. 1999, WALKER et al. 2000) verwendet wird. Ebenfalls verwendet wird dieser Begriff vom »Scientific Committee on Plants« der EU (SCP 1998) sowie von der EU-Kommission in ihrer Entscheidung über das Inverkehrbringen von zwei genetisch veränderten Mais-Linien (EU-KOMMISSION 1997, EU-KOMMISSION 1998). Neben dem Begriff »synthetic gene« findet auch der englische Begriff »transgene« Verwendung, dessen deutsche Übersetzung »das Transgen« sich ebenso – jedoch selten – in der Literatur wiederfindet. Die Begriffe »synthetic gene« und »transgene« sind nur in jenen Fällen synonym verwendbar, wenn allgemein über die Gefahr der Ausbreitung von synthetischen Genen/Transgenen gesprochen wird.

## GVP-Anbau weltweit

Weltweit gibt es laut Welternährungsorganisation (FAO) ca. 1,4 Mrd. Hektar Ackerfläche. Davon sind erst fünf bis sechs Prozent mit gentechnisch veränderten Pflanzen bestellt. Nur vier transgene Kulturarten werden in großem Stil angebaut: GV-Mais, GV-Raps, GV-Baumwolle und GV-Soja, konzentriert auf wenige Länder. Beim Versuch, die recht simple Frage »Wer baut wo was an?« genau zu beantworten, tauchen aber gewisse Schwierigkeiten auf. Weltweit gibt es keine unabhängige Stelle, die zuverlässige Daten sammeln, bündeln und auswerten würde. In die breite Öffentlichkeit gelangen die jährlich herausgegebenen Zahlen der ISAAA, der »International Service for the Acquisition of Agri-Biotech Association«. Die ISAAA steht der Gentechnikindustrie nahe und wird von Konzernen wie Monsanto, Bayer, Syngenta oder Pioneer Hi Bred unterstützt. Bei diesem Background ist es kaum verwunderlich, dass die Präsentationen der ISAAA immer wieder den fälschlichen Eindruck des »unaufhaltsamen Siegeszugs« der grünen Gentechnologie vermitteln.

Gemäß den für das Jahr 2004 präsentierten Zahlen hat sich die kommerzielle Anbaufläche gegenüber dem Vorjahr um 20 Prozent auf 81 Millionen Hektar erhöht. In den vergangenen Jahren tauchten immer wieder Zweifel an den ISAAA-Zahlen auf. Aaron deGrassi vom »Institute of Development« an der Universität Sussex kritisierte beispielsweise, dass die ISAAA für Südafrika von einer mit gentechnisch veränderter Baumwolle bepflanzten Fläche von 100.000 Hektar ausgehen würde.[248] Demgegenüber nennt »Agricultural Biotechnology in Europe«, eine Vereinigung europäischer Biotech-Unternehmen und damit einer Gentechnik-kritischen Einstellung völlig unverdächtig, zwischen 3000 und 5000 Hektar. Claire Robinson von dem britischen Gentech-kritischen Nachrichtendienst »GM Watch« zeigte in einem Artikel etliche weitere Ungereimtheiten der ISAAA-Zahlen.[249]

Stutzig macht auch, dass in der ISAAA-Präsentation 2005 vornehmlich von »Wachstumsrekorden« die Rede war, nicht aber auf die Tatsache näher eingegangen wurde, dass 2004 gleich zwei Länder aus dem GV-Anbau wieder aus-

---

248) Genetically Modified Crops and Sustainable Poverty Alleviation in Sub-Saharan Africa, Juni 2003

249) ISAAA's GM-Bubble, Claire Robinson, 01.06.2004, *http://www.gmwatch.org/*

gestiegen waren: Bulgarien und Indonesien. Paraguay hingegen legalisierte 2004 den Anbau von Gensoja. So sank die Zahl der Staaten mit kommerziellen GVO-Ackerflächen von 18 auf 17. Die Bilanz des Jahres 2005 dürfte ebenfalls nicht übermäßig rosig ausfallen. Immerhin verbot man im indischen Hauptanbaugebiet für Baumwolle gentechnisch verändertes Saatgut von Monsanto, das dort die GV-Flächen dominierte. Unerwähnt ließ die ISAAA auch, dass Monsanto 2004 nach schweren Bedenken von US-amerikanischen und kanadischen Bauernverbänden das Projekt GV-Weizen vorerst auf Eis legte.

Die nachstehenden Grafiken der ISAAA dienen an dieser Stelle also lediglich der ungefähren Orientierung. Zunächst eine Weltkarte mit den Anwenderländern:[250]

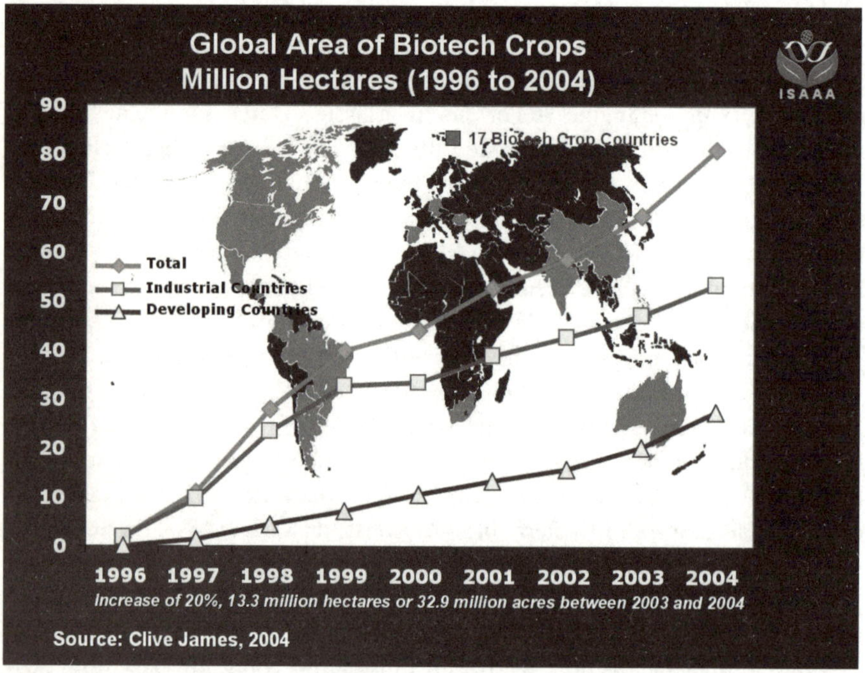


Quelle: International Service for the Acquisition of Agri-biotech Association

Schön ablesbar, die Gentechnik-freien Flecken dieser Erde. Demnach wird sich die globale Durchsetzung der Grünen Gentechnik in Europa und Afrika entscheiden. Im europäischen Raum gibt es bis auf Rumänien und Spanien keine nennenswerten Anbauflächen. Auch Afrika sperrt sich weitgehend. Hier öffnete erst Südafrika der Grünen Gentechnik einen kleinen Türspalt.

250) ISAAA, James Clive 2004, *http://www.isaaa.org/*

| Staat | Anbaufläche in Hektar (2004) |
|---|---|
| USA | 47,6 Mio |
| Argentinien | 16,2 Mio |
| Kanada | 5,4 Mio |
| Brasilien | 5 Mio |
| China | 3, 7 Mio |
| Paraguay | 1,7 Mio |
| Indien | 500.000 |
| Südafrika | 500.000 |
| Uruguay | 300.000 |
| Australien | 250.000 |
| Rumänien | 100.000 |
| Mexiko | 75.000 |
| Spanien | 58.000 |
| Philippinen | 52.000 |
| Kolumbien | < 50.000 |
| Honduras | < 50.000 |
| Deutschland | < 50.000 |

Tabelle nach Zahlen der ISAAA-Presseaussendung 2005 erstellt.

Aufgeschlüsselt nach Pflanzenarten ergibt sich ebenfalls ein interessantes Bild.

ISAAA

**Dominant Biotech Crops, 2004**

| | Million Hectares | % Transgenic |
|---|---|---|
| Herbicide Tolerant Soybean | 48.4 | 60 |
| Bt Maize | 11.2 | 14 |
| Bt Cotton | 4.5 | 6 |
| Herbicide Tolerant Maize | 4.3 | 5 |
| Herbicide Tolerant Canola | 4.3 | 5 |
| Bt/Herbicide Tolerant Maize | 3.8 | 4 |
| Bt/Herbicide Tolerant Cotton | 3.0 | 4 |
| Herbicide Tolerant Cotton | 1.5 | 2 |
| Total | 81.0 | 100 |

Source: Clive James, 2004

ISAAA-Grafik 2004

Sechzig Prozent des weltweiten GV-Anbaus besteht aus herbizidtoleranter Soja. Danach folgt Mais in insekten-, herbizid- oder kombiresistenter Form mit 23 Prozent der GV-Flächen weltweit. 12 Prozent sind mit GV-Baumwolle bepflanzt und schließlich 5 Prozent mit GV-Raps.

# Was gegen Hunger wirklich hilft

*Im Kapitel »Blickpunkt Welternährung« findet sich ein Auszug aus einem offenen Brief des Generaldirektors der Welternährungsorganisation (FAO), Dr. Jacques Diouf, in dem er Position zum Einsatz von Biotechnologie bezieht. Wie die FAO den Kampf gegen Hunger konzipiert und worauf die Schwerpunkte gelegt werden sollen, erklärt Diouf in einer weiteren Passage dieser Stellungnahme:*

»(...) In Bezug auf die Bekämpfung des Hungers wurde auf dem Welternährungsgipfel 1996 vereinbart, die Zahl der Hungernden in aller Welt bis 2015 zu halbieren. In meinen Reden, Interviews und Pressekonferenzen habe ich immer die Diskussionen des WFS: fyl (World Food Summit: five years later, in Rom Juni 2002) widergespiegelt, indem ich darauf hinwies, dass der mangelnde politische Wille und die mangelnde Mobilisierung finanzieller Ressourcen das Haupthindernis auf dem Weg zur Erreichung dieses Zieles darstellen. Die Umsetzung konkreter Projekte in armen Gemeinschaften in ländlichen und periurbanen Gebieten hat höchste Priorität für die Sicherung von Nahrungsmittelproduktion, Arbeit und Einkommen und somit für die Realisierung einer nachhaltigen Ernährungssicherheit. Diese Projekte sollten besonderen Nachdruck legen auf:

- Kleinprojekte zum Sammeln von Niederschlagswasser oder zur Be- und Entwässerung (Brunnen, Kanäle, Aufstauen, Tretpumpen, etc.). Aus dem anderen jährlichen FAO-Bericht, The State of Food Insecurity 2003, lässt sich entnehmen, dass 80 Prozent der Ernährungskrisen in irgendeiner Weise mit Wasser, und vor allem mit Trockenheit, zusammenhängen. Trotzdem werden zum Beispiel in Afrika nur 1,6 Prozent der verfügbaren Wasservorräte zur Bewässerung genutzt.
- Verwendung von verbessertem Saatgut und Setzlingen, vor allem aus der Grünen Revolution und aus konventioneller Pflanzenzüchtung und Gewebekultur; Kombination von organischen und chemischen Düngemitteln in Böden, die nicht mehr brachliegen gelassen werden und nun aufgrund des Bevölkerungsdrucks erschöpft sind und aus denen die Pflanzen eindeutig zu wenig Phosphor aufnehmen können; integrierte biologische Bekämpfung von Schädlingen, Insekten und Pflanzenkrankheiten ohne exzessiven

Pestizideinsatz und in Übereinstimmung mit dem unter der Schirmherrschaft des UN-Umweltprogramms (UNEP) und der FAO ausgehandelten Übereinkommen über das Verfahren der vorherigen Zustimmung nach Inkenntnissetzung (PIC Agreement); sowie einfache Nacherntetechnologien;

- Diversifizierung dörflicher und bäuerlicher Betriebssysteme mit der Einführung einer kurz-zyklischen Tierproduktion (Geflügel, Schafe, Ziegen, Schweine) und der Bereitstellung von Futtermitteln, Impfstoffen und Unterständen; handwerklich betriebene Fischerei und kleine Aquakulturen;
- Bau von Landstraßen, lokalen Märkten sowie Lagerungs- und Verpackungseinrichtungen, die den Qualitätsstandards und sanitären Normen entsprechen;
- Aushandlung gerechterer Bedingungen für den internationalen Handel mit landwirtschaftlichen Produkten.«